기초에서 응용까지

미분방정식의 이해

이병무 지음

KM 경문사

머리말

본 교재는 미분적분학을 이수한 학생을 대상으로 미분방정식의 수학적 모델과 그 해법을 제시함에 있어, 내용이 어렵지 않고 수학적인 이론 전개가 다소 쉬운 미분방정식 입문서로써 집필되었다.

미분방정식은 순수수학과 응용수학의 여러 분야에 걸쳐 있는 학문으로, 미분방정식에 대한 이해는 자연과학, 공학, 경제학, 사회학 등에서 필수적이다. 그런데 미분방정식에 대한 이론 전개는 내용이 방대하고, 어려워 현 교육과정에 맞추어 사용하기에는 무리가 있는 것이 사실이다. 이러한 점을 감안하여 본 교재는 현 교육과정에 맞춰 미분방정식의 한 학기 수업용으로 체제를 꾸미고 응용을 충분히 배려하여 기술되었다.

본 교재는 상미분방정식에 관한 내용, 즉 상미분방정식의 기본적인 개념, 1계 미분방정식과 고계 미분방정식의 해법, 라플라스 변환을 이용한 해법과 급수해법, 연립미분방정식의 해법 등으로 구성되었다.

본 교재에서는 미분방정식이 사용되고 있는 각 분야에 대한 많은 예제와 설명을 곁들여 응용에 대한 해법을 자세히 다루고 있으므로, 혼자서도 쉽게 미분방정식에 대한 새로운 개념과 정리에 대하여 충분히 이해하고 활용할 수 있을 것이다. 실제로 미분방정식을 통해서 표현되는 물리, 화학뿐 아니라 공학계열 학과에서 다루는 미분방정식의 여러 가지 수학적 모델을 예제로 삼아, 미분방정식의 이해와 응용을 뒷받침하면서 그 해법을 익히도록 하였다. 다만 간단한 보기를 '예'로, 증명이나 풀이가 뒤따르는 것은 '예제'로 구분하였다. 또한 각 절이 끝날 때마다 내용을 심화학습하고 응용력을 키우는데 도움을 주는 연습문제를 제시하여 스스로 효과적으로 활용할 수 있도록 하였다.

본 교재를 통하여 미분방정식을 배우고 또 응용하고자 하는 여러분에게 많은 도움이 되기를 바란다. 다만 내용상 미비한 부분이나 시정을 요하는 점이 있을 때는 독자 여러분의 따뜻한 조언이 있기를 바라며, 계속하여 수정하고 보완해서 더 좋은 교재가 되도록 노력할 것을 다짐한다.

마지막으로 이 책이 출판되도록 혼신의 노력을 다해 주신 경문사의 모든 분들께 진심으로 감사드리며, 행운이 깃들기를 기원한다.

2011년 9월
지은이

차 례

제1장 미분방정식의 기초개념

1.1 미분방정식의 해 ··· 2
1.2 초기값 문제와 경계값 문제 ··· 10

제2장 1계 미분방정식

2.1 수학적 모델 ··· 16
2.2 해의 존재성과 유일성 ··· 25
2.3 1계 미분방정식의 해법 ··· 29
2.4 고차 미분방정식 ··· 72

제3장 고계 미분방정식

3.1 수학적 모델 ··· 82
3.2 고계 미분방정식 ··· 90
3.3 고계 선형미분방정식 ··· 94
3.4 코시 - 오일러 미분방정식 ··· 136

제4장 라플라스 변환

4.1 수학적 모델 ··· 144
4.2 라플라스 변환 ··· 146
4.3 특수함수와 라플라스 변환 ··· 185

제5장 급수해법

5.1 멱급수 ········ 198
5.2 급수해법 ········ 204
5.3 특별한 형태의 2계 선형미분방정식의 급수해 ········ 223

제6장 연립미분방정식

6.1 연립미분방정식 ········ 238
6.2 계수가 상수인 연립선형미분방정식 ········ 241

부록 (적분표, 라플라스 변환표) / 263
연습문제 해답 / 277
참고문헌 / 285
찾아보기 / 287

01

Differential Equation

미분방정식의 기초개념

1.1 미분방정식의 해

1.2 초기값 문제와 경계값 문제

1.1 미분방정식의 해

뉴턴 이후 많은 수학자들에 의해 미분방정식이 본격적으로 연구되었고, 18세기 전반과 후반에 각각 구적법과 급수해법이 소개되었다. 미분방정식에 대한 이론은 광범위한 수학 분야에서 필수적이다.

이 절에서는 미분방정식 이론 전개에 필요한 기본적인 정의와 용어에 관하여 서술한다.

1. 기초개념

생활계 또는 물리적 현상, 사회적 현상, 경제적 현상 등의 행동 양상을 구체적으로 해석하고, 그 결과를 예측하기 위해 수학적 용어로 기술하는 것이 바람직할 때가 있다. 이러한 현상을 수학적으로 기술하는 것을 **수학적 모델**이라고 한다. 이러한 모델들은 대부분 미분방정식으로 표현되고 해를 구해야 할 경우를 가진다. **미분방정식** (differential equation)은 하나의 미지함수와 그 함수의 유한개의 도함수 (derivative) 또는 미분 (differential)을 포함하고 있는 방정식이고, 미분방정식의 해법이란 미분방정식에 포함되어 있는 하나 또는 두 개 이상의 미지함수를 구하는 것이다. 미분방정식은 적분의 응용 중에서 매우 중요한 분야다.

정의 1 미분방정식

미분방정식이 하나의 독립변수에 대한 상도함수 또는 상미분을 포함하고 있을 때 **상미분방정식** (ordinary differential equation)이라 하고, 두 개 이상의 독립변수에 대한 하나 또는 두 개 이상의 종속변수의 편도함수 (partial derivative) 또는 편미분 (partial differential)을 포함하고 있을 때 **편미분방정식** (partial differential equation)이라고 한다.

예 1 다음은 미지함수 y를 포함하는 미분방정식이다.

(1) $\left(\dfrac{dy}{dx}\right)^2 + \dfrac{d^2y}{dx^2} = x^2$ (2) $\dfrac{d^2y}{dx^2} + \left(\dfrac{dy}{dx}\right)^3 - 2y = \sin x$

(3) $e^y \dfrac{d^2y}{dx^2} + \left(\dfrac{dy}{dx}\right)^2 + y = 1$ (4) $x\dfrac{\partial u}{\partial x} + y\dfrac{\partial u}{\partial y} = u$

이때 미분방정식 (1) ~ (3)은 미지함수 y가 단지 x에만 종속되므로 상미분방정식이고, 미분방정식 (4)는 u가 독립변수 x, y 모두에 종속되므로 편미분방정식

이다. ■

정의 2 계수와 차수

미분방정식의 **계수**(order)는 주어진 미분방정식에 포함되어 있는 최고계 도함수의 계로 정의한다. 또한 미분방정식의 **차수**(degree)는 미분방정식이 주어진 독립변수 x의 함수, x의 함수 y와 y의 도함수에 관하여 다항식(polynomial)일 때, 최고계 도함수의 멱(power)으로 정의한다.

모든 미분방정식이 차수를 갖는 것은 아니다. 미분방정식에서 차수의 개념은 별로 중요하지 않다.

예 2 상미분방정식 $\left(\dfrac{dy}{dx}\right)^3 + \dfrac{d^2y}{dx^2} = x^2$과 $\dfrac{d^2y}{dx^2} + \left(\dfrac{dy}{dx}\right)^3 - 2y = \sin x$의 계수는 2다. 이때 주어진 두 미분방정식의 차수는 1이다. ■

예 3 3계 상미분방정식 $y''' + (\sin x)y'' + y = e^x$의 차수는 1이다. 그러나 2계 상미분방정식 $e^y y'' + (y')^2 + y = 1$과 $y'' + \cos y = x$는 차수를 갖지 않는다. ■

참고 F와 f가 1가 함수일 때, n계 상미분방정식은 음함수형(implicit representation)

$$F(x, y, y', y'', \cdots, y^{(n)}) = 0$$

또는 양함수형(explicit representation)

$$y^{(n)} = f(x, y, y', y'', \cdots, y^{(n-1)})$$

으로 표현된다. 양함수형을 보통 정규형(normal form)이라고 한다. □

정의 3 n계 선형미분방정식

미지함수 y와 y의 도함수들에 관하여 1차식인 n계 상미분방정식이

$$a_n(x)\frac{d^ny}{dx^n} + a_{n-1}(x)\frac{d^{n-1}y}{dx^{n-1}} + \cdots + a_1(x)\frac{dy}{dx} + a_0(x)y = f(x) \qquad (*)$$

형태로 주어질 때, (*)를 n계 **선형미분방정식** (linear differential equation of order n)이라 한다. 여기서 함수 $a_i(x)$ (단, $i=0,\ 1,\ \cdots,\ n$)와 $f(x)$는 어떤 구간 I에서 연속이고, $a_n(x) \neq 0$다. 한편 선형이 아닐 때 **비선형미분방정식** (nonlinear differential equation)이라고 한다.

예 4 상미분방정식 $\dfrac{d^2y}{dx^2}+y=e^x$와 $\dfrac{d^2y}{dx^2}+\sin y=x^2$은 각각 선형과 비선형이다. ■

참고 어느 변수를 독립변수로 보는가에 관계없이, 주어진 변수와 그 미분 사이의 관계를 나타내는 미분방정식을 **전미분방정식** (total differential equation)이라 한다. 일반적으로 $P_1,\ P_2,\ \cdots,\ P_n$이 n개의 변수 $x_1,\ x_2,\ \cdots,\ x_n$의 함수일 때

$$P_1\,dx_1+P_2\,dx_2+\cdots+P_n\,dx_n=0$$

인 형태의 미분방정식을 전미분방정식이라 한다. □

이 책에서는 상미분방정식만을 대상으로 한다. 편미분방정식도 중요하기는 하지만 편미분방정식에 대한 내용은 상미분방정식의 기초가 선행되어야 한다. 따라서 앞으로 특별한 언급이 없는 한, 이 책에서는 상미분방정식의 이론만 취급하므로 상미분방정식을 간단히 미분방정식으로 서술될 것이다.

2. 미분방정식의 해

(1) 해의 정의

구간 I에서 미지함수 y와 독립변수 x에 대한 미분방정식의 해 (solution)는 I 안에 있는 모든 x에 대하여 미분방정식을 만족하는 미지함수

$$F(x,\ y)=0 \text{ 또는 } y=f(x)\ \ (y=y(x)\text{로 표기하기도 한다})$$

로 주어진다. 이때 해 $y=f(x)$를 주어진 미분방정식의 양함수해 (explicit solution)라 하고, $F(x,\ y)=0$을 음함수해 (implicit solution)라 한다.

예 5 함수 $y(x)=\dfrac{x^4}{4}$은 양함수형 미분방정식 $\dfrac{dy}{dx}=x^3$의 양함수해고, 함수 $F(x,\ y)=$

$2x^2+y^2-2xy+5x=0$은 양함수형 미분방정식 $\frac{dy}{dx}=\frac{2y-4x-5}{2y-2x}$의 음함수해다. 한편 $y=xe^x$는 음함수형 미분방정식 $\frac{d^2y}{dx^2}-2\frac{dy}{dx}+y=0$의 양함수해고, $x^2+y^2=0$은 양함수형 미분방정식 $\frac{dy}{dx}=-\frac{x}{y}$의 음함수해다. ■

예제 1 임의상수 c_1, c_2에 대하여 함수 $y=c_1\sin 2x+c_2\cos 2x$는 구간 $(-\infty, \infty)$에서 2계 미분방정식

$$\frac{d^2y}{dx^2}+4y=0$$

의 해가 된다.

증명 $y=c_1\sin 2x+c_2\cos 2x$를 미분하면

$$\frac{dy}{dx}=2c_1\cos 2x-2c_2\sin 2x, \quad \frac{d^2y}{dx^2}=-4c_1\sin 2x-4c_2\cos 2x$$

이므로, $\frac{d^2y}{dx^2}+4y=0$을 만족한다. 따라서

$$y=c_1\sin 2x+c_2\cos 2x$$

는 구간 $(-\infty, \infty)$에서 주어진 미분방정식의 해가 된다. ■

미분방정식은 무한히 많은 해를 가질 수도 있고, 해를 갖지 않을 수도 있다. 또한 미분방정식은 단 하나의 해를 가질 수도 있다.

참고 $y=0$ (y는 항등적 0)이 구간 I에서 어떤 미분방정식의 해면, $y=0$을 구간 I에서 **자명한 해**(trivial solution)라고 한다. □

예 6 $y=0$은 $\left(\frac{dy}{dx}\right)^4+y^2=0$의 자명한 해가 된다. ■

1계 미분방정식은 한 개의 임의상수를 포함하는 해를 가진다. 이러한 해의 모임을 미분방정식의 **해의 족**(family of solution)이라 하고, 주어진 미분방정식의 해를 나타내는 xy평면 위의 곡선을 **적분곡선**(integral curve) 또는 **해곡선**(solution curve)이라 한다. 간단할 경우 해

곡선을 직접 손으로 그릴 수도 있지만, Mathematica, Maple, Matlab과 같은 컴퓨터 소프트웨어 패키지가 널리 이용된다.

(2) 해의 분류

n계 미분방정식의 해로써 n개의 임의상수를 포함하는 해를 주어진 미분방정식의 **일반해**(general solution)라 하고, 일반해에 포함되어 있는 임의상수에 특정한 값을 대입하여 얻어지는 해를 **특수해**(particular solution)라고 한다.

예 7 미분방정식 $\dfrac{dy}{dx}+y^2=0$의 일반해는

$$y=\frac{1}{x+c} \quad (\text{단, } c\text{는 임의상수})$$

로 주어지고 $y=\dfrac{1}{x}$은 하나의 특수해가 된다. ■

한편 미분방정식의 일반해에 포함되어 있는 임의상수에 어떤 특정한 값을 대입하여도 얻어지지 않는 해를 **특이해**(singular solution)라고 한다. 특이해는 항상 존재하는 것이 아니다. 미분방정식 $\dfrac{dy}{dx}+y^2=0$은 $y=0$을 특이해로 갖는다.

예 8 $y=\left(\dfrac{x^2}{4}+c\right)^2$ (단, c는 임의상수)은 미분방정식 $\dfrac{dy}{dx}-x\sqrt{y}=0$의 일반해고, $y=\dfrac{x^4}{16}$은 하나의 특수해가 된다. 이때 특이해는 $y=0$으로 주어진다. ■

일반적으로 주어진 미분방정식의 일반해와 특이해(단, 특이해가 존재할 경우에 한함)를 구하는 것을 **'미분방정식을 푼다**(solve)'고 한다.

예 9 1계 미분방정식 $\left(\dfrac{dy}{dx}\right)^3=27y^2$의 일반해는

$$y=(x-c)^3 \quad (\text{단, } c\text{는 임의상수})$$

이고, 특이해는 $y=0$으로 주어진다. 한편 미분방정식 $\dfrac{dy}{dx}=\dfrac{y}{x}$의 일반해는

$$y = cx \quad (\text{단, } c\text{는 임의상수})$$

로 주어지고, 특이해는 존재하지 않는다. ■

예 10 1계 미분방정식 $x\left(\dfrac{dy}{dx}\right)^2 - 2y\dfrac{dy}{dx} + 4x = 0$의 일반해는

$$x^2 = c(y-c) \quad (\text{단, } c\text{는 임의상수})$$

로 주어지고, $y = \pm 2x$는 특이해가 된다. ■

미분방정식의 해를 구하기 위해서는 적절한 방법을 익혀야만 한다. 특히 대수적 연산, 미분법, 적분법, 변수변환 등의 연산을 유한 번 시행함으로써 미분방정식의 해를 구하는 방법을 **구적법**이라 한다.

3. 미분방정식과 곡선족

곡선의 모임인 곡선족과 미분방정식과의 관계를 알아보자.

예 11 평면 위에서 한 점 (a, b)를 중심으로 하는 반지름 r인 원의 방정식은

$$(x-a)^2 + (y-b)^2 = r^2 \quad (\text{단, } a,\ b,\ r\text{은 임의상수, } r > 0)$$

이다. 상수 r의 값에 따라 (a, b)를 중심으로 하는 원족이 얻어진다. 주어진 원의 방정식에서 상수 a, b, r을 포함하지 않는 관계식을 구해보자. 우선 주어진 원의 방정식을 x에 관하여 미분하면

$$x - a + (y-b)y' = 0, \quad 1 + (y')^2 + (y-b)y'' = 0$$

이 되므로, 이것을 변형해서

$$\frac{1+(y')^2}{y''} + y - b = 0$$

을 얻는다. 다시 x에 관하여 미분하면

$$\frac{2y'(y'')^2 - \{1+(y')^2\}y'''}{(y'')^2} + y' = 0$$

이 되므로, 이 식을 정리하여 3계 미분방정식

$$y'''\{1+(y')^2\}=3y'(y'')^2$$

을 얻는다. 이것은 원족의 모든 원이 공통으로 갖는 성질을 나타내는 미분방정식이다. ■

변수 x, y와 상수를 포함하는 방정식이 주어졌을 때, 상수 값에 따라 대응되는 곡선이 얻어지고, 이들이 모여서 평면 위에 곡선의 모임인 **곡선족**(family of curve)을 형성한다.

예 12 미분방정식 $\frac{dy}{dx}=\frac{2y}{x}$의 일반해는

$$y=cx^2 \ \text{(단, } c\text{는 임의상수)}$$

이고, 이것은 원점을 지나는 곡선족을 나타낸다. ■

곡선족에 속하는 모든 곡선의 공통인 성질을 나타내는 방정식을 구하기 위해 x에 관하여 미분해서 임의상수를 소거하면 어떤 미분방정식이 구해진다. 이 미분방정식을 곡선족에서 유도된 미분방정식 또는 곡선족의 미분방정식이라 한다.

일반적으로 임의상수를 n개 포함하는 곡선족으로부터는 n계 미분방정식이 유도된다.

예 13 1계 미분방정식 $\frac{dy}{dx}=\frac{y}{2x}$는 포물선족

$$y^2=4px \ \text{(단, } p\text{는 임의상수)}$$

로부터 얻어진다. 이 미분방정식은 "주어진 포물선족의 임의의 한 곡선 위의 한 점 $P(x, y)$에서의 접선이 x축과 만나는 점을 T라 하고 x축에 내린 수선의 발을 H라 할 때, $\overline{TH}$의 중점이 포물선의 꼭지점이 된다."라는 포물선족의 공통인 성질을 나타내고 있다. ■

1계 미분방정식 $\frac{dy}{dx}=f(x, y)$의 해 $y(x)$가 한 점 (x, y)를 지나면 (x, y)에서 곡선 $y(x)$의 접선의 기울기는 $f(x, y)$로 주어진다. 따라서 xy평면에서 $f(x, y)$가 정의되는 점에 대한 해곡선 $y(x)$의 방향을 알 수 있다. xy평면에서 이러한 방향의 집합을 미분방정식 $\frac{dy}{dx}=f(x, y)$의 **방향장**(direction field) 또는 **벡터장**(vector field)이라고 한다. 방향장을 이용하면 직접 계산하지 않고서도 해를 구할 수 있다. 일반적으로 미분방정식을 풀 수 있을 때, 방향장을 그릴 필요는 없다. 그러나 방향장이 해곡선의 형태를 얻는 데는 매우 유용하다. 또

한 해를 직접적으로 구할 수 없을 때 방향장은 해의 성질을 분석하는데 있어서 중요한 정보를 제공한다.

참고 $\dfrac{dy}{dx} = f(x,\ y)$의 형태로 주어진 미분방정식을 **동력계**(dynamical system)라 하며 현대수학에 있어서 중요한 연구분야 중 하나다. □

연습문제 1.1

1. 다음에 주어진 미분방정식의 계수, 차수와 선형 여부를 판별하시오.

(1) $\dfrac{dy}{dx} + y = x^3$　　(2) $x\left(\dfrac{d^2y}{dx^2}\right)^3 + 3y = x$

(3) $\left(\dfrac{dy}{dx}\right)^2 + \dfrac{d^2y}{dx^2} = y + x$　　(4) $y\dfrac{dy}{dx} + y^4 = x\sin x$

(5) $(1-x)y'' - 5xy' + 6y = x^2$　　(6) $\dfrac{dy}{dx} - 3\cos y = x$

2. 다음에 주어진 함수가 미분방정식의 해임을 보이시오.

(1) $\dfrac{d^2y}{dx^2} + 9\dfrac{dy}{dx}y = 0\ ;\ y(x) = c_1 + c_2e^{-9x}$ (단, c_1, c_2는 임의상수)

(2) $\dfrac{dy}{dx} + y = \sin x\ ;\ y(x) = e^{-x} - \dfrac{1}{2}\cos x + \dfrac{1}{2}\sin x$

3. $y = e^{mx}$가 2계 미분방정식 $y'' - 4y' - 5y = 0$의 해가 되기 위한 m의 값을 구하시오.

4. 다음 곡선족으로부터 만들어지는 미분방정식을 구하시오. 여기서 a, b, c는 임의상수다.

(1) $y = (x+c)^2$　　(2) $y = cx + c^3$

(3) $(x-a)^2 + (y-b)^2 = 1$

1.2 초기값 문제와 경계값 문제

미분방정식 이론에서 가장 기초적인 문제는

(1) 주어진 미분방정식을 만족하는 해가 존재하는가 하는 문제
(2) 해가 존재하면 어떤 구간에서 존재하는가 하는 문제
(3) 존재하는 해의 유일성과, 직접 해를 구하는 문제

다. 이 책에서는 특별한 언급이 없는 한, 주어진 미분방정식의 해가 실제로 유일하게 존재하는 경우만 취급하기로 한다. 해의 존재 여부에 관한 연구는 1820년경 코시에 의해 시작되었다.

미분방정식의 특수해를 구하는 데는 두 종류, 즉 초기값 문제와 경계값 문제가 있다. 간단히 말해 초기값 문제란 주어진 한 점을 지나는 미분방정식의 해를 구하는 문제고, 경계값 문제란 어떤 구간의 양 끝점에서 주어진 조건을 만족하는 미분방정식의 해를 구하는 문제다.

예 1 2계 미분방정식에서 $y''+2y'=e^x\,;y(\pi)=1,\ y'(\pi)=2$는 초기값 문제고

$$y''+2y'=e^x\,;y(0)=1,\ y'(1)=1$$

는 경계값 문제다. ■

예 2 초기값 문제 $y''+4y=0\,;y(0)=0,\ y'(0)=1$의 해는

$$y(x)=\frac{1}{2}\sin 2x$$

로 주어진다. ■

1계 미분방정식의 일반해가 $f(x,\ y,\ c)=0$일 때, 조건 $y(x_0)=y_0$를 만족하는 특수해를 구한다. 이때 x_0를 **처음점**(initial point)이라고 한다. 조건 $y(x_0)=y_0$는 종속변수의 초기값을 나타내므로 **초기조건**(initial condition)이라 하고, 초기조건을 포함하는 미분방정식을 **초기값 문제**(initial value problem)라고 한다. 또한 이렇게 특수해를 구하는 것을 초기조건 $y(x_0)=y_0$에서 미분방정식을 푼다고 한다.

일반적으로 n계 미분방정식을 초기조건

$$y(x_0)=y_0,\ y'(x_0)=p_0,\ y''(x_0)=q_0,\ \cdots,\ y^{(n-1)}(x_0)=w_0$$

에서 풀면, 한 개의 특수해가 결정된다.

참고 초기값 문제는 사회현상이나 자연현상의 최초의 상태를 결정하는 조건 (초기조건)이 주어졌을 때, 주어진 현상의 결과를 예측할 때 흔히 접하는 문제다. □

예 3 미분방정식 $y''+y=0$의 일반해가

$$y(x)=ce^{-x} \quad (\text{단, } c\text{는 임의상수})$$

일 때, 초기값 문제 $y''+y=0\,;\,y(3)=2$의 해는 $y(x)=2e^{3-x}$로 주어진다.

■

어떤 미분방정식의 해가 두 개 이상의 점에서 지정된 함수값 또는 도함수값을 갖도록 조건이 주어지면, 한 개의 특수해가 결정된다. 이와 같은 조건을 **경계조건** (boundary condition)이라 하고, 경계조건을 만족하는 해를 구하는 문제를 **경계값 문제** (boundary value problem)라고 한다. 즉 경계값 문제는 서로 다른 두 점에서 미분방정식이 해 또는 도함수에 의해 만족되는 값과 미분방정식으로 이루어진다. 고계 미분방정식에서는 특수해를 결정하기 위하여 이러한 경계조건을 이용하기도 한다.

참고 비선형미분방정식과 3계 이상 선형미분방정식의 경계값 문제는 그 해법이 알려져 있지 않다. 2계 선형미분방정식이라도 비제차일 경우는 **그린 함수** (Green's function)에 대한 예비지식이 필요하다. 특히 경계값 문제에서는 초기값 문제에서와 같은 '**해의 유일존재정리**'가 존재하지 않음에 유의한다. □

일반적으로 주어진 미분방정식의 해가 존재한다는 것을 알아도 그 해를 구하는 방법을 찾는 것은 쉬운 일이 아니다. 뉴턴 이래 많은 수학자들이 미분방정식의 해를 구하는 방법을 찾았지만 지금까지 알려진 미분방정식의 해법은 구적법, 급수해법, 연산자법 (라플라스 변환 등)과 행렬법 등 기껏해야 10여 종류밖에 되지 않는다. 이 책에서는 알려진 미분방정식의 해법들에 대하여 서술한다. 이것은 이공계의 기초이론에 직접적으로 응용되는 필수의 지식이며 미분방정식의 해를 근사적으로 구하는 수치해법의 기초가 된다.

연습문제 1.2

1. 주어진 일반해를 이용하여 초기값 문제 또는 경계값 문제의 해를 구하시오. 여기서 a, b는 임의상수다.

(1) $y''+y=0\,;\, y(0)=1,\ y'(0)=2$

$$y=a\cos x+b\sin x$$

(2) $y''+4y=0\,;\, y\left(\frac{\pi}{8}\right)=0,\ y'\left(\frac{\pi}{6}\right)=1$

$$y=a\sin 2x+b\cos 2x$$

2. 어떤 탱크에 20파운드의 소금을 포함한 100갤론의 소금물 용액이 있다. $t=0$에서 순수한 물을 탱크 속에 5 gal/min의 속도로 탱크 속에 부으면서 동시에 잘 섞인 용액을 같은 속도로 탱크 밖으로 내보낼 때, 시각 t에서 탱크 속의 소금의 양 Q는 초기값 문제

$$\frac{dQ}{dt}+\frac{1}{20}Q=0\,;\, Q(0)=20$$

으로 나타낼 수 있음을 보이시오.

3. 길이가 1 unit의 들보(beam)가 한쪽 끝을 누르는 힘에 따라 꺾이는 모양은 2계 미분방정식

$$\frac{d^2y}{dx^2}+\frac{\pi^2}{4}y=0 \quad (\text{단, } 0<x<1)$$

으로 나타낼 수 있다. 이 미분방정식의 일반해가

$$y(x)=A\cos\frac{\pi x}{2}+B\sin\frac{\pi x}{2} \quad (\text{단, } A,\ B\text{는 임의상수})$$

임을 보이고, 경계조건 $y(0)=0,\ y(1)=2$에서 이 미분방정식의 해는

$$y(x)=2\sin\frac{\pi x}{2} \quad (\text{단, } 0<x<1)$$

로 주어짐을 보이시오.

4. 용수철 끝에 매달려 있는 물체의 운동은 2계 미분방정식 $x''+x=0$으로 나타낼 수 있

다. 여기서 $x(t)$는 시각 t에서 평형상태 $x=0$으로부터 물체와의 거리를 나타낸다. 이 미분방정식의 일반해가

$$x(t) = A\cos t + B\sin t \quad (\text{단, } A,\ B\text{는 임의상수})$$

로 주어짐을 보이고, 초기조건 $x(0)=1,\ x'(0)=2$에서 이 미분방정식의 해가

$$x(t) = \cos t + 2\sin t$$

로 주어짐을 보이시오.

02

Differential Equation

1계 미분방정식

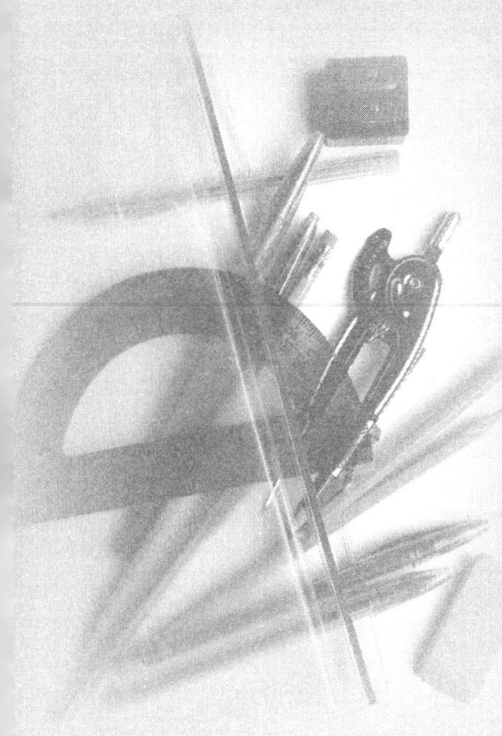

2.1 수학적 모델

2.2 해의 존재성과 유일성

2.3 1계 미분방정식의 해법

2.4 고차 미분방정식

2.1 수학적 모델

여러 가지 자연현상 및 사회현상들을 수학적 관계로 옮겨 분석하는 과정을 모델링(modeling)이라고 한다.

먼저 역학과 용수철 - 질량계에서 사용되는 단위를 요약하면 다음과 같다.

역학과 용수철 - 질량계에 사용되는 단위					
계	힘	질량	길이	k (용수철 상수)	시간
영국식	pound (lb)	slug	feet (ft)	lb/ft	second (sec)
미터식	Newton (N)	kilogram (kg)	meter (m)	N/m	second (sec)

(1) 역학

17세기 말 뉴턴이 발표한 세 가지 법칙에 의해 확립된 **역학**(mechanics)은, 운동의 원인으로서의 힘과 그 힘에 의한 운동에 관한 법칙을 밝히려는 학문이다.

뉴턴의 제2운동법칙은 "시간에 따른 물체의 운동량(질량×속도)의 변화율이 물체에 작용하는 힘의 합력과 같다."는 것이다. 여기서 직선운동만을 고려할 때 m이 물체의 질량이고 v가 운동의 속도, 그리고 F가 물체에 작용하는 힘이면, 제2운동법칙은

$$F = \frac{d}{dt}(mv)$$

로 표시된다. 특히 m이 일정하면

$$F = m\frac{dv}{dt} = ma \text{ (단, } a\text{는 직선운동을 하는 물체의 가속도)}$$

이고, m이 일정하지 않으면

$$F = m\frac{dv}{dt} + v\frac{dm}{dt}$$

이 된다. m이 일정할 때 물체는 중력에 영향을 받아 $F = mg$이므로, 속도는 미분방정식 $\frac{dv}{dt} = g$에 의하여 결정된다. 여기서

$$g \approx 32\ \mathrm{ft/sec^2} \text{ 또는 } g \approx 9.8\ \mathrm{m/sec^2}$$

이다. 이 미분방정식은 저항 받는 힘이 무시되었을 경우에 적용가능하다.

① 자유낙하운동

$v(t)$를 시각 t에서 속도라 하자. 중력은 물체를 아래로 잡아당기고, mg의 크기를 갖는다. 이때 매질은 운동을 지연시킨다. 실험에 의하면 지연시키는 저항 F_R의 크기는 속도의 제곱에 비례한다고 한다.

예 1 물체가 아래로 떨어지는 방향을 양의 방향으로 잡으면, 뉴턴의 법칙은 α가 상수일 때

$$F = mg - F_R = mg - \alpha v^2 = m\frac{dv}{dt}$$

로 표시된다. 만일 물체가 정지상태로부터 자유낙하한다고 가정하고 이 순간부터 시간 측정을 시작한다면, $v(0) = 0$이다. 따라서 속도에 대한 초기값 문제

$$\frac{dv}{dt} = g - \frac{\alpha}{m}v^2 \,;\, v(0) = 0$$

을 얻는다. ■

② 경사면 위에서의 물체의 미끄럼 운동

초기값 문제로 나타낼 수 있는 미끄러지는 물체에 대한 수학적 모델은 다양한 조건에서 물체의 운동을 해석하는 데 적용된다. 예를 들면 수평면과의 각도 θ를 변수로 두어 위치와 속도에 미치는 영향을 분석하고, 마찰계수 μ를 변수로 두어 운동에 미치는 마찰의 영향에 대하여 고찰할 수 있다.

예 2 경사부의 길이가 50피트이고, 수평면과의 각도가 $\frac{\pi}{6}$를 이루는 경사진 평면의 정상부에 96파운드의 물체가 정지상태로 놓여 있다. 마찰계수가 $\mu = \frac{\sqrt{3}}{4}$이고 공기의 저항력이 물체의 하강속도의 $\frac{1}{2}$과 같을 때, 임의의 시각 t에서 물체의 하강속도 $v(t)$는 미분방정식의 초기값 문제

$$3\frac{dv}{dt} = 12 - \frac{1}{2v} \,;\, v(0) = 0$$

의 해로 주어진다. ■

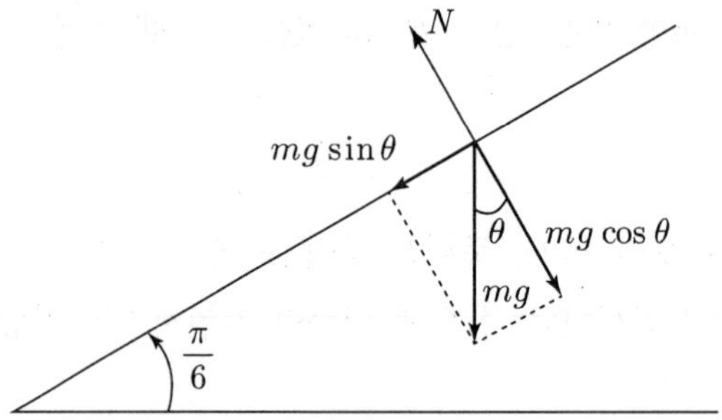

경사면 위의 물체에 작용하는 힘
[그림 2.1]

(2) 생성과 붕괴의 문제

생성과 붕괴에 관련된 문제, 즉 박테리아 배양에서의 세포의 수, 어떤 나라의 인구 수, 화석에 남아 있는 방사선 물질의 양 등에 관한 문제는 미분방정식을 사용하여 나타낼 수 있다.

예 3 y_0를 초기크기라 하고, $y(t)$가 시각 t에서의 생성 또는 붕괴하는 물질의 양(또는 개수)을 나타낼 때, 이 물질의 양의 변화율이 현재의 양에 비례한다고 하면, 이것은 미분방정식의 초기값 문제

$$\frac{dy}{dt} = ky\,;\, y(0) = y_0$$

로 나타낼 수 있다. 여기서 k는 비례상수다. ■

참고 초기값 문제 $\frac{dy}{dt} = ky\,;\, y(0) = y_0$의 해는

$$y = y_0 e^{kt}$$

로 주어진다. $y(t)$가 실질적으로 불연속인 인구문제에 대해서는 적용할 수 없으나, 그럼에도 불구하고 비교적 훌륭한 근사값 (맬서스 모델) 을 제공해 준다. □

예 4 라듐의 붕괴는 현재 남은 양에 비례한다고 한다. 만약 100 mg의 라듐이 100년 후에 96 mg이 된다고 하면 t세기 후에 남는 라듐의 양 $y(t)$는 미분방정식의 초기값 문제

$$\frac{dy}{dt} = ky\,;\, y(0) = 100$$

의 해로 나타낼 수 있다. 이때 단위를 y는 mg로 t는 세기로 해서 풀면 일반해

$$y(t) = ce^{kt} \text{ (단, } c\text{는 임의상수)}$$

를 얻는다. 따라서 $y(0) = 100$으로부터 t세기 후에 남는 라듐의 양 $y(t)$는

$$y(t) = 100(0.96)^t$$

으로 주어진다. ■

(3) 뉴턴의 냉각법칙

뉴턴의 냉각법칙이란 "어떤 물체의 온도 변화율은 물체의 온도와 그것을 둘러싸고 있는 주변매개체와의 온도차에 비례한다."는 것이다. 선형미분방정식으로 표시되는 온도에 관련된 뉴턴의 냉각법칙은 여러 가지 문제를 해결할 때, 즉 살인사건의 조사과정에서 사망시각을 추정하거나, 어떤 혼합물이 식어서 굳는 데 필요한 시간을 예측하거나, 공장의 냉각설비를 설계할 때 이용된다.

① 식어가는 물체의 온도 $T(t)$의 변화율이 물체의 온도와 물체를 둘러싸고 있는 주변매개체의 고정된 온도 T_s와의 차에 비례하는 현상은 뉴턴의 냉각법칙으로 알려진 미분방정식의 초기값 문제

$$\frac{dT}{dt} + kT = kT_s \,;\; T(0) = T_0$$

로 나타낼 수 있다. 여기서 T_0는 물체의 초기온도고, k는 비례상수다. 이때 k가 양수로 선택되면, 뉴턴의 냉각법칙에서 마이너스 부호는 냉각과정에서 $\frac{dT}{dt}$를 음수로 만들기 위해 요구된다. 이 경우 T가 T_s보다 크므로 $T - T_s$는 양수가 된다.

참고 초기값 문제 $\frac{dT}{dt} + kT = kT_s \,;\; T(0) = T_0$의 해는

$$T = (T_0 - T_s)e^{kt} + T_s$$

로 주어진다. □

② 빌딩에 냉난방 시스템이 없을 때, 시각 t에서 빌딩 안의 온도 $u(t)$를 구해보자. $c(t)$가 바깥 온도를 나타내는 함수이고 $k > 0$가 빌딩이 외부와 어느 정도 차단되어 있는지를 나

타내는 상수라 할 때, $u(t)$를 구하기 위해서는 미분방정식

$$\frac{du}{dt} = k\{c(t) - u(t)\}$$

를 풀어야 한다.

(4) 질병의 확산

질병과 접촉한 사람의 수를 $x(t)$, 접촉하지 않은 사람의 수를 $y(t)$라 할 때, 질병의 확산율은 미분방정식

$$\frac{dx}{dt} = kxy \quad (\text{단, } k\text{는 비례상수})$$

로 표시된다.

(5) 혼합문제

어떤 탱크에 a파운드의 소금이 용해된 V_0 갤론의 소금물이 들어 있다. 여기에 1 갤론당 b파운드의 소금이 녹아 있는 소금물을 e gal/min의 속도로 탱크 속에 부으면서 동시에 잘 섞인 용액을 f gal/min 속도로 탱크 밖으로 배출할 때, 어떤 시각 t에서 탱크 속의 소금의 양 Q는 미분방정식의 초기값 문제

$$\frac{dQ}{dt} + \frac{f}{V_0 + (e-f)t}Q = be\ ;\ Q(0) = a$$

로 나타낼 수 있다.

(6) 전기회로

전기공학자들은 때때로 회로를 모델화하기 위해 미분방정식을 사용한다. 수학적 모델은 다양한 조건에서 회로를 해석하고, 회로를 설계하는 데 도움이 된다.

예 5 L을 자기유도계수 [인덕턴스로 단위는 헨리 (henry)], R을 저항 [단위는 옴 (ohm)], E를 전압 [단위는 볼트 (volt)]이라 할 때, R - L 회로에서 전류 I [단위는 암페어 (ampere)]의 양을 지배하는 미분방정식은

$$\frac{dI}{dt} + \frac{R}{L}I = \frac{E}{L}$$

로 주어진다. ■

예 6 저항, 회로의 전기용량 C[캐피시던트로 단위는 패럿(farad)], 전압으로 구성되어 있는 R-L 회로의 축전지에서 전하 q[단위는 쿨롬(coulomb)]의 크기를 지배하는 미분방정식은

$$\frac{dq}{dt}+\frac{1}{RC}q=\frac{E}{R}$$

로 주어지고, 이때 q와 I 사이의 관계는 $I=\dfrac{dq}{dt}$다. ■

(7) 추적문제

물의 유속이 s고 일정한 폭 w를 가진 운하에서 출발점의 정반대쪽에 위치한 목표점을 향해 속도 v로 어떤 사람이 수영한다. 운하를 횡단하는 동안 항상 목표점을 향해 수영한다고 가정할 때, 수영 선수의 경로를 추적해보자.

수영 선수의 목표점을 원점으로 잡고, 출발점이 $(w,\ 0)$이 되도록 좌표계를 설정하면 시각 t에서 수영 선수의 위치는 점 $(x(t),\ y(t))$가 되고, 수영 속도의 수평과 수직성분은 각각

$$\frac{dx}{dt}=-v\cos\alpha,\quad \frac{dy}{dt}=s-v\sin\alpha$$

가 된다. 이때 α는 시각 t에서 양의 x축과 점 $(x(t),\ y(t))$ 사이의 각이다. 따라서 경로의 추적을 나타내는 미분방정식은 초기값 문제

$$\frac{dy}{dx}=\tan\alpha-\frac{s}{v}\sec\alpha\ ;\ y(0)=0$$

가 된다. 여기서 $\tan\alpha=\dfrac{y}{x}$, $\sec\alpha=\dfrac{1}{x}\sqrt{x^2+y^2}$이므로, 이것은 미분방정식의 초기값 문제

$$\frac{dy}{dx}=\frac{y}{x}-\frac{s}{v}\sqrt{1+\left(\frac{y}{x}\right)^2}\ ;\ y(0)=0$$

으로 나타낼 수 있다.

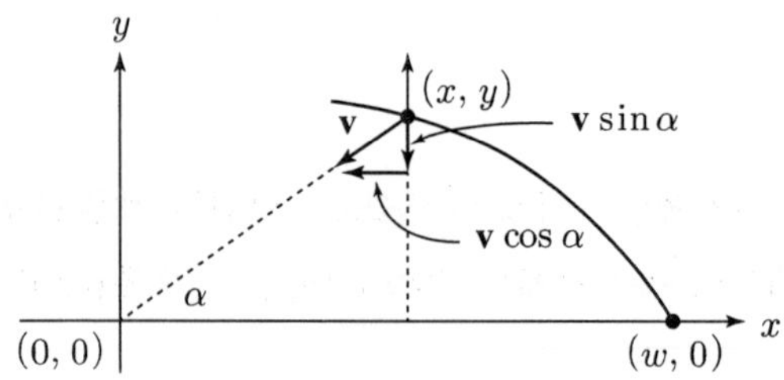

수영 선수의 경로

[그림 2.2]

(8) 화학반응

두 물질 A, B가 화학 반응에 의하여 물질 C를 생성한다. 이때 물질 C가 생성되는 비율은 그 순간에 존재하는 A, B의 양의 곱에 비례하고, 최초 A, B의 양은 각각 a, b이며 C가 x만큼 생성되려면 A, B는 각각 αx, βx가 필요하다고 한다. 시각 t에서 물질 C의 생성량을 $x=x(t)$라 할 때, 물질 C가 생성되는 비율 $\frac{dx}{dt}$는 물질 A, B의 그 순간에 남은 양

$$a-\alpha x,\quad b-\beta x$$

의 곱에 비례하므로, 비례상수를 k (단, $k>0$)라 하면 C가 생성되는 상태를 나타내는 미분방정식은 초기값 문제

$$\frac{dx}{dt}=k(a-\alpha x)(b-\beta x)\,;\,x(0)=0$$

로 나타낼 수 있다.

연습문제 2.1

1. 1 kg의 물체를 높이 1000 m인 곳에서 초기속도 2 m/sec로 던졌을 때 어떤 시각 t에서의 제한속도는

$$\lim_{t \to \infty} v(t) = 32 \text{ m/sec}$$

이고 (단, 공기저항은 물체의 순간속도와 같다고 가정한다), 속도 $v(t)$는 초기값 문제

$$\frac{dv}{dt} = 32 - v \,;\, v(0) = 2$$

의 해로 주어짐을 보이시오.

2. 경사부의 길이가 50파운드고 수평면과의 각도가 $\frac{\pi}{6}$를 이루는 경사진 평면의 정상부에 96파운드의 물체가 정지상태로 놓여 있다. 마찰계수가 $\mu = \frac{\sqrt{3}}{4}$이고, 공기의 저항력이 물체의 하강속도의 $\frac{1}{2}$과 같을 때, 임의의 시각 t에서 물체의 거리함수 $x(t)$는

$$x(t) = 24t + 144(e^{-\frac{t}{6}} - 1)$$

로 주어짐을 보이시오.

3. 어떤 약품을 환자의 혈액 속에 초당 r그램씩 주입할 때, 그 약품이 없어지는 비율은 남아있는 양 $x(t)$에 비례한다고 한다. 이때 $x(t)$를 결정하는 미분방정식은

$$\frac{dx}{dt} + kt = r \text{ (단, } k > 0)$$

로 주어짐을 보이시오.

4. 끓는 물(100 ℃)이 10℃ 떨어지는데 20분 걸릴 때, 90 ℃에서 80 ℃되는데 걸리는 시간 t와 90분 후의 물의 온도 T를 구하는 미분방정식은

$$T = 100(0.9)^{\frac{t}{20}} \text{℃}$$

으로 주어짐을 보이시오.

5. 감기 바이러스를 갖고 있는 한 사람이 1000명이 고립되어 있는 장소에 들어왔다. 이때 감기 바이러스의 확산 속도가 감염된 사람과 감염되지 않은 사람 사이의 교류 수에 비례한다면 감기 바이러스를 가진 사람 수 $x(t)$를 구하는 미분방정식은

$$\frac{dx}{dt} = kx(1000 - x)$$

로 주어짐을 보이시오.

2.2 해의 존재성과 유일성

초기값 문제와 경계값 문제에서 1계 미분방정식의 해는 많을 수도 있고, 전혀 없을 수도 있으며 유일하게 존재할 수도 있다. 이 책에서는 특별한 언급이 없는 한, 주어진 미분방정식의 해가 유일하게 존재하는 경우만 취급한다.

초기값 문제에서 가장 기초적인 의문은

(1) 주어진 미분방정식을 만족하는 해가 존재하는가?
(2) 해가 존재한다면 그 해는 유일한가?

이다. 다음 '해의 유일존재정리'는 코시 (Cauchy)와 피카르 (Picard)에 의한 것으로 초기값 문제의 유일한 해의 존재에 관한 충분조건을 제공한다 (단, 필요조건은 아님에 유의). '해의 유일존재정리'는 $f(x,\ y)$와 $\dfrac{\partial f}{\partial y}$의 연속 여부를 판정하기가 비교적 쉬우므로 가장 널리 알려진 1계 미분방정식에 대한 존재성과 유일성의 정리다.

정리 1 해의 유일존재정리 (existence - uniqueness theorem)

점 $(x_0,\ y_0)$를 포함하는 직사각형 영역

$$D=\left\{(x,\ y)\,|\,|x-x_0|\leq A,\ |y-y_0|\leq B\right\}$$

내부에서 $f(x,\ y)$와 $\dfrac{\partial f}{\partial y}$가 연속일 때, 1계 미분방정식의 초기값 문제

$$\frac{dy}{dx}=f(x,\ y)\ ;\ y(x_0)=y_0$$

를 만족하는 해 $y=y(x)$는 닫힌영역

$$|x-x_0|\leq \min\left\{A,\ \frac{B}{M}\right\}$$

에서 유일하게 존재한다. 여기서 M은 영역 D에서 $|f(x,\ y)|$의 최댓값이다.

참고 점 (x_0, y_0)를 포함하는 직사각형 영역

$$D = \{(x, y) \mid |x - x_0| \leq A, |y - y_0| \leq B\}$$

내부에서 $f(x, y)$가 연속이면, 1계 미분방정식의 초기값 문제

$$\frac{dy}{dx} = f(x, y) \; ; \; y(x_0) = y_0$$

는 적어도 하나의 해 $y = y(x)$를 갖는다. □

예 1 $\frac{dy}{dx} = e^x$; $y(0) = 1$로 주어진 초기값 문제는 점 $(0, 1)$을 포함하는 모든 직사각형 영역에서 $f(x, y)$와 $\frac{\partial f}{\partial y}$가 연속이므로 유일한 해를 갖는다. 이때 유일한 해는 $y = e^x$로 주어진다. ■

점 (x_0, y_0)를 포함하는 직사각형 영역에서 $f(x, y)$와 $\frac{\partial f}{\partial y}$가 연속이라는 조건이 정리 1에 포함되지 않으면 주어진 초기값 문제가 비록 해를 갖는다 하더라도 해의 유일성을 보장하지 못한다. 다음 예 2는 정리의 가정이 충족되지 못하면 유일한 해가 존재하지 않음을 보여준다.

예 2 초기값 문제 $\frac{dy}{dx} = x\sqrt{y}$; $y(0) = 0$은 구간 $(-\infty, \infty)$에서 두 개의 해

$$y = 0, \quad y = \frac{x^4}{16}$$

을 가지며, 그래프는 $(0, 0)$을 지난다. 이와 같이 두 개의 해가 존재하는 것은 점 $(0, 0)$을 포함하는 임의의 직사각형 영역에서

$$f(x, y) = x\sqrt{y}, \quad \frac{\partial f}{\partial y} = \frac{x}{2\sqrt{y}}$$

가 연속이 아니기 때문이다. ■

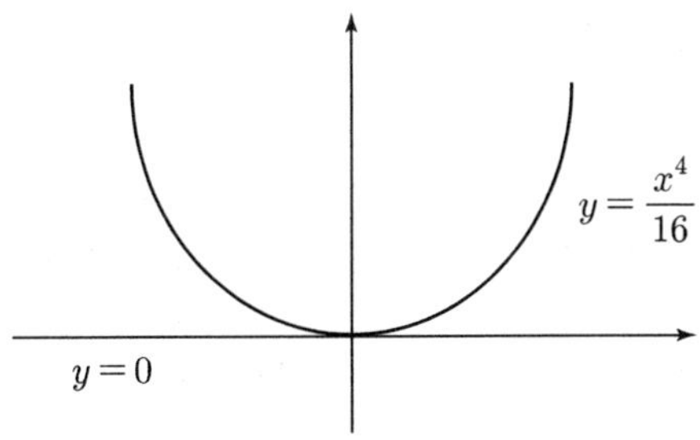

[그림 2.3]

예 3 초기값 문제 $\frac{dy}{dx}=2\sqrt{|y|}$; $y(0)=0$은 두 개의 해

$$y=x|x|,\quad y=0$$

을 가진다. 이때 $f(x, y)=2\sqrt{|y|}$ 이므로, $\frac{\partial f}{\partial y}$는 원점에서 존재하지 않음에 유의한다. ■

정리 1은 초기값 문제가 유일한 해를 갖기 위한 충분조건을 제공할 뿐이며 필요조건은 아니다. 정리의 가정을 만족하지 못할 때, 초기값 문제는 유일한 해를 가질 수도 있고 해가 없을 수도 있으며, 무한히 많은 해를 가질 수도 있다.

예 4 $\frac{dy}{dx}=\frac{x}{y^{2/3}}$; $y(0)=0$로 주어진 초기값 문제는 $\frac{x}{y^{2/3}}$가 $(0, 0)$에서 불연속이므로, 해의 존재성은 보장되지 않는다. 그러나 일반해는

$$y=\left(\frac{5}{6}x^2+c\right)^{\frac{3}{5}} \quad (\text{단, } c\text{는 임의상수})$$

으로 주어지고, 초기조건으로부터 유일한 해 $y=\left(\frac{5}{6}\right)^{\frac{3}{5}}x^{\frac{6}{5}}$을 얻는다. ■

참고 계수함수 $p(x)$와 $q(x)$가 열린구간 (a, b)에서 연속인 2계 제차선형미분방정식 $y''+p(x)y'+q(x)y=0$의 일반해는

$$y=c_1y_1+c_2y_2 \quad (\text{단, } c_1, c_2\text{는 임의상수})$$

의 형태다. 이때 초기값 문제는 초기조건이 $y(x_0)=y_0$, $y'(x_0)=p_0$로 주어진다. □

연습문제 2.2

1. 다음 초기값 문제에 대한 해의 존재성과 유일성을 조사하시오.

(1) $\dfrac{dy}{dx}+x=y^2\,;\,y(0)=0$

(2) $\dfrac{dy}{dx}=\dfrac{x}{y}\,;\,y(0)=0$

(3) $\dfrac{dy}{dx}=y\,;\,y(0)=5$

(4) $\dfrac{dy}{dx}=y\sqrt{x}\,;\,y(1)=1$

2. $p(x)$와 $q(x)$가 x_0를 포함하는 구간 I에서 연속일 때, 초기값 문제

$$y'+p(x)y=q(x)\,;\,y(x_0)=y_0$$

는 구간 I 내의 모든 x에 대하여 정의되는 유일한 해를 가짐을 보이시오.

3. 주어진 일반해를 이용하여 초기값 문제의 해를 구하시오. 여기서 a, b는 임의상수다.

(1) $y''-2y'+2y=0\,;\,y(0)=1,\ y'(0)=0$

$$y=c_1e^x\cos x+c_2e^x\sin x$$

(2) $y''-y=0\,;\,y(0)=1,\ y'(0)=2$

$$y=c_1e^x+c_2e^{-x}$$

2.3 1계 미분방정식의 해법

1. 1계 미분방정식의 분류

1계 미분방정식은 **정규형**(normal form)

$$\frac{dy}{dx} = f(x, y)$$

과 **미분형**(differential form)

$$P(x, y)dx + Q(x, y)dy = 0$$

으로 나타낸다. 이때 미분형은 정규형으로부터, 또한 정규형으로부터 미분형이 각각 주어질 수 있다.

예 1 $e^x y' + e^{2x} y = \sin x$는 y'에 대하여 대수적으로 풀어 정규형

$$y' = -e^x y + e^{-x}\sin x$$

로 나타낼 수 있다. ■

참고 1계 미분방정식은 보통 정규형과 미분형으로 4가지 종류에 의해 분류된다. 그러나 대부분의 1계 미분방정식은 4가지 종류 중 어느 것으로도 구분되지 않고 변환되지 않는다. 이 경우 일반적으로 해를 구하는 해석학적 방법이 있다. 가장 좋은 방법으로 근사적인 해를 구하는 수치해석법이 이용된다. □

(1) 변수분리형 미분방정식

정의 1 변수분리형 미분방정식(separable differential equation)

미분형의 미분방정식 $P(x, y)dx + Q(x, y)dy = 0$에서

$$P(x, y) = A(x),\ Q(x, y) = B(y)$$

즉 $P(x, y)$, $Q(x, y)$가 각각 x, y만의 함수 $A(x)$, $B(y)$로 주어질 때, 이러한 미분방정식을 **변수분리형**(또는 분리가능형) **미분방정식**이라 한다.

예 2 미분방정식 $\frac{dy}{dx} = \frac{2y}{x}$는 $\frac{dy}{y} = \frac{2}{x}dx$로 변형되므로 변수분리형 미분방정식이다. ■

(2) 동차미분방정식

x, y의 이변수함수 $F(x,\ y)$가 0이 아닌 임의의 실수 t에 대하여

$$F(tx,\ ty) = t^n F(x,\ y)$$

를 만족할 때, $F(x,\ y)$를 x, y의 n차 **동차함수**(homogeneous function)라고 한다.

예 3 $f(x,\ y) = x^3 - x^2 y$는 3차 동차함수다. 왜냐하면 0이 아닌 임의의 실수 t에 대하여

$$f(tx,\ ty) = (tx)^3 - (tx)^2(ty) = t^3(x^3 - x^2 y) = t^3 f(x,\ y)$$

를 만족하기 때문이다. 그러나 임의의 실수 t에 대하여

$$g(tx,\ ty) = (tx)^2 - (ty)^2 + 1 = t^2(x^2 - y^2) + 1 \neq t^2 g(x,\ y)$$

이므로, $g(x,\ y) = x^2 - y^2 + 1$은 동차함수가 아니다. ■

정의 2 동차미분방정식(homogeneous differential equation)

미분형인 미분방정식 $P(x,\ y)dx + Q(x,\ y)dy = 0$에서, $P(x,\ y)$, $Q(x,\ y)$가 0이 아닌 임의의 실수 t에 대하여

$$P(tx,\ ty) = t^n P(x,\ y),\ Q(tx,\ ty) = t^n Q(x,\ y)$$

를 만족할 때, 주어진 미분방정식을 n차 **동차미분방정식** 또는 간단히 **동차방정식**(homogeneous equation)이라 한다.

예제 1 미분방정식 $(x^2 + xy)dx + y^2 dy = 0$은 2차 동차미분방정식이다.

증명 $P(x,\ y) = x^2 + xy$, $Q(x,\ y) = y^2$이라 할 때, 0이 아닌 임의의 실수 t에 대하여

$$P(tx,\ ty) = (tx)^2 + (tx)(ty) = t^2(x^2 + xy) = t^2 P(x,\ y)$$

$$Q(tx,\ ty) = t^2 y^2 = t^2 Q(x,\ y)$$

이므로, 미분방정식 $(x^2 + xy)dx + y^2 dy = 0$은 2차 동차미분방정식이다. ■

참고 동차미분방정식 $P(x,\ y)dx + Q(x,\ y)dy = 0$은 극좌표

$$x = r\cos\theta,\quad y = r\sin\theta$$

로 치환하면 변수분리형 미분방정식으로 변환된다. □

(3) 완전미분방정식

정의 3 완전미분방정식 (exact differential equation)

xy평면의 영역 D에서 정의된 연속인 1계 편도함수를 갖는 이변수함수 $f(x,\ y)$의 전미분 (total differential)이

$$df(x,\ y) = P(x,\ y)dx + Q(x,\ y)dy$$

즉

$$\frac{\partial f}{\partial x} = P(x,\ y),\quad \frac{\partial f}{\partial y} = Q(x,\ y)$$

를 만족할 때, $P(x,\ y)dx + Q(x,\ y)dy$를 영역 D에서 **완전미분** (exact differential)이라 하고, $f(x,\ y)$를 주어진 미분방정식의 **포텐셜 함수** (potential function)라 한다.

$P(x,\ y)dx + Q(x,\ y)dy$가 영역 D에서 완전미분일 때, 미분형의 미분방정식 $P(x,\ y)dx + Q(x,\ y)dy = 0$을 **완전미분방정식**이라 한다.

예 4 $df(x,\ y) = d\left(\frac{1}{2}x^2 y\right) = xy\,dx + \frac{1}{2}x^2 dy$이므로, $xy\,dx + \frac{1}{2}x^2 dy = 0$은 완전미분방정식이다. ■

예 5 $3x^2 y\,dx + (y + x^3)dy = 0$은 완전미분방정식이다. 왜냐하면

$$P(x,\ y) = 3x^2 y,\quad Q(x,\ y) = y + x^3$$

으로 놓을 때

$$\frac{\partial f}{\partial x} = P(x,\ y),\quad \frac{\partial f}{\partial y} = Q(x,\ y)$$

를 만족하는 이변수함수 $f(x,\ y) = x^3 y + \frac{1}{2}y^2$이 존재하기 때문이다. ■

완전미분방정식을 푼다는 것은 정의 3에서 포텐셜 함수 $f(x,\ y)$를 구하는 문제와 같다. 따라서 완전미분방정식 $P(x,\ y)\,dx + Q(x,\ y)\,dy = 0$의 일반해는

$$df(x,\ y) = P(x,\ y)\,dx + Q(x,\ y)\,dy = 0$$

을 만족할 때

$$f(x,\ y) = c \ \ (\text{단, } c\text{는 임의상수})$$

로 주어진다.

참고 주어진 미분방정식이 완전미분방정식이면 간단한 전미분 공식을 이용하여 포텐셜 함수 $f(x,\ y)$를 쉽게 찾을 수 있는 경우가 많다. 예컨대

$$2xy\,dx + (x^2 + \cos y)\,dy = 0$$

은 완전미분방정식이므로, 좌변을 다시 쓰면 $(2xy\,dx + x^2\,dy) + \cos y\,dy = 0$이고

$$2xy\,dx + x^2\,dy = d(x^2 y),\quad \cos y\,dy = d(\sin y)$$

로부터 일반해

$$x^2 y + \sin y = c \quad (\text{단, } c\text{는 임의상수})$$

를 얻는다. □

변수분리형 미분방정식은 항상 완전미분방정식이 된다.

(4) 선형미분방정식

정규형의 미분방정식 $\frac{dy}{dx} = f(x,\ y)$에서 $f(x,\ y)$가

$$f(x,\ y) = -p(x)y + q(x)$$

로 주어질 때, 이러한 미분방정식을 선형미분방정식이라고 한다.

정의 4 선형미분방정식 (linear differential equation)

$a_i(x)$ (단, $i=0, 1$)와 $f(x)$가 구간 I에서 연속일 때

$$a_1(x)\frac{dy}{dx}+a_0(x)y=f(x)$$

형태의 미분방정식을 **선형미분방정식**이라 하고, 표준형은

$$\frac{dy}{dx}+P(x)y=Q(x)$$

형태로 표기된다. 이때 $Q(x)=0$이면 제차, $Q(x)\neq 0$이면 비제차선형미분방정식이라 한다.

예 6 $x\frac{dy}{dx}+y=x\sin x$는 표준형 형태인 $\frac{dy}{dx}+\frac{1}{x}y=\sin x$로 변형되므로 선형미분방정식이다. ■

참고 1계 비선형미분방정식은 특이해를 가질 수 있으나, 선형미분방정식은 특이해를 갖지 않는다. □

2. 변수분리형 미분방정식

미분방정식 $P(x, y)dx+Q(x, y)dy=0$에서 $P(x, y)$, $Q(x, y)$가 각각 x, y만의 함수 $A(x)$, $B(y)$로 주어질 때, 이러한 미분방정식을 **변수분리형** (separation of variables)이라고 한다. 이 경우 일반해는

$$\int A(x)\,dx+\int B(y)\,dy=c \quad (\text{단, } c\text{는 임의상수})$$

로 주어진다. 미분방정식을 변형하여 변수분리형으로 고치는 것을 '변수를 분리한다'고 하고, 변수를 분리하여 해를 구하는 방법을 **변수분리법** (method of separation of variables)이라고 한다. 단, 변수를 분리할 때 대수적으로 부가되는 조건 때문에 혹시라도 빠뜨려진 해가 없는지 항상 유의해야 한다.

변수분리형 미분방정식의 해법은 1690년 베르누이에 의해 최초로 사용되었고, 1694년 발간된 논문에서 일반적인 해법이 소개되었다.

예제 2 미분방정식 $\frac{dy}{dx}=\frac{x^2+7x+3}{y^2}$의 일반해를 구하시오.

풀이 변수를 분리하면 $y^2dy=(x^2+7x+3)dx$이므로, 양변을 적분하면

$$\frac{y^3}{3}=\frac{x^3}{3}+\frac{7}{2}x^2+3x+c \quad (\text{단, } c\text{는 임의상수})$$

가 된다. 따라서 y에 관하여 풀면, 일반해는

$$y=\sqrt[3]{x^3+\frac{21}{2}x^2+9x+3c}$$

으로 주어진다. ■

예제 3 미분방정식 $(2+x)dy-y\,dx=0$의 일반해를 구하시오.

풀이 주어진 미분방정식을 $\frac{dy}{y}=\frac{dx}{2+x}$로 변형하고, 양변을 적분하면 $\int\frac{dy}{y}=\int\frac{dx}{2+x}$로부터

$$\ln|y|=\ln|2+x|+c_1 \quad (\text{단, } c_1\text{은 임의상수})$$

이 된다. 따라서

$$y=\pm e^{\ln|2+x|+c_1}=\pm|2+x|e^{c_1}=\pm e^{c_1}(2+x)$$

를 얻는다. 이때 $\pm e^{c_1}=c$로 놓으면 일반해는

$$y=c(2+x)$$

로 주어진다. ■

참고 예제 3에서 $\int\frac{dy}{y}=\int\frac{dx}{2+x}$로부터

$$\ln|y|=\ln|2+x|+\ln|c|$$

으로 놓으면, 일반해

$$y=c(2+x) \quad (\text{단, } c\text{는 임의상수})$$

를 바로 얻을 수 있다. □

예 7 미분방정식 $x^2 dy = y^2 dx$의 일반해를 구해보자. 변수분리하면 $\frac{1}{y^2}dy = \frac{1}{x^2}dx$가 되므로, 양변을 적분하면

$$-\frac{1}{y} = -\frac{1}{x} + c_1 \quad (\text{단, } c_1\text{은 임의상수})$$

즉

$$y = \frac{x}{1 - c_1 x}$$

를 얻는다. 따라서 일반해는 $c = -c_1$으로 놓을 때

$$y = \frac{x}{1 + cx}$$

로 주어진다. ■

참고 미분방정식의 해를 구할 때 "정확한 계산으로 얻은 일반해와 로그기호 내의 절대값 기호를 생략하는 간략한 방법으로 계산하여 얻은 일반해는 결과적으로 같다."라는 사실에 유의한다. 또한 임의상수는 마지막 결과가 가장 간단한 형태가 되도록 선택하는 것이 필요하다. □

예제 4 미분방정식 $y\,dx + (x^2 - 4x)\,dy = 0$의 일반해를 구하시오.

풀이 $\frac{dx}{x(x-4)} + \frac{dy}{y} = 0$으로 변수를 분리하고, 양변에 적분을 취하면

$$\frac{1}{4}\ln(x-4) - \frac{1}{4}\ln x + \ln y = k, \text{ 즉 } \ln\frac{(x-4)y^4}{x} = 4k$$

가 된다. 여기서 k는 임의상수다. 따라서 $c = e^{4k}$로 놓으면 일반해는

$$(x-4)y^4 = cx$$

로 주어진다. ■

변수분리형 미분방정식은 다른 형태의 미분방정식과 같이 초기조건과 더불어 주어질 때가 많다. 초기값 문제의 해는 먼저 주어진 미분방정식의 일반해를 구한 다음, 초기조건을 적용시켜 임의상수를 계산함으로써 구할 수 있다.

예 8 초기값 문제 $y\dfrac{dy}{dx}+x=0\,;\,y(1)=2$의 해를 구해보자. 변수를 분리하여 $y\,dy=-x\,dx$를 적분하면

$$\frac{1}{2}y^2=-\frac{1}{2}x^2+c \quad (\text{단, } c\text{는 임의상수})$$

가 된다. 이때 $b=2c$로 놓으면 일반해 $x^2+y^2=b$가 되고, $y(1)=2$이므로 $b=5$를 얻는다. 따라서 초기값 문제의 해는

$$x^2+y^2=5$$

로 주어진다. ■

예 9 초기값 문제 $(e^{2y}-1)\cos x\dfrac{dy}{dx}=e^{y}\sin 2x\,;\,y(0)=0$의 해를 구해보자. 변수를 분리하면

$$\frac{e^{2y}-1}{e^{y}}dy=\frac{\sin 2x}{\cos x}dx$$

가 된다. 이때 삼각함수의 성질 $\sin 2x=2\sin x\cos x$를 이용하여 정리하면

$$(e^{y}-e^{-y})\,dy=2\sin x\,dx$$

가 되므로, 양변을 적분하여 일반해

$$e^{y}+e^{-y}=-2\cos x+c \quad (\text{단, } c\text{는 임의상수})$$

를 얻는다. 이때 초기조건 $y(0)=0$이므로, $c=4$가 된다. 따라서 초기값 문제의 해는

$$e^{y}+e^{-y}=-2\cos x+4$$

로 주어진다. ■

예제 5 초기값 문제 $x\dfrac{dy}{dx}=-y$ (단, $x>0$) $;\,y(4)=2$의 해를 구하시오.

풀이 $\dfrac{dy}{y}=-\dfrac{dx}{x}$이므로, 양변을 x에 관하여 적분하면

$$\ln y=-\ln x+k \quad (\text{단, } k\text{는 임의상수})$$

가 된다. 따라서 일반해 $y=\frac{c}{x}$ (단, $c=\pm e^k$)를 얻는다. 여기서 $x=4$, $y=2$이므로, $c=8$이다. 그러므로 초기값 문제의 해는 $y=\frac{8}{x}$로 주어진다. ■

예제 6 박테리아 배양기에서 세포의 수가 3일 후에 두 배로 늘어났다면 초기 세포수의 세 배로 증가하기 위해서는 며칠이 걸리겠는가?

풀이 모집단의 크기 $y(t)$는 미분방정식의 초기값 문제

$$\frac{dy}{dt}=ky\,;\,y(0)=y_0$$

로 나타낼 수 있다. 초기값 문제의 해는 $y(t)=y_0e^{kt}$로 주어지고, $y(3)=2y_0$다. 이것을 $y(t)=y_0e^{kt}$에 대입하면 $e^k=2^{\frac{1}{3}}$이다. 따라서 $y(t)=y_0\,2^{\frac{1}{3}t}$이 성립한다. $y(t)=y_0\,2^{\frac{1}{3}t}=3y_0$를 t에 대하여 풀면 $2^{\frac{1}{3}t}=3$이므로

$$t=\frac{3\ln 3}{\ln 2}\approx 4.76$$

일 후에 모집단의 크기는 세 배가 된다. ■

예제 7 어떤 물체가 일정한 온도 30 ℃를 유지하는 방에 놓여 있다. 이 물체의 온도가 10분 후에 0 ℃가 되고 20분 후에 15 ℃가 될 때, 처음 이 물체의 온도를 구하시오.

풀이 뉴턴의 냉각법칙으로부터 $\frac{dT}{dt}+kT=30k$를 얻는다. 따라서 일반해는

$$T=ce^{-kt}+30\ \text{(단, } c\text{는 임의상수)}$$

으로 주어진다. 이때 $T(10)=0$, $T(20)=15$로부터 각각

$$ce^{-10k}=-30,\quad ce^{-20k}=-15$$

가 된다. 이 두 식을 k와 c에 대하여 풀면

$$k=\frac{1}{10}\ln 2\approx 0.069,\quad c=-60$$

을 얻는다. 따라서 시각 t에서 물체의 온도는

$$T \approx -60e^{-0.069t} + 30$$

으로 주어지고, $t = 0$에서의 물체의 온도는 약 30 ℃가 된다. ■

정리 5

변수분리형 미분방정식의 초기값 문제

$$A(x)\,dx + B(y)\,dy = 0\,;\, y(x_0) = y_0$$

의 해는 다음으로 주어진다.

$$\int_{x_0}^{x} A(x)\,dx + \int_{y_0}^{y} B(y)\,dy = 0$$

예 10 초기값 문제 $e^x\,dx - y\,dy = 0\,;\, y(0) = 1$의 해는 정리 5를 이용할 때 $y^2 = 2e^x - 1$로 주어진다. 이때

$$y = \sqrt{2e^x - 1} \quad \left(\text{단, } x > \ln\frac{1}{2}\right)$$

임에 유의한다. ■

예제 8 정리 5를 이용하여 초기값 문제

$$x\cos x\,dx + (1 - 6y^5)\,dy = 0\,;\, y(\pi) = 0$$

의 해를 구하시오.

풀이 초기값 문제의 해는

$$\int_{\pi}^{x} x\cos x\,dx + \int_{0}^{y} (1 - 6y^5)\,dy = 0$$

으로 주어진다. 이때 양변을 적분하면

$$x\sin x + \cos x + 1 = y^6 - y$$

가 된다. ■

참고 (1) $yf(xy)dx+xg(xy)dy=0$ 형태의 미분방정식은 $u=xy$로 변수변환하면 변수분리형이 된다.

(2) $y'=f(ax+by+c)$ (단, a, b, c는 임의상수, $b\neq 0$) 형태의 미분방정식은 $u=ax+by+c$로 변수변환하면 $u'=a+bf(u)$가 되고, 이것은 변수분리형

$$dx-\frac{du}{a+bf(u)}=0$$

으로 변형된다. □

예제 9 초기값 문제

$$xy(2-xy)dx+x^2dy=0\ ;\ y(1)=-1$$

의 해를 구하시오.

풀이

$$d(x^2y)=2xydx+x^2dy$$

이므로, $u=x^2y$로 놓으면 주어진 미분방정식은

$$du=\frac{u^2}{x^2}dx \quad (\text{단, } x\neq 0)$$

가 되고, $u\neq 0$일 때 변수분리하여 적분하면

$$\frac{1}{x^2y}=\frac{1}{x}+c$$

가 된다. 따라서 주어진 미분방정식의 일반해는

$$xy(1+cx)=1 \quad (\text{단, } c\text{는 임의상수})$$

이다. 여기서 $x=1$, $y=-1$이므로 $c=-2$이다. 그러므로 초기값 문제의 해는 $xy(1-2x)=1$로 주어진다. ■

참고 $x=0$, $y=0$은 미분방정식

$$xy(2-xy)dx+x^2dy=0$$

의 특이해가 된다. □

3. 동차미분방정식

미분방정식 $P(x,\ y)dx+Q(x,\ y)dy=0$에서 $P(x,\ y)$, $Q(x,\ y)$가 n차 동차함수, 즉

$$P(tx,\ ty)=t^n P(x,\ y),\quad Q(tx,\ ty)=t^n Q(x,\ y)$$

를 만족할 때, 주어진 미분방정식을 n차 동차미분방정식이라 한다. 동차미분방정식은 간단한 대수적 치환

$$y=ux \text{ 또는 } x=vy$$

를 이용함으로써, 변수분리형 미분방정식으로 변환시킬 수 있다. 이때 u와 v는 새로운 종속변수다. 보통 $P(x,\ y)$가 $Q(x,\ y)$보다 간단한 표현이면 $y=ux$로 치환하고, 그렇지 않으면 $x=vy$로 치환하는 것이 좋다.

예 11 동차미분방정식 $P(x,\ y)dx+Q(x,\ y)dy=0$에서 만약 $y=ux$로 치환하면 $dy=u\,dx+x\,du$이므로, 주어진 미분방정식은 변수분리형 미분방정식

$$P(x,\ ux)dx+Q(x,\ ux)(u\,dx+x\,du)=0$$

으로 변형된다. ■

예 12 미분방정식 $2x^3y\,dx+(x^4+y^4)dy=0$에서 $x=vy$로 치환하면 $dx=v\,dy+y\,dv$이므로, 주어진 미분방정식은

$$2(vy)^3y(v\,dy+y\,dv)+(v^4y^4+y^4)dy=0$$

즉, 변수분리형 미분방정식

$$\frac{2v^3}{3v^4+1}dv+\frac{1}{y}dy=0$$

으로 변형된다. 이때 양변을 적분하면

$$\frac{1}{6}\ln(3v^4+1)+\ln y=\frac{1}{6}\ln c$$

가 되고, 정리하면 일반해는

$$3x^4y^2+y^6=c \text{ (단, } c\text{는 임의상수)}$$

로 주어진다. 그러나 만약 $y=ux$로 치환했다면

$$\frac{dx}{x} + \frac{u^4+1}{u^5+3u}du = 0$$

이 되어 적분이 쉽지 않게 된다. ■

예제 10 미분방정식 $(x^2+y^2)dx + (x^2-xy)dy = 0$의 일반해를 구하시오.

풀이 $y = ux$로 치환하면 $dy = u\,dx + x\,du$이므로, 주어진 미분방정식은

$$(x^2+u^2x^2)dx + (x^2-x^2u)(u\,dx + x\,du) = 0$$

즉, 변수분리형 미분방정식

$$\frac{1}{x}dx + \frac{1-u}{1+u}du = 0$$

으로 변형된다. 이때 양변을 적분하면

$$\ln x - u + 2\ln(1+u) = -\ln c$$

가 되고, 정리하면 일반해는

$$c(x+y)^2 = xe^{\frac{y}{x}} \quad (\text{단, } c\text{는 임의상수})$$

로 주어진다. ■

참고 미분방정식 $P(x,\ y)dx + Q(x,\ y)dy = 0$이 n차 동차미분방정식이면

$$P(x,\ y) = P\left(x,\ x\frac{y}{x}\right) = x^n P\left(1,\ \frac{y}{x}\right)$$

이고

$$Q(x,\ y) = Q\left(x,\ x\frac{y}{x}\right) = x^n Q\left(1,\ \frac{y}{x}\right)$$

이므로

$$\frac{dy}{dx} = -\frac{P(x,\ y)}{Q(x,\ y)} = \frac{x^n P\left(1,\ \frac{y}{x}\right)}{x^n Q\left(1,\ \frac{y}{x}\right)} = G\left(\frac{y}{x}\right)$$

형태로 변형된다. 따라서 동차미분방정식에서 $\frac{dy}{dx}$는 $\frac{y}{x}$만의 함수로 표현된다. □

미분방정식이

$$\frac{dy}{dx} = f\left(\frac{y}{x}\right)$$

형태로 주어질 때, 동차미분방정식의 **표준형**(standard form)이라 한다. 이것은 변환 $u = \frac{y}{x}$에 의해 변수분리형으로 전환된다. 실제로

$$u = \frac{y}{x}, \text{ 즉 } y = ux$$

로 두면 $\frac{dy}{dx} = u + x\frac{du}{dx}$이므로, 미분방정식 $\frac{dy}{dx} = f\left(\frac{y}{x}\right)$는 변수분리형 미분방정식

$$\frac{du}{f(u) - u} = \frac{dx}{x}$$

로 변형된다. 따라서

$$\int \frac{du}{f(u) - u} - \ln x = c \ (\text{단, } c\text{는 임의상수})$$

고, 여기에 $u = \frac{y}{x}$를 대입하여 일반해를 구한다.

만약 $f(u_0) - u_0 = 0$을 만족하는 u_0가 존재하면, $y = u_0 x$는 $\frac{dy}{dx} = f\left(\frac{y}{x}\right)$의 해가 된다. 따라서 $f(u) - u = 0$이면, 일반해는

$$y = cx \ (\text{단, } c\text{는 임의상수})$$

로 주어진다.

예제 11 미분방정식 $(x^2 - y^2)dx + xy\,dy = 0$의 일반해를 구하시오.

풀이 주어진 미분방정식은

$$\left\{1 - \left(\frac{y}{x}\right)^2\right\}dx = \left(\frac{y}{x}\right)dy$$

로 변형되므로, 동차미분방정식이다. 이제 $\frac{y}{x} = u$로 변환하면, 주어진 미분방정식

은 변수분리형 미분방정식

$$\frac{1}{x}dx = -u\,du$$

로 고쳐진다. 양변을 적분하면

$$\ln|x| = -\frac{1}{2}u^2 + c_1 \quad (\text{단, } c_1\text{은 임의상수})$$

이 된다. 따라서 u를 $\frac{y}{x}$로 치환하여 y를 구하면 일반해는

$$x = ce^{-\frac{y^2}{2x^2}} \quad (\text{단, } c = \pm e^{c_1})$$

으로 주어진다. ■

예제 12 초기값 문제 $(x^2 e^{\frac{y}{x}} - y^2)dx + xy\,dy = 0\,;\, y(1) = 0$의 해를 구하시오.

풀이 주어진 미분방정식은 2차 동차미분방정식이므로, $y = ux$로 치환한다.
$dy = u\,dx + x\,du$이므로

$$\left\{x^2 e^{\frac{ux}{x}} - (ux)^2\right\}dx + x(ux)(u\,dx + x\,du) = 0$$

이고, 변수분리형 미분방정식 $ue^{-u}du = -\frac{1}{x}dx$를 얻는다. 양변을 적분하면

$$ue^{-u} + e^{-u} = \ln|x| + c$$

고, $u = \frac{y}{x}$를 대입하면 일반해

$$\left(1 + \frac{y}{x}\right)e^{-\frac{y}{x}} = \ln|x| + c \quad (\text{단, } c\text{는 임의상수})$$

를 얻는다. 이제 초기조건 $y(1) = 0$을 일반해에 대입하면 $c = 1$이므로, 초기값 문제의 해는

$$\left(1 + \frac{y}{x}\right)e^{-\frac{y}{x}} = \ln|x| + 1$$

로 주어진다. ■

미분방정식

$$\frac{dy}{dx} = f\left(\frac{ax+by+c}{a'x+b'y+c'}\right) \tag{*}$$

의 해법을 알아보자. 여기서 a, b, c, a', b', c'은 상수다.

① $ab'-a'b \neq 0$인 경우

p, q가 연립방정식

$$ap+bq+c=0,\ a'p+b'q+c'=0$$

의 해일 때, $x=X+p$, $y=Y+q$로 두면 (*)는 X, Y에 관한 동차미분방정식

$$\frac{dY}{dX} = f\left(\frac{aX+bY}{a'X+b'Y}\right)$$

가 된다. 한편 $u=a'x+b'y+c'$, $v=ax+by+c$로 두어도 동차미분방정식

$$\frac{dv}{du} = \frac{a+bf\left(\dfrac{v}{u}\right)}{a'+b'f\left(\dfrac{v}{u}\right)}$$

를 얻는다.

예제 13 미분방정식 $(2x+2y-1)\dfrac{dy}{dx}=6x-2y-3$의 일반해를 구하시오.

풀이 연립방정식

$$6p-2q-3=0,\quad 2p+2q-1=0$$

의 해는 $p=\dfrac{1}{2}$, $q=0$이므로, $x=X+\dfrac{1}{2}$, $y=Y$로 두면 $dx=dX$고 $dy=dY$다. 이것을 주어진 미분방정식에 대입하면

$$(3X-Y)dX-(X+Y)dY=0,\ 즉\ \frac{dY}{dX}=\frac{3-\dfrac{Y}{X}}{1+\dfrac{Y}{X}}$$

인 동차형이 된다. 그러므로 $v=\dfrac{Y}{X}$로 놓고 적분하면

$$X\sqrt{v^2+2v-3}=a \quad (\text{단, } a\text{는 임의상수})$$

를 얻는다. 따라서 $X=x-\dfrac{1}{2}$, $v=\dfrac{y}{x-\dfrac{1}{2}}$를 대입하면, 일반해는

$$3x^2-2xy-y^2-3x+y+c=0 \quad \left(\text{단, } c=a^2+\frac{3}{4}\right)$$

으로 주어진다. ■

② $ab'-a'b=0$인 경우

$\dfrac{a}{a'}=\dfrac{b}{b'}=k(\neq 0)$일 때, $u=a'x+b'y$로 놓으면 미분방정식 (*)는

$$\frac{du}{dx}=a'+b'f\left(\frac{ku+c}{u+c'}\right)$$

로 변형된다. 이것은 x와 u에 관한 변수분리형이다(연습문제 10 참조).

4. 완전미분방정식

(1) 완전미분방정식

xy평면의 영역 D에서 정의된 이변수함수 $f(x, y)$가 연속인 1계 편도함수를 가질 때 $f(x, y)$의 전미분은

$$df(x, y)=\frac{\partial f}{\partial x}dx+\frac{\partial f}{\partial y}dy$$

로 주어진다. 이때 미분형 미분방정식 $P(x, y)dx+Q(x, y)dy=0$이

$$\frac{\partial f}{\partial x}=P(x, y), \quad \frac{\partial f}{\partial y}=Q(x, y)$$

를 만족하면 $P(x, y)dx+Q(x, y)dy=0$을 완전미분방정식이라 한다.

우선 미분방정식 $P(x, y)dx+Q(x, y)dy=0$이 완전미분방정식이 되기 위한 조건을 구해보자.

정리 6 완전성 판정법

$P(x,\ y)$와 $Q(x,\ y)$가 xy평면의 영역 D에서 두 변수 $x,\ y$에 관하여 연속인 1계 편도함수를 가질 때

$$P(x,\ y)\,dx + Q(x,\ y)\,dy = 0$$

이 완전미분방정식이 되기 위한 필요충분조건은 모든 $(x,\ y) \in D$에 대하여

$$\frac{\partial P}{\partial y} = \frac{\partial Q}{\partial x}$$

를 만족하는 것이다.

증명 필요성(necessity) : $P(x,\ y)\,dx + Q(x,\ y)\,dy = 0$이 완전미분방정식이므로

$$\frac{\partial f}{\partial x} = P(x,\ y), \quad \frac{\partial f}{\partial y} = Q(x,\ y)$$

를 만족하는 이변수함수 $f(x,\ y)$가 존재한다. 그런데 모든 $(x,\ y) \in D$에 대하여 $\frac{\partial P}{\partial y} = \frac{\partial Q}{\partial x}$를 만족하므로

$$\frac{\partial^2 f}{\partial y\, \partial x} = \frac{\partial P}{\partial y}, \quad \frac{\partial^2 f}{\partial x\, \theta y} = \frac{\partial Q}{\partial x}$$

를 얻는다. 이때 $P(x,\ y)$, $Q(x,\ y)$가 $x,\ y$에 관하여 연속인 1계 편도함수를 가지므로 영역 D에서

$$\frac{\partial P}{\partial y} = \frac{\partial Q}{\partial x}$$

가 성립한다.

충분성(sufficiency) : 모든 $(x,\ y) \in D$에 대하여 $\frac{\partial P}{\partial y} = \frac{\partial Q}{\partial x}$가 성립한다고 가정하고, 주어진 미분방정식의 포텐셜 함수 $f(x,\ y)$의 존재성을 밝힌다(실제로 함수 $f(x,\ y)$를 찾는 것이 완전미분방정식의 일반해를 구하는 기본적인 과정이다).

$f(x,\ y) = \int P(x,\ y)\,dx$로 놓으면

$$\frac{\partial f}{\partial x} = P, \text{ 즉 } \frac{\partial^2 f}{\partial y\, \partial x} = \frac{\partial P}{\partial y} = \frac{\partial Q}{\partial x}$$

이므로, $\dfrac{\partial}{\partial x}\left(\dfrac{\partial f}{\partial y}-Q\right)=0$이 된다. 이 식은 $\dfrac{\partial f}{\partial y}-Q$가 y만의 함수임을 나타내고 있으므로, 이 함수를 $F(y)$로 놓으면

$$\frac{\partial f}{\partial y}-Q=F(y), \text{ 즉 } Q=\frac{\partial f}{\partial y}-F(y)$$

이다. 따라서

$$\begin{aligned}
P(x,\ y)\,dx+Q(x,\ y)\,dy &= \frac{\partial f}{\partial x}dx+\left\{\frac{\partial f}{\partial y}-F(y)\right\}dy \\
&= \frac{\partial f}{\partial x}dx+\frac{\partial f}{\partial y}dy-F(y)\,dy \\
&= \left\{\frac{\partial f}{\partial x}dx+\frac{\partial f}{\partial y}dy\right\}-d\left\{\int F(y)\,dy\right\} \\
&= d\left\{f(x,\ y)-\int F(y)\,dy\right\} \\
&= d\left\{\int P\,dx+\int\left(Q-\frac{\partial}{\partial y}\int P\,dx\right)dy\right\}
\end{aligned}$$

가 성립한다. 여기서

$$f(x,\ y)=\int P\,dx+\int\left(Q-\frac{\partial}{\partial y}\int P\,dx\right)dy$$

로 놓으면, $df(x,\ y)=P(x,\ y)\,dx+Q(x,\ y)\,dy$가 된다. ■

예 13 $3x^2y\,dx+(y+x^3)\,dy=0$은 완전미분방정식이다. 왜냐하면

$$P(x,\ y)=3x^2y,\quad Q(x,\ y)=y+x^3$$

으로 놓을 때

$$\frac{\partial P}{\partial y}=3x^2=\frac{\partial Q}{\partial x}$$

를 만족하기 때문이다. ■

예 14 $(ax+by)dx+(kx+ly)dy=0$ 형태의 미분방정식은

$$P(x,\ y)=ax+by,\quad Q(x,\ y)=kx+ly$$

로 놓을 때

$$\frac{\partial P}{\partial y} = b, \quad \frac{\partial Q}{\partial x} = k$$

이므로, $b = k$일 때 완전미분방정식이 된다. ■

참고 미분방정식 $P(x, y)dx + Q(x, y)dy = 0$에서 $P(x, y)$와 $Q(x, y)$가 xy평면의 영역 D에서 연속인 1계 편도함수를 가지고

$$\frac{\partial P}{\partial y} = \frac{\partial Q}{\partial x}$$

를 만족할 때, 다음 순서에 따라 일반해를 구한다.

step (1) : $\frac{\partial f}{\partial x} = P(x, y)$로 가정한다.

step (2) : y를 상수로 보고 $P(x, y)$를 x에 관해 적분하여

$$f(x, y) = \int P(x, y)\,dx + h(y)$$

를 얻는다.

step (3) : $f(x, y) = \int P(x, y)\,dx + h(y)$를 y에 관하여 미분하면

$$\frac{\partial f}{\partial y} = \frac{\partial}{\partial y}\int P(x, y)\,dx + h'(y)$$

가 된다. 따라서

$$h'(y) = Q(x, y) - \frac{\partial}{\partial y}\int P(x, y)\,dx$$

가 성립한다.

step (4) : $h'(y) = Q(x, y) - \frac{\partial}{\partial y}\int P(x, y)\,dx$를 y에 관하여 적분하면

$$h(y) = \int Q(x, y)\,dy - \int\left[\frac{\partial}{\partial y}\int P(x, y)\,dx\right]dy$$

가 된다.

step (5) : (4)의 식을 (2)에 대입하면 일반해는

$$\int P\,dx + \int\left(Q - \frac{\partial}{\partial y}\int P\,dx\right)dy = c \quad (\text{단, } c\text{는 임의상수})$$

로 주어진다. □

예 15 미분방정식 $2xydx+(x^2-1)dy=0$의 일반해를 구해보자. 주어진 미분방정식에서 $P(x, y)=2xy$, $Q(x, y)=x^2-1$로 두면

$$\frac{\partial P}{\partial y}=2x=\frac{\partial Q}{\partial x}$$

이므로 완전미분방정식이다. 따라서 $\frac{\partial f}{\partial x}=P(x, y)=2xy$로 두고 이 식을 x에 관하여 적분하면

$$f(x, y)=x^2y+h(y)$$

가 된다. 이 식을 다시 y에 관하여 미분하고, $\frac{\partial f}{\partial y}=Q(x, y)$를 적용하면

$$\frac{\partial f}{\partial y}=x^2+h'(y)=Q(x, y)=x^2-1$$

에서, $h'(y)=-1$이므로 $h(y)=-y+C$를 얻는다. 이때 $c=-C$로 놓으면, 음함수 형태의 일반해는

$$x^2y-y=c \text{ (단, } c\text{는 임의상수)}$$

로 주어진다. ■

참고 예 15에서 주어진 미분방정식은 변수분리형으로 볼 수 있다. □

예제 14 미분방정식 $(y+4)dx+xdy=0$의 일반해를 구하시오.

풀이 $P(x, y)=y+4$, $Q(x, y)=x$로 놓으면 $\frac{\partial P}{\partial y}=1=\frac{\partial Q}{\partial x}$이므로, 주어진 미분방정식은 완전미분방정식이다. $Q(x, y)=\frac{\partial f}{\partial y}=x$를 y에 관하여 적분하면

$$f(x, y)=xy+k(x) \tag{*}$$

가 된다. 이때 $f(x, y)$를 x에 관하여 미분하고, $\frac{\partial f}{\partial x}=P(x, y)$를 적용하면

$$\frac{\partial f}{\partial x}=y+\frac{dk}{dx}=P(x, y)=y+4$$

다. 따라서 $k(x)=4x+a$ (단, a는 상수)를 얻는다. 이것을 방정식 (*)에 대입하

여 y를 구하면, 일반해는

$$y=\frac{c}{x}-4 \text{ (단, } c\text{는 임의상수)}$$

로 주어진다. ■

따름정리

완전미분방정식

$$P(x,\ y)\,dx+Q(x,\ y)\,dy=0$$

의 일반해는

$$\int P\,dx+\int\left(Q-\frac{\partial}{\partial y}\int P\,dx\right)dy=c \text{ (단, } c\text{는 임의상수)}$$

로 주어진다.

예제 15 미분방정식 $(x^3+2xy+y)dx+(y^3+x^2+x)dy=0$의 일반해를 구하시오.

풀이 $P(x,\ y)=x^3+2xy+y,\ Q(x,\ y)=y^3+x^2+x$로 놓으면

$$\frac{\partial P}{\partial y}=\frac{\partial Q}{\partial x}$$

이므로, 이것은 완전미분방정식이고

$$\int(x^3+2xy+y)\,dx+\int\left\{(y^3+x^2+x)-\frac{\partial}{\partial y}\int(x^3+2xy+y)\,dx\right\}dy$$

$$=\frac{x^4}{4}+x^2y+xy+\frac{y^4}{4}=c$$

가 성립한다. 따라서 구하는 일반해는

$$\frac{x^4}{4}+x^2y+xy+\frac{y^4}{4}=c \text{ (단, } c\text{는 임의상수)}$$

로 주어진다. ■

참고 일반적으로 $P(x, y)dx + Q(x, y)dy = 0$이 완전미분방정식이면 일반해는

$$\int P(x, y)\, dx + \int Q(x, y)\, dy = c \quad (\text{단, } c\text{는 임의상수})$$

로 하여 구하되, 만약 좌변의 제1항과 제2항에 공통인 항이 나오면 그 중 하나는 제외한다. □

정리 7

초기조건 $y(x_0) = y_0$가 주어진 완전미분방정식

$$P(x, y)dx + Q(x, y)dy = 0$$

의 해는

$$\int_{x_0}^{x} P(x, y)dx + \int_{y_0}^{y} Q(x_0, y)\, dy = 0$$

으로 주어진다.

예제 16 초기값 문제 $(x^3 + 2xy + y)dx + (y^3 + x^2 + x)dy = 0\,;\, y(0) = 1$의 해를 구하시오.

풀이 정리 7을 이용하면

$$\int_{0}^{x} (x^3 + 2xy + y)\, dx + \int_{1}^{y} y^3\, dy = 0$$

이다. 따라서 구하는 해는

$$\frac{x^4}{4} + x^2y + xy + \frac{1}{4}y^4 = \frac{1}{4}$$

로 주어진다. ■

(2) 적분인수

주어진 미분방정식

$$P(x, y)dx + Q(x, y)dy = 0 \qquad (*)$$

이 완전미분방정식이 아닐 때, 즉

$$\frac{\partial P}{\partial y} \neq \frac{\partial Q}{\partial x}$$

일 때, 종종 식 (*)의 양변에 0이 아닌 x, y의 적당한 함수 $\lambda(x, y)$를 곱하여 완전미분방정식으로 변환시킬 수 있다.

정의 8 적분인수 (integrating factor)

완전미분방정식이 아닌 미분방정식 $P(x, y)\,dx + Q(x, y)\,dy = 0$에 대하여, 양변에 0이 아닌 적당한 함수 $\lambda(x, y)$를 곱하여

$$\lambda(x, y)\,P(x, y)\,dx + \lambda(x, y)\,Q(x, y)\,dy = 0$$

이 완전미분방정식이 되면, $\lambda(x, y)$를 주어진 미분방정식의 **적분인수** 또는 적분인자라고 한다.

예 16 미분방정식의 적분인수는 여럿 존재할 수 있음에 유의한다. 예를 들면 $\frac{1}{x^2}$, $\frac{1}{y^2}$과 $\frac{1}{xy}$은 미분방정식 $y\,dx - x\,dy = 0$의 적분인수다. ■

정리 9

함수 $\lambda(x, y)$가 미분방정식 $P(x, y)\,dx + Q(x, y)\,dy = 0$의 적분인수가 되기 위한 필요충분조건은

$$\frac{\partial(\lambda P)}{\partial y} = \frac{\partial(\lambda Q)}{\partial x}$$

즉

$$P\frac{\partial \lambda}{\partial y} - Q\frac{\partial \lambda}{\partial x} = \lambda\left(\frac{\partial Q}{\partial x} - \frac{\partial P}{\partial y}\right)$$

가 성립하는 것이다.

참고 적분인수 $\lambda(x, y)$를 구하기 위해서는 편미분방정식

$$P\frac{\partial \lambda}{\partial y} - Q\frac{\partial \lambda}{\partial x} = \lambda\left(\frac{\partial Q}{\partial x} - \frac{\partial P}{\partial y}\right) \qquad (*)$$

를 만족하는 $\lambda(x, y)$를 찾으면 된다. □

일반적으로 편미분방정식 (*)에서 적분인수 $\lambda(x, y)$를 구하는 것은 매우 복잡하고 어려우므로 본 교재에서는 생략하기로 한다. 이러한 적분인수는 유일하지 않고 여러 개가 존재할 수 있으므로 대개의 경우 직관에 의해 구하게 된다. 그러나 특별한 경우는 적분인수를 쉽게 구할 수 있다. 적분인수를 구할 수 있는 몇 가지 경우를 살펴본다.

따름정리

완전미분방정식이 아닌 $P(x, y)dx + Q(x, y)dy = 0$의 적분인수 $\lambda(x, y)$는 다음으로 주어진다.

(1) $\dfrac{\dfrac{\partial Q}{\partial x} - \dfrac{\partial P}{\partial y}}{Q}$가 x만의 함수일 경우, 이것을 $\phi(x)$로 놓으면 $\lambda = e^{-\int \phi(x)\,dx}$는 하나의 적분인수가 된다.

(2) $\dfrac{\dfrac{\partial Q}{\partial x} - \dfrac{\partial P}{\partial y}}{P}$가 y만의 함수일 경우, 이것을 $\psi(y)$로 놓으면 $\lambda = e^{\int \psi(y)\,dy}$는 하나의 적분인수가 된다.

증명 여기서는 (1)의 경우만 증명하고, (2)의 증명은 독자에게 남긴다. $\lambda(x, y)$를 x만의 함수라고 하면 정리 9로부터

$$-Q\frac{\partial \lambda}{\partial x} = \lambda\left(\frac{\partial Q}{\partial x} - \frac{\partial P}{\partial y}\right), \text{ 즉 } \frac{d\lambda}{\lambda} = -\frac{\dfrac{\partial Q}{\partial x} - \dfrac{\partial P}{\partial y}}{Q}dx$$

이므로, $\dfrac{d\lambda}{\lambda} = -\phi(x)dx$를 적분하면

$$\lambda = ce^{-\int \phi(x)\,dx}$$

가 된다. 특히 $c = 1$로 잡으면 $\lambda = e^{-\int \phi(x)\,dx}$가 되어, 구하는 적분인수가 얻어진

다. ■

예 17 미분방정식 $y^2 dx + xy\,dy = 0$의 적분인수를 구하기 위해

$$P(x,\ y) = y^2,\quad Q(x,\ y) = xy$$

로 놓으면

$$\frac{\dfrac{\partial Q}{\partial x} - \dfrac{\partial P}{\partial y}}{P} = \frac{y - 2y}{y^2} = -\frac{1}{y}$$

이므로, $\lambda = e^{-\int \frac{1}{y} dx} = e^{-\ln y} = \dfrac{1}{y}$은 하나의 적분인수가 된다. 또한 미분방정식 $(y^3 + y)dx + (xy^2 - x)dy = 0$의 적분인수를 구하기 위해 $P(x,\ y) = y^3 + y$, $Q(x,\ y) = xy^2 - x$로 놓으면

$$\frac{\dfrac{\partial Q}{\partial x} - \dfrac{\partial P}{\partial y}}{P} = \frac{-2y^2 - 2}{y^3 + y} = -\frac{2}{y}$$

이므로, $\lambda = e^{-\int \frac{2}{y} dx} = e^{-2\ln y} = y^{-2} = \dfrac{1}{y^2}$은 하나의 적분인수가 된다. ■

예제 17 미분방정식 $(x^2 + y^2)dx - 2xy\,dy = 0$의 적분인수를 구하시오.

풀이 $P(x,\ y) = x^2 + y^2$, $Q(x,\ y) = -2xy$로 놓으면

$$\frac{\dfrac{\partial Q}{\partial x} - \dfrac{\partial P}{\partial y}}{Q} = \frac{4y}{2xy} = \frac{2}{x}$$

이므로, $\lambda = e^{-\int \frac{2}{x} dx} = e^{-2\ln x} = \dfrac{1}{x^2}$은 하나의 적분인수다. ■

예 18 미분방정식 $(x^2 + y^2 + x)dx + xy\,dy = 0$에서

$$P(x,\ y) = x^2 + y^2 + x,\quad Q(x,\ y) = xy$$

로 놓으면

$$\frac{\dfrac{\partial Q}{\partial x} - \dfrac{\partial P}{\partial y}}{Q} = \frac{y - 2y}{xy} = -\frac{1}{x}$$

이므로, $\lambda = e^{\int \frac{1}{x} dx} = e^{\ln x} = x$는 하나의 적분인수가 된다. 따라서 적분인수 x를 주어진 미분방정식의 양변에 곱하면

$$(x^3 + xy^2 + x^2)\,dx + x^2 y\,dy = 0, \text{ 즉 } d\,(3x^4 + 4x^3 + 6x^2y^2) = 0$$

이므로, 일반해는

$$3x^4 + 4x^3 + 6x^2y^2 = c \text{ (단, } c\text{는 임의상수)}$$

로 주어진다. ■

적분인수는 유일하지 않으며 구하는 방법도 몇 가지 경우로 국한된다. 적분인수를 구하는 또 다른 방법에 대하여 알아보자.

미분방정식 $P(x,\ y)\,dx + Q(x,\ y)\,dy = 0$에서

$$\lambda(x,\ y) = x^m y^n \text{ (단, } m,\ n\text{은 상수)}$$

이 적분인수가 되도록 m, n을 정할 수 있다. $P(x,\ y)$, $Q(x,\ y)$가 n차 동차함수면 적분인수는

$$\lambda(x,\ y) = \frac{1}{xP + yQ} \text{ (단, } xP + yQ \neq 0)$$

이고, 또한 $P(x,\ y) = y f(xy)$고 $Q(x,\ y) = x g(xy)$면 적분인수는

$$\lambda(x,\ y) = \frac{1}{xP - yQ} \text{ (단, } xP - yQ \neq 0)$$

이 된다.

예제 18 미분방정식 $y\,dx - x\,dy = 0$의 적분인수 $\lambda(x,\ y)$를 구하시오.

풀이 적분인수를 $\lambda(x,\ y) = x^m y^n$으로 가정하면

$$P(x,\ y) = y, \quad Q(x,\ y) = -x$$

이므로

$$P\frac{\partial \lambda}{\partial y} - Q\frac{\partial \lambda}{\partial x} = \lambda\left(\frac{\partial Q}{\partial x} - \frac{\partial P}{\partial y}\right)$$

에서 관계식 $m+n=-2$를 얻는다. 따라서 이것을 만족하는 m, n을 정하면, 적분인수

$$\frac{1}{x^2},\ \frac{1}{xy},\ \frac{1}{y^2},\ \frac{x}{y^3},\ \cdots$$

가 구해진다. ■

주어진 미분방정식에 대한 판정법으로부터 적분인수는 어떤 편미분방정식의 해라는 것을 알 수 있다. 그러나 편미분방정식을 푸는 것은 주어진 미분방정식을 푸는 것보다 더 어렵다. 따라서 보통 직접적으로 적분인수를 구하는 방법을 사용한다.

5. 선형미분방정식

$a_i(x)$ (단, $i=0, 1$)와 $f(x)$가 구간 I에서 연속일 때

$$a_1(x)\frac{dy}{dx} + a_0(x)y = f(x)$$

형태의 미분방정식을 1계 선형미분방정식이라 한다. 이때 식의 양변을 $a_1(x)$로 나누면

$$\frac{dy}{dx} + P(x)y = Q(x)$$

형태로 표기된다. 이것을 1계 선형미분방정식의 표준형이라 한다. 이 미분방정식의 해법은 $Q(x)=0$인 경우 (제차 : homogeneous)와 $Q(x)\neq 0$인 경우 (비제차 : nonhomogeneous)로 나누어 구할 수 있다.

선형미분방정식 $\frac{dy}{dx} + P(x)y = Q(x)$가 완전미분방정식이 아닐 때, 미분형

$$dy + \{P(x)y - Q(x)\}\,dx = 0$$

으로 변형하여 적분인수 $\lambda(x)$를 곱한다. 그러면

$$\lambda(x)\,dy + \lambda(x)\{P(x)y - Q(x)\}\,dx = 0$$

은 완전미분방정식이므로

$$\frac{\partial \lambda}{\partial x} = \frac{\partial}{\partial y}[\,\lambda(x)\{P(x)y - Q(x)\}]$$

를 만족한다. 따라서 $\dfrac{d\lambda(x)}{dx} = \lambda(x)P(x)$며, 이것은 변수분리형 미분방정식이다. 이 미분방정식을 λ에 대하여 풀면

$$\lambda(x) = e^{\int P(x)\,dx} \tag{*}$$

를 얻는다. 즉 (*)를 $\dfrac{dy}{dx} + P(x)y = Q(x)$에 곱하면 완전미분방정식이 된다.

예 19 미분방정식 $\dfrac{dy}{dx} - 2xy = x$에 대한 적분인수 $\lambda(x)$는

$$\lambda(x) = e^{\int(-2x)\,dx} = e^{-x^2}$$

으로 주어진다. ■

참고 선형미분방정식 $\dfrac{dy}{dx} = xy$는 변수분리형이고 완전미분방정식이다. 한편 선형미분방정식 $\dfrac{dy}{dx} = -\dfrac{2y}{x}$는 동차고 완전미분방정식이다. □

예제 19 초기값 문제 $\dfrac{dy}{dx} - y = x^2\,;\, y(0) = 1$의 해를 구하시오.

풀이 적분인수는

$$\lambda(x) = e^{-\int dx} = e^{-x}$$

다. 따라서 주어진 미분방정식의 양변에 e^{-x}를 곱하여 정리하면

$$(ye^{-x})' = x^2 e^{-x} \tag{*}$$

이므로, (*)의 양변을 적분하여 일반해

$$y = ce^{x} - (x^2 + 2x + 2) \quad (\text{단, } c\text{는 임의상수})$$

를 얻는다. 이때 초기조건이 $y(0) = 1$이므로 $c = 3$이 된다. 따라서 초기값 문제의 해는

$$y = 3e^x - (x^2 + 2x + 2)$$

로 주어진다. ■

정리 10

미분방정식 $\dfrac{dy}{dx} + P(x)y = Q(x)$의 일반해는

$$y = e^{-\int P(x)\,dx}\left\{\int Q(x)e^{\int P(x)\,dx}\,dx + c\right\} \text{ (단, } c\text{는 임의상수)}$$

로 주어진다.

증명 미분방정식 $\dfrac{dy}{dx} + P(x)y = Q(x)$의 양변에 $e^{\int P(x)\,dx}$를 곱하면

$$\frac{dy}{dx}e^{\int P(x)\,dx} + P(x)e^{\int P(x)\,dx}y = Q(x)e^{\int P(x)\,dx}$$

를 얻고, 이 식의 좌변은 $\dfrac{d}{dx}\left\{ye^{\int P(x)\,dx}\right\}$와 같으므로

$$\frac{d}{dx}\left\{ye^{\int P(x)\,dx}\right\} = Q(x)e^{\int P(x)\,dx}$$

가 성립한다. 이 양변을 적분하면

$$ye^{\int P(x)\,dx} = \int Q(x)e^{\int P(x)\,dx}\,dx + c$$

이므로, 일반해는

$$y = e^{-\int P(x)\,dx}\left\{\int Q(x)\,e^{\int P(x)\,dx}\,dx + c\right\} \text{ (단, } c\text{는 임의상수)}$$

로 주어진다. ■

따름정리

미분방정식 $\dfrac{dy}{dx} + P(x)y = 0$의 일반해는

$$y = ce^{-\int P(x)\,dx} \quad (\text{단, } c\text{는 임의상수})$$

로 주어진다.

예 20 정리 10을 이용하여, 미분방정식 $\frac{dy}{dx} + 2y = 6$의 일반해를 구해보자. $P(x) = 2$, $Q(x) = 6$으로 놓으면

$$\begin{aligned} y &= e^{-\int 2\,dx}\left(\int 6e^{\int 2\,dx}\,dx + c\right) = e^{-2x}\left(\int 6e^{2x}\,dx + c\right) \\ &= e^{-2x}\left(\frac{6e^{2x}}{2} + c\right) = 3 + ce^{-2x} \end{aligned}$$

이므로, 일반해는

$$y = 3 + ce^{-2x} \quad (\text{단, } c\text{는 임의상수})$$

로 주어진다. ■

예제 20 정리 10을 이용하여, 미분방정식 $x\frac{dy}{dx} + 2y = x^3$의 일반해를 구하시오.

풀이 표준형 $\frac{dy}{dx} + \frac{2}{x}y = x^2$으로부터 $P(x) = \frac{2}{x}$, $Q(x) = x^2$으로 놓으면

$$\begin{aligned} y &= e^{-\int \frac{2}{x}\,dx}\left(\int x^2 e^{\int \frac{2}{x}\,dx}\,dx + c\right) = x^{-2}\left(\int x^2 \cdot x^2\,dx + c\right) \\ &= x^{-2}\left(\frac{x^5}{5} + c\right) = \frac{x^3}{5} + \frac{c}{x^2} \end{aligned}$$

이므로, 일반해는

$$y = \frac{x^3}{5} + \frac{c}{x^2} \quad (\text{단, } c\text{는 임의상수})$$

로 주어진다. ■

예 21 초기값 문제 $\frac{dy}{dx} + y = \sin x\,;\, y(\pi) = 1$의 해를 구해보자.
$P(x) = 1$, $Q(x) = \sin x$로 놓으면

$$y = e^{-\int dx}\left(\int \sin x\, e^{\int dx}\, dx + c\right) = e^{-x}\left(\int e^{x} \sin x\, dx + c\right)$$
$$= \frac{1}{2}(\sin x - \cos x) + ce^{-x}$$

이므로, 일반해는

$$y = \frac{1}{2}(\sin x - \cos x) + ce^{-x} \quad (\text{단, } c\text{는 임의상수})$$

다. 이때 초기조건 $y(\pi) = 1$을 적용하면, $c = \frac{1}{2}e^{\pi}$이므로

$$y = \frac{1}{2}(\sin x - \cos x) + \frac{1}{2}e^{\pi - x}$$

를 얻는다. ■

예제 21 초기값 문제 $\frac{dy}{dx} - y = e^{2x}$; $y(0) = 2$의 해를 구하시오.

풀이 $P(x) = -1$, $Q(x) = e^{2x}$로 놓으면

$$y = e^{\int dx}\left(\int e^{2x} e^{-\int dx}\, dx + c\right) = e^{x}\left(\int e^{x}\, dx + c\right) = e^{x}\,(e^{x} + c)$$

이므로, 일반해

$$y = e^{2x} + ce^{x} \quad (\text{단, } c\text{는 임의상수})$$

를 얻는다. 이때 초기조건이 $y(0) = 2$이므로 $c = 1$이 된다. 따라서 초기값 문제의 해는

$$y = e^{2x} + e^{x}$$

로 주어진다. ■

참고 선형미분방정식 $\frac{dy}{dx} + P(x)y = Q(x)$에서 $Q(x) = 0$인 경우 주어진 미분방정식

$$y' + P(x)y = 0$$

은 변수분리형이 되므로, 이것을 적분하고 y에 관해서 풀면

$$y = ce^{-\int P(x)\,dx} \quad (\text{단, } c\text{는 임의상수})$$

가 된다. $Q(x) \neq 0$인 경우는 $y = ze^{-\int P(x)\,dx}$로 두어, x, z를 변수로 취하면 $z' = Q(x)e^{\int P(x)\,dx}$가 된다. 이것을 적분하면

$$z = \int Q(x)e^{\int P(x)\,dx}\,dx + c$$

가 되므로, $\dfrac{dy}{dx} + P(x)y = Q(x)$의 일반해는

$$y = e^{-\int P(x)\,dx}\left\{\int Q(x)e^{\int P(x)\,dx}\,dx + c\right\} \quad (\text{단, } c\text{는 임의상수})$$

가 된다. 이와 같은 변환으로 해를 구하는 방법을 **매개변수변화법**(variation of parameters)이라 한다. □

6. 특별한 형태의 미분방정식

(1) 베르누이 미분방정식

정의 11　베르누이 미분방정식(Bernoulli's differential equation)

$$\frac{dy}{dx} + P(x)y = Q(x)y^n$$

형태로 주어진 미분방정식을 **베르누이 미분방정식**이라 한다.

베르누이 미분방정식 $\dfrac{dy}{dx} + P(x)y = Q(x)y^n$은 다음 세 경우로 나누어 생각할 수 있다.

(1) $n = 0$이면 1계 비제차선형미분방정식이다.

(2) $n = 1$이면 1계 제차선형미분방정식이다.

(3) $n \neq 0, 1$일 때 라이프니츠는 $z = y^{1-n}$으로 변수변환하여, 베르누이 미분방정식의 일반해를 구할 수 있음을 보여주었다. 즉 $z = y^{1-n}$으로 치환하면 음함수의 미분법에 의하여

$$\frac{dz}{dx} = (1-n)y^{-n}\frac{dy}{dx}$$

가 되므로

$$y^{-n}\frac{dy}{dx}=\frac{1}{1-n}\frac{dz}{dx}$$

가 성립한다. 따라서 x와 z에 관한 1계 비제차선형미분방정식

$$\frac{dz}{dx}+P(x)(1-n)z=(1-n)Q(x)$$

가 된다.

예 22 미분방정식 $\dfrac{dy}{dx}+\dfrac{y}{x}=xy^2$의 일반해를 구해보자. $n=2$인 베르누이 미분방정식이므로 $z=y^{1-2}=y^{-1}$으로 두면

$$\begin{aligned}\frac{dz}{dx}&=-y^{-2}y'=-y^{-2}\left(xy^2-\frac{y}{x}\right)\\&=-x+\frac{1}{x}y^{-1}=-x+\frac{1}{x}z\end{aligned}$$

즉, $\dfrac{dz}{dx}-\dfrac{1}{x}z=-x$인 1계 비제차선형미분방정식이 된다. 따라서

$$\begin{aligned}z&=e^{-\int\left(-\frac{1}{x}\right)dx}\left\{\int e^{\int\left(-\frac{1}{x}\right)dx}\cdot(-x)\,dx+c\right\}\\&=e^{\ln x}\left\{\int e^{-\ln x}(-x)\,dx+c\right\}\\&=x(-x+c)=-x^2+cx\end{aligned}$$

이므로, 일반해는

$$y=\frac{1}{cx-x^2}\quad(\text{단, } c\text{는 임의상수})$$

로 주어진다. ■

참고 예 22에서 $y=0$은 하나의 특이해가 된다. 비선형미분방정식은 특이해를 가질 수 있으나, 선형미분방정식은 특이해를 갖지 않음에 유의한다. □

예 23 미분방정식 $\dfrac{dy}{dx}+xy=xy^{-1}$의 일반해를 구해보자. $z=y^2$으로 치환하면, 주어진

미분방정식은 선형미분방정식

$$\frac{dz}{dx} + 2xz = 2x$$

가 된다. 따라서

$$z = 1 + ce^{x^2}$$

이므로, 일반해는

$$y^2 = 1 + ce^{x^2} \text{ (단, } c\text{는 임의상수)}$$

으로 주어진다. ■

예제 22 미분방정식 $\frac{dy}{dx} + \frac{y}{x} = x^2y^3$의 일반해를 구하시오.

풀이 주어진 미분방정식은 베르누이 미분방정식이므로, $z = \frac{1}{y^2}$로 두면 선형미분방정식

$$\frac{dz}{dx} - \frac{2}{x}z = -2x^2$$

으로 변형된다. 따라서

$$z = e^{\int \frac{2}{x}dx}\left[-2\int x^2 e^{-\int \frac{2}{x}dx}dx + c\right] = -2x^3 + cx^2$$

이므로

$$-2x^3y^2 + cx^2y^2 = 1 \text{ (단, } c\text{는 임의상수)}$$

이 구하는 일반해다. ■

(2) 리카티 미분방정식

처음 리카티에 의해 제기된 비선형미분방정식은

$$\frac{dy}{dx} + ay^2 = bx^m \text{ (단, } a,\ b,\ m\text{은 상수)}$$

인 형태였다. 이 미분방정식의 일반해는 일반적으로 구적법으로는 구해지지 않는다. 그러나

a, b 중 어느 하나가 0이면 일반해는 쉽게 구해진다. 리카티 미분방정식은 물리학의 응용에서 자주 나타난다.

정의 12 리카티 미분방정식(Riccati's differential equation)

미분방정식의 우변이 y의 2차 다항식

$$\frac{dy}{dx} = a(x) + b(x)y + c(x)y^2 \tag{*}$$

의 형태일 때, 이것을 **리카티 미분방정식**이라 한다. 여기서 $c(x)=0$일 때는 선형이 되고, $a(x)=0$일 때는 베르누이 미분방정식이 된다.

리카티 미분방정식 $\frac{dy}{dx} = a(x) + b(x)y + c(x)y^2$은 다음 두 경우로 나누어 생각할 수 있다.

(1) $a(x)=0$이면 베르누이 미분방정식이 된다.

(2) $a(x) \neq 0$면 일반적으로 적분에 의해 해를 구할 수 없다. 그러나 적어도 하나의 특수해를 알 수 있으면 구적법으로 일반해를 구할 수 있다.

참고 리카치 미분방정식 (*)의 하나의 특수해 y_1이 주어질 때, $y = y_1 + z$로 두어 주어진 미분방정식을 변형하면 역시 리카티 미분방정식이 된다. 이 미분방정식을

$$\frac{dz}{dx} = a_1(x) + b_1(x)z + c_1(x)z^2$$

이라 하면 $z=0$이 해이므로, $a_1(x)$는 항등적으로 0이 된다. 결국 베르누이 미분방정식이 되어 $u = \frac{1}{z}$로 둠으로써 선형미분방정식을 얻는다. □

예제 23 초기값 문제 $\frac{dy}{dx} = 1 + x^2 - 2xy + y^2$; $y(0) = 1$의 해를 구하시오.

풀이 $y_1 = x$가 하나의 특수해이므로, $y = x + \frac{1}{z}$로 놓으면 z에 관한 선형미분방정식

$$\frac{dz}{dx} = -1$$

을 얻는다. 이것의 일반해

$$z = -x + c$$

를 $y = x + \frac{1}{z}$에 대입하면, 주어진 미분방정식의 일반해는

$$y = x - \frac{1}{x-c} \quad (\text{단, } c\text{는 임의상수})$$

로 주어진다. 이때 초기조건이 $y(0) = 1$이므로 $c = 1$이 된다. 따라서 초기값 문제의 해는

$$y = x - \frac{1}{x-1}$$

이 된다. ■

참고 $a(x) \neq 0$일 때 리카티 미분방정식 $\frac{dy}{dx} = a(x) + b(x)y + c(x)y^2$은 적어도 하나의 특수해 y_1을 알면 구적법으로 일반해를 구할 수 있다. 즉 $y = y_1 + z$로 놓으면

$$\frac{dy_1}{dx} + \frac{dz}{dx} = a + b(y_1 + z) + c(y_1 + z)^2$$

이 되고, y_1이 특수해이므로

$$\frac{dy_1}{dx} = a + by_1 + cy_1^2$$

으로부터 $n = 2$인 베르누이 미분방정식

$$\frac{dz}{dx} = bz + 2cy_1 z + cz^2 = (b + 2cy_1)z + cz^2$$

을 얻는다. 이것을 풀면

$$z = -\frac{e^{\int (b+2cy_1)\,dx}}{\int ce^{\int (b+2cy_1)\,dx}\,dx + k}$$

이므로, 리카티 미분방정식 $\frac{dy}{dx} = a(x) + b(x)y + c(x)y^2$의 일반해는

$$y = y_1 - \frac{e^{\int (b+2cy_1)\,dx}}{\int c e^{\int (b+2cy_1)\,dx} dx + k} \quad (\text{단, } k\text{는 임의상수})$$

로 주어진다. □

예제 24 주어진 특수해가 $y_1 = 2$일 때, 다음 리카티 미분방정식

$$\frac{dy}{dx} = -2 - y + y^2$$

의 일반해를 구하시오.

풀이 $\frac{dy}{dx} = -2 - y + y^2$에서 각각 $a(x) = -2$, $b(x) = -1$, $c(x) = 1$이므로 구하는 일반해는

$$y = 2 - \frac{e^{\int (-1+2\cdot 1\cdot 2)\,dx}}{\int 1 e^{\int (-1+2\cdot 1\cdot 2)\,dx} dx + c}$$

$$= 2 - \frac{e^{3x}}{\int e^{3x}\,dx + c} = 2 - \frac{e^{3x}}{\frac{1}{3}e^{3x} + c}$$

$$= 2 - \frac{1}{ce^{-3x} + \frac{1}{3}} \quad (\text{단, } c\text{는 임의상수})$$

로 주어진다. ■

적어도 하나의 특수해를 알 수 있다면 리카티 미분방정식의 일반해는 구할 수 있었으나, 하나의 특수해라도 구할 수 없을 경우는 치환

$$y = -\frac{1}{c(x)z}\frac{dz}{dx}$$

에 의해 2계 선형미분방정식

$$\frac{d^2z}{dx^2} - \left\{ b(x) + \frac{c'(x)}{c(x)} \right\} \frac{dz}{dx} + a(x)c(x)z = 0$$

으로 변환할 수 있으므로, 경우에 따라 급수해법을 이용하여 일반해를 구할 수 있다.

연습문제 2.3

1. 다음 변수분리형 미분방정식의 일반해를 구하시오.

(1) $(x^2+1)dx+(y^2+y)dy=0$ (2) $\dfrac{dy}{dx}=(x+y)^2$

(3) $\dfrac{dy}{dx}+xy^2=0$ (4) $x^2\dfrac{dy}{dx}=1+y$

2. 미분방정식 $y\,f(xy)dx+x\,g(xy)dy=0$은 변수변환 $u=xy$에 의해 변수분리형이 됨을 보이시오.

3. 초기값 문제 $\dfrac{dy}{dx}=y\sqrt{x}$; $y(1)=1$의 해가 $y=e^{\frac{2}{3}(x^{\frac{3}{2}}-1)}$로 주어짐을 보이시오.

4. 다음 초기값 문제의 해를 구하시오.

(1) $\sin x\,dx+y\,dy=0$; $y(0)=-2$

(2) $(1+x^2)dy+(1+y^2)dx=0$; $y(0)=1$

(3) $(1+x^3)dy-x^2y\,dx=0$; $y(1)=2$

5. 어떤 사체가 오후 8시 40분에 발견되었을 때 체온이 82°F이었고, 2시간 후인 오후 10시 40분에 72°F로 측정되었다. 사망 당시 체온은 98.6°F로 정상이었다고 가정하고, 주위 공기의 온도가 65°F일 때 사망시각을 추정한다. 이때 $T(t)$를 시각 t에서의 시신의 체온이라 하면 $T(t)$는 미분방정식의 초기값 문제

$$\frac{dT}{dt}=k(T-T_s)\,;\ T(0)=T_0$$

로 나타낼 수 있음을 보이고, 사망시각은 시신이 발견되기 약 1시간 30분 전, 즉 대략 오전 10시 30분으로 추정됨을 보이시오.

6. 5볼트의 전압, 50옴의 저항과 1헨리의 자기유도계수로 되어 있는 어떤 R-L 회로에 대하여, 초기전류가 없을 때 시각 t에서 회로에 흐르는 전류는 미분방정식의 초기값 문제

$$\frac{dI}{dt}+50I=5\ ;\ I(0)=0$$

으로 나타낼 수 있고, 이 초기값 문제의 해는

$$I=-\frac{1}{10}e^{-50t}+\frac{1}{10}$$

로 주어짐을 보이시오.

7. 어느 도시의 4월의 바깥 온도가

$$c(t)=70-10\cos\frac{\pi t}{12}\quad (\text{단, } 0\leq t\leq 24)$$

로 측정되었고, 빌딩이 외부와 어느 정도 차단되어 있는지를 나타내는 상수 k가 $\frac{1}{4}$이었다. 초기온도가 60°F인 냉·난방 시스템이 없는 어느 빌딩 안의 온도 $u(t)$를 구하시오.

8. 커피를 잔에 처음 부었을 때 커피의 온도가 100℃였고, 15분 후에 80℃가 되었다. 방 안의 온도가 30℃일 때, 커피의 온도가 50℃가 되기 위해서는 얼마의 시간이 걸리겠는가?

9. 다음 동차미분방정식의 일반해를 구하시오.

(1) $(y^2+xy)dx-x^2dy=0$

(2) $2xy\,dx+(y^2-x^2)dy=0$

(3) $x^2\frac{dy}{dx}=y^2+xy-x^3$

(4) $2xy\frac{dy}{dx}-y^2+x^2=0$

(5) $(3x^2-y^2)dy-2xy\,dx=0$

10. 미분방정식 $(x+y)\frac{dy}{dx}=2x+2y+1$의 일반해가

$$3x+3y+1=ae^{-6x+3y}\quad (\text{단, } a\text{는 임의상수})$$

로 주어짐을 보이시오.

11. 초기값 문제 $x\frac{dy}{dx}+(y+3x)=0\ ;\ y(1)=\frac{3}{2}$의 해를 구하시오.

12. 다음 완전미분방정식의 일반해를 구하시오.

(1) $2xy\,dx+(1+x^2)\,dy=0$ (2) $(4+xy^2)\,dx+x^2y\,dy=0$

(3) $(2x+y)\,dx+(x+2y+1)\,dy=0$ (4) $(x+\sin y)\,dx+(x\cos y-2y)\,dy=0$

13. 미분방정식 $(y^3+axy^4-2x)\,dx+(3xy^2+20x^2y^3)\,dy=0$이 완전미분방정식이 되도록 a의 값을 구하시오.

14. 다음 미분방정식의 적분인수를 구하시오.

(1) $(2x^2+3xy)\,dx+3x^2\,dy=0$ (2) $x\dfrac{dy}{dx}+y=x\sin x$

15. 다음 미분방정식의 적분인수를 구하고, 일반해를 구하시오.

(1) $(x^3y^2-y)\,dx+(x^2y^4-x)\,dy=0$ (2) $(x^2\cos x-y)\,dx+x\,dy=0$

16. 다음 초기값 문제의 해를 구하시오.

(1) $2xy\,dx+(1+x^2)\,dy=0\,;\,y(2)=-5$

(2) $(e^y-2xy)\,dx+(xe^y-x^2)\,dy=0\,;\,y(0)=0$

17. (1) λ, μ가 $P(x,\ y)\,dx+Q(x,\ y)\,dy=0$의 적분인수면

$$\frac{\lambda}{\mu}=c \ (\text{단, } c\text{는 임의상수})$$

는 $P(x,\ y)\,dx+Q(x,\ y)\,dy=0$의 일반해가 됨을 보이시오.

(2) $P(x,\ y)=yf(xy)$, $Q(x,\ y)=xg(xy)$면

$$\frac{1}{xP-yQ} \ (\text{단, } xP-yQ\neq 0)$$

이 $P(x,\ y)\,dx+Q(x,\ y)\,dy=0$의 적분인수가 됨을 보이시오.

18. 다음 선형미분방정식의 일반해를 구하시오.

(1) $\dfrac{dy}{dx}+y=e^{3x}$ (2) $x\dfrac{dy}{dx}+y=x\sin x$ (단, $x>0$)

(3) $(x^2-1)\dfrac{dy}{dx}=xy+x^3$ (4) $\dfrac{dy}{dx}+y=xe^{-x}$

19. 선형미분방정식 $\frac{dy}{dx}+P(x)y=Q(x)$에서 하나의 해 y_1을 알면, 일반해는

$$y=y_1+ce^{-\int P(x)\,dx} \quad (\text{단, } c\text{는 임의상수})$$

로 주어짐을 보이시오.

20. 다음 베르누이 미분방정식의 일반해를 구하시오.

(1) $x\frac{dy}{dx}-3y=x^5y^{\frac{1}{3}}$ (2) $\frac{dy}{dx}-\frac{2}{x}y=y^4$

(3) $\frac{dy}{dx}+\frac{1}{x}y=3x^2y^3$ (4) $x^2\frac{dy}{dx}=xy+y^2$

21. 다음 초기값 문제의 해를 구하시오.

(1) $x\frac{dy}{dx}+2y=x^2\,;\,y(1)=0$ (2) $\frac{dy}{dx}+y=\sin x\,;\,y(\pi)=1$

22. $\frac{dy}{dx}+P(x)y=Q(x)\ln x$로 주어진 미분방정식은 $z=\ln y$로 변수변환하면, 선형미분방정식

$$\frac{dz}{dx}+Q(x)z=-P(x)$$

로 변형됨을 보이시오.

23. 미분방정식 $\frac{dy}{dx}=x^3(y-x)^2+\frac{y}{x}$는 하나의 특수해 $y=x$를 가짐을 보이고, $w=y-x$로 치환함으로써 베르누이 미분방정식으로 변환됨을 보이시오.

24. 다음 리카티 미분방정식에서 주어진 특수해를 이용하여 일반해를 구하시오.

$$x^2\frac{dy}{dx}=-4-xy+x^2y^2 \quad (\text{단, } y=\frac{2}{x}\text{가 하나의 특수해})$$

25. 리카티 미분방정식 $\frac{dy}{dx}=P(x)y^2+Q(x)y+R(x)$의 하나의 특수해를 $s(x)$라 할 때

$$\lambda(x,\ y)=\frac{1}{\{y-s(x)\}^2}e^{\int\{2P(x)s(x)+Q(x)\}\,dx}$$

가 적분인수가 됨을 보이시오.

26. 초기값 문제 $x^2\dfrac{dy}{dx}=y^2-xy+x^2$ (단, $y=x$가 하나의 특수해) ; $y(1)=3$의 해를 구하시오.

27. 온도가 100℃인 금속 막대가 일정한 온도 0℃를 유지하는 창고에 보관하였는데, 20분 후 금속 막대의 온도가 50℃가 되었다. 금속 막대의 온도가 25℃가 되는 시각과 10분 후 금속 막대의 온도를 구하시오.

28. 어떤 지역의 인구는 그 지역에서 거주하고 있는 사람의 수에 비례하여 증가한다고 한다. 2년 후에 인구를 조사하니 처음의 2배가 되었고, 3년 후에는 총인구가 2만 명으로 조사되었다고 한다. 그 지역에서 처음에 살고 있었던 사람의 수를 구하시오.

29. 박테리아는 어떤 양에 대하여 일정한 비율로 배양된다고 한다. 1시간 후에 1,000마리의 박테리아가 배양되었고, 4시간 후에 3,000마리가 배양되었다고 한다. 최초의 박테리아 수를 구하시오.

2.4 고차 미분방정식

1차 미분방정식일지라도 앞에서 언급한 형태 이외에는 그 해법을 알 수 없는데, 하물며 고차 미분방정식에 대해서는 더 말할 나위도 없다. 이 절에서는 고차 미분방정식에 대하여 해를 구할 수 있는 몇 경우에 대하여 서술한다.

정의 1 1계 n차 미분방정식

미지함수 y의 1계 도함수 $\frac{dy}{dx}$에 대하여, n차 미분방정식

$$\left(\frac{dy}{dx}\right)^n + P_1(x, y)\left(\frac{dy}{dx}\right)^{n-1} + \cdots + P_{n-1}(x, y)\frac{dy}{dx} + P_n(x, y) = 0 \qquad (*)$$

을 1계 n차 미분방정식(first order differential equation of degree n)이라고 한다.

1. 인수분해되는 미분방정식

n차 미분방정식 (*)는 $p = \frac{dy}{dx}$로 놓으면, p에 관한 n차식

$$p^n + P_1(x, y)p^{n-1} + \cdots + P_{n-1}(x, y)p + P_n(x, y) = 0$$

이 된다. 이때 p에 관하여 일차식으로 인수분해하여

$$\{p - f_1(x, y)\}\{p - f_2(x, y)\} \cdot \cdots \cdot \{p - f_n(x, y)\} = 0$$

이 되면, 주어진 미분방정식은

$$p - f_1(x, y) = 0,\ p - f_2(x, y) = 0,\ \cdots,\ p - f_n(x, y) = 0$$

으로 분해된다. 이들의 일반해를 각각

$$\varphi_1(x, y, c) = 0,\ \varphi_2(x, y, c) = 0,\ \cdots,\ \varphi_n(x, y, c) = 0$$

이라 하면, 주어진 미분방정식의 일반해는

$$\varphi_1(x, y, c)\varphi_2(x, y, c) \cdot \cdots \cdot \varphi_n(x, y, c) = 0 \quad (\text{단, } c\text{는 임의상수})$$

으로 주어진다.

예 1 미분방정식 $\left(\frac{dy}{dx}\right)^2+(2x+y)\frac{dy}{dx}+2xy=0$의 일반해를 구해보자. 주어진 미분방정식을 인수분해하면 $\left(\frac{dy}{dx}+2x\right)\left(\frac{dy}{dx}+y\right)=0$이므로

$$\frac{dy}{dx}+2x=0,\quad \frac{dy}{dx}+y=0$$

의 해를 구하면, 각각 $y+x^2+c=0$, $y+ce^x=0$을 얻는다. 따라서 구하는 일반해는

$$(y+x^2+c)(y+ce^x)=0 \ \text{(단, } c\text{는 임의상수)}$$

으로 주어진다. ■

예제 1 미분방정식 $x^2\left(\frac{dy}{dx}\right)^2+3xy\frac{dy}{dx}+2y^2=0$의 일반해를 구하시오.

풀이 주어진 미분방정식을 인수분해하면 $\left(x\frac{dy}{dx}+y\right)\left(x\frac{dy}{dx}+2y\right)=0$이므로

$$\frac{dy}{dx}+\frac{y}{x}=0,\quad \frac{dy}{dx}+\frac{2y}{x}=0$$

의 해를 구하면, 각각 $xy-c=0$, $x^2y-c=0$을 얻는다. 따라서 구하는 일반해는

$$(xy-c)(x^2y-c)=0 \ \text{(단, } c\text{는 임의상수)}$$

으로 주어진다. ■

2. 미분법에 의한 해법

(1) x를 포함하지 않는 미분방정식

미분방정식 $f\left(y, \frac{dy}{dx}\right)=0$이 $y=g\left(\frac{dy}{dx}\right)$로 변형되었다고 하자. $\frac{dy}{dx}=p$로 놓고 $y=g(p)$를 x에 관하여 미분하면 $p=g'(p)\frac{dp}{dx}$인 변수분리형이 되므로, 이것을 적분하면

$$x=\int g'(p)\frac{dp}{p}+c \ \text{(단, } c\text{는 임의상수)}$$

를 얻는다. 여기서 p를 x의 함수로 풀어 $y=g(p)$에 대입함으로써 $y=g\left(\frac{dy}{dx}\right)$의 해를 얻

는다.

한편 $f\left(y, \dfrac{dy}{dx}\right)=0$을 y 또는 $\dfrac{dy}{dx}$에 대하여 푸는 것은 곤란하지만, 매개변수 u를 사용해서 $f\left(y, \dfrac{dy}{dx}\right)=0$을 만족하는 y, $\dfrac{dy}{dx}$가 각각

$$y=\varphi(u), \quad \frac{dy}{dx}=\psi(u)$$

인 형태로 쓸 수 있다고 하자. 이 경우는 $y=\varphi(u)$를 x에 관하여 미분해서 $\dfrac{dy}{dx}=\psi(u)$를 이용하면 $\psi(u)=\varphi'(u)\dfrac{du}{dx}$가 되므로, 이것을 적분하여

$$x=\int \frac{\varphi'(u)}{\psi(u)}\,du+c \ \text{(단, } c\text{는 임의상수)}$$

를 얻는다. 이것과 $y=\varphi(u)$에 의해 일반해인 x, y 사이의 관계가 주어진다.

예 2 미분방정식 $\left(\dfrac{dy}{dx}\right)^2+y^2=a^2$ (단, $a>0$)을 만족하는 y, $\dfrac{dy}{dx}$는 매개변수 u를 사용해서

$$y=a\sin u, \quad \frac{dy}{dx}=a\cos u$$

로 변형할 수 있으므로, $y=a\sin u$를 x에 관하여 미분해서 $\dfrac{dy}{dx}=a\cos u$를 사용하면 $a\cos u\dfrac{du}{dx}=a\cos u$가 된다. 따라서

$$x=u+c$$

를 얻는다. 이제 $u=x-c$를 $y=a\sin u$에 대입하면 일반해는

$$y=a\sin(x-c) \ \text{(단, } c\text{는 임의상수)}$$

로 주어진다. ■

(2) y를 포함하지 않는 미분방정식

미분방정식 $f\left(x, \dfrac{dy}{dx}\right)=0$의 경우는 x를 y의 함수로 생각하면 앞의 경우 (1)에 귀착된다. 또한 $f\left(x, \dfrac{dy}{dx}\right)=0$을 만족하는 x, $\dfrac{dy}{dx}$가 매개변수 u를 사용하여

$$x = \varphi(u), \quad \frac{dy}{dx} = \psi(u)$$

인 형태로 표시되는 경우도, 앞에서 서술한 방법 (1)과 동일하게 적용된다 (연습문제 3 참조).

(3) $y = f\left(x, \dfrac{dy}{dx}\right)$인 형태

$\dfrac{dy}{dx} = p$로 놓고 양변을 x에 관하여 미분하면, $p = \dfrac{\partial f}{\partial x} + \dfrac{\partial f}{\partial p}\dfrac{dp}{dx}$를 얻는다. 이것의 일반해를 $g(x, p, c) = 0$이라 하면, 주어진 미분방정식의 일반해는

$$y = f(x, p), \quad g(x, p, c) = 0$$

에서 p를 소거하여 얻을 수 있다. p를 소거하기 어려우면, p를 매개변수로 하여

$$x = \varphi(p, c), \quad y = \psi(p, c)$$

인 매개변수표시를 일반해로 하면 된다.

예제 2 미분방정식 $x\left(\dfrac{dy}{dx}\right)^2 - 2y\dfrac{dy}{dx} - x = 0$의 일반해를 구하시오.

풀이 $\dfrac{dy}{dx} = p$로 놓고 변형하면 $y = x\dfrac{p^2 - 1}{2p}$인 형태이므로, x에 관하여 미분하면

$$\frac{p^2+1}{p} = x\,\frac{p^2+1}{p^2}\,\frac{dp}{dx}$$

가 된다. 이 양변을 $\dfrac{p^2+1}{p}\,(\neq 0)$로 나누면 $\dfrac{dx}{x} = \dfrac{dp}{p}$이므로

$$p = cx$$

를 얻는다. 이것을 주어진 미분방정식에 대입하여 p를 소거하면, 일반해는

$$c^2x^2 - 2cy - 1 = 0 \quad (\text{단, } c\text{는 임의상수})$$

으로 주어진다. ■

(4) $x=f\left(y,\ \frac{dy}{dx}\right)$**인 형태**

$\frac{dy}{dx}=p$로 놓고 양변을 y에 관하여 미분하면

$$\frac{1}{p}=\frac{\partial f}{\partial y}+\frac{\partial f}{\partial p}\frac{dp}{dy}$$

를 얻는다. 이것의 일반해를 $g(y,\ p,\ c)=0$이라 하면, 주어진 미분방정식의 일반해는

$$x=f(y,\ p),\quad g(y,\ p,\ c)=0$$

에서 p를 소거하여 얻을 수 있다(연습문제 4 참조).

3. 라그랑주 미분방정식

(1) 라그랑주 미분방정식

정의 2 라그랑주 미분방정식(Lagrange's differential equation)

미분방정식 $y=f\left(x,\ \frac{dy}{dx}\right)$에서 우변이 x에 관하여 1차식으로 표현될 때, 즉

$$y=x\varphi\left(\frac{dy}{dx}\right)+\psi\left(\frac{dy}{dx}\right) \qquad (*)$$

형태로 주어진 미분방정식을 **라그랑주 미분방정식**이라 한다.

$\frac{dy}{dx}=p$로 놓고 라그랑주 미분방정식 $y=x\varphi(p)+\psi(p)$의 양변을 x에 관하여 미분하면

$$p=\varphi(p)+\{x\varphi'(p)+\psi'(p)\}\frac{dp}{dx}$$

즉

$$\{p-\varphi(p)\}\frac{dx}{dp}=x\varphi'(p)+\psi'(p) \qquad (*)$$

인 선형미분방정식을 얻는다.

(1) $p-\varphi(p)\neq 0$인 경우 : (*)의 일반해가 $x=c\varphi_1(p)+\varphi_2(p)$로 표시되므로, 이것과 주

어진 미분방정식 $y = x\varphi(p) + \psi(p)$로부터 p를 소거하여 일반해를 구한다.

(2) $p - \varphi(p) = 0$인 경우 : $p - \varphi(p) = 0$과 $y = x\varphi(p) + \psi(p)$에서 p를 소거하여 특이해를 구한다.

예제 3 미분방정식 $y = p^2 x + p^2$ $\left(단,\ p = \dfrac{dy}{dx}\right)$의 해를 구하시오.

풀이 주어진 미분방정식을 x에 관하여 미분하면

$$p = p^2 + 2xpp' + 2pp'$$

이므로

$$2(x+1)p' + (p-1) = 0 \quad 또는\ p = 0$$

이 성립한다.

먼저 $2(x+1)p' + (p-1) = 0$일 때 $\dfrac{2\,dp}{p-1} + \dfrac{dx}{x+1} = 0$이므로, 적분하면

$$\ln(p-1)^2 + \ln(x+1) = \ln c$$

다. 따라서

$$(p-1)^2(x+1) = c \quad (단,\ c는\ 임의상수)$$

이므로, 이것과 주어진 미분방정식 $y = p^2 x + p^2$을 연립하여 풀면 일반해를 얻는다.

다음에 $p = 0$을 주어진 미분방정식 $y = p^2 x + p^2$에 대입하면, 특이해 $y = 0$을 얻는다. ■

(2) 클레로 미분방정식

정의 3 클레로 미분방정식(Clairaut's differential equation)

라그랑주 미분방정식 $y = x\varphi\left(\dfrac{dy}{dx}\right) + \psi\left(\dfrac{dy}{dx}\right)$에서 $\varphi\left(\dfrac{dy}{dx}\right) = \dfrac{dy}{dx}$일 경우, 즉

$$y = x\frac{dy}{dx} + \psi\left(\frac{dy}{dx}\right)$$

형태의 미분방정식을 클레로 미분방정식이라 한다.

$\dfrac{dy}{dx}=p$로 놓고, 클레로 미분방정식 $y=xp+\psi(p)$의 양변을 x에 관하여 미분하면

$$p=px+\frac{dp}{dx}+\psi'(p)\frac{dp}{dx}$$

즉

$$\{x+\psi'(p)\}\frac{dp}{dx}=0$$

을 얻는다. 따라서

$$\frac{dp}{dx}=0 \ \text{ 또는 } \ x+\psi'(p)=0$$

이 된다. 이때 $\dfrac{dp}{dx}=0$으로부터

$$p=c, \text{ 즉 } \frac{dy}{dx}=c$$

임을 알 수 있고, 이것을 주어진 미분방정식 $y=x\dfrac{dy}{dx}+\psi\left(\dfrac{dy}{dx}\right)$에 대입하면 일반해

$$y=cx+\psi(c) \ \ (\text{단, } c\text{는 임의상수})$$

를 구할 수 있다. 한편

$$y=xp+\psi(p), \quad x+\psi'(p)=0$$

에서 p를 소거하면 x, y만의 관계식이 주어진다. 이것은 $y=x\dfrac{dy}{dx}+\psi\left(\dfrac{dy}{dx}\right)$의 특이해가 된다.

예 3 미분방정식 $y=xy'+\dfrac{1}{2}(y')^2$은 $y=xp+\dfrac{1}{2}p^2$ (단, $p=y'$) 형태의 클레로 미분방정식이므로, 일반해는

$$y=cx+\frac{1}{2}c^2 \ \ (\text{단, } c\text{는 임의상수})$$

으로 주어진다. 한편 $\psi(p)=\dfrac{1}{2}p^2$이므로

$$\begin{cases} x = -\psi'(p) = -p \\ y = px + \dfrac{1}{2}p^2 \end{cases}$$

으로부터 p를 소거하면 특이해 $y = -\dfrac{1}{2}x^2$을 얻는다. ■

예 4 미분방정식 $y = xy' + 2(y')^2 - y'$은

$$y = xp + 2p^2 - p \quad (\text{단, } p = y')$$

형태의 클레로 미분방정식이므로, 일반해는

$$y = cx + 2c^2 - c \quad (\text{단, } c\text{는 임의상수})$$

로 주어진다. 한편 $\psi(p) = 2p^2 - p$이므로

$$\begin{cases} x = -\psi'(p) = -4p + 1 \\ y = px + 2p^2 - p \end{cases}$$

로부터 p를 소거하면 특이해 $y = -\dfrac{1}{8}(x-1)^2$을 얻는다. ■

연습문제 2.4

1. 다음 미분방정식의 일반해를 구하시오. $\left(\text{단, } p = \dfrac{dy}{dx}\right)$

(1) $p^2 - p = 0$ (2) $x^2p^2 + 3xyp + 2y^2 = 0$

2. 다음 미분방정식의 일반해를 구하시오.

(1) $y^2 = x^2\left(\dfrac{dy}{dx}\right)^2 + 1$ (2) $x^2 + \left(x\dfrac{dy}{dx} - 2y\right)^2 = x\dfrac{dy}{dx} - y$

3. 미분방정식 $\left(1 - 2x\dfrac{dy}{dx}\right)^2 = \dfrac{dy}{dx}\left(1 - x\dfrac{dy}{dx}\right)$의 일반해는

$$x + ce^{y} = c^2 e^{2y} \text{ (단, } c\text{는 임의상수)}$$

로 주어짐을 보이시오.

4. 미분방정식 $9yp^2 - 2xp + y = 0 \left(\text{단, } p = \dfrac{dy}{dx}\right)$의 일반해는

$$9c^2 - 2cx + y^2 = 0 \text{ (단, } c\text{는 임의상수)}$$

이고, 특이해는 $y = \pm \dfrac{1}{3}x$로 주어짐을 보이시오.

5. 클레로 미분방정식 $y = x\dfrac{dy}{dx} - \left(\dfrac{dy}{dx}\right)^2$의 특이해는

$$y = \frac{x^2}{4}$$

으로 주어짐을 보이시오.

6. 주어진 두 점 F, F'으로부터 접선까지 거리의 곱이 일정한 곡선은 F, F'을 초점으로 하는 타원의 방정식과, F, F'을 초점으로 하는 쌍곡선의 방정식으로 주어짐을 보이시오.

03

Differential Equation

고계 미분방정식

3.1 수학적 모델
3.2 고계 미분방정식
3.3 고계 선형미분방정식
3.4 코시-오일러 미분방정식

3.1 수학적 모델

(1) 용수철 - 질량계

① 단순조화진동

(i) 후크의 법칙

질량이 m인 물체가 고정되어 있는 용수철에 매달려 운동하는 경우를 생각한다. 후크의 법칙에 따라 용수철의 위의 방향으로의 복원력은 용수철이 늘어난 길이 s에 비례하므로, k (단, $k>0$)가 비례상수 (용수철 상수)일 때 $F=ks$로 표현된다.

(ii) 뉴턴의 제2운동법칙

용수철의 고유길이가 b일 때 물체가 용수철에 매달려서 용수철을 원래 길이에서 s만큼 늘어나게 하면 평형상태 $x=0$에 이르게 된다. 용수철이 운동을 시작하여 시각 t에서 $x=0$로부터의 거리를 $x(t)$로 나타내면, 뉴턴의 제2운동법칙에 의하여

$$F=ma=m\frac{d^2x}{dt^2}$$

가 성립한다. 여기서 m은 물체의 질량이고 a는 가속도를 나타낸다. 만약 질량에 중력 이외의 외력이 없는 자유운동을 하고 있다면, 이러한 현상은 2계 미분방정식

$$m\frac{d^2x}{dt^2}=-k(s+x)+mg=-ks-kx+mg$$

로 나타낼 수 있다.

(iii) 단순조화운동

평형상태에서 $ks=mg$이므로, $m\dfrac{d^2x}{dt^2}+kx=0$이 된다. 그러므로 평형상태 $(x=0)$로부터 시각 t까지의 물체의 거리 $x(t)$는 2계 미분방정식의 초기값 문제

$$m\frac{d^2x}{dt^2}+kx=0\,;\,x(0)=\alpha,\ \frac{dx}{dt}(0)=\beta$$

의 해를 구함으로써 알 수 있다.

예 1 고유길이가 10인치인 용수철에 무게가 60파운드인 물체를 매달았더니 용수철이 16인치로 늘어났다. 물체가 평형상태의 위치로부터 12인치 아래 지점에서 그대로 놓았을 때, 평형위치로부터 물체가 이동하는 변위함수 $x(t)$는 초기값 문제

$$m\frac{d^2x}{dt^2}+64x=0\,;\,x(0)=1,\ \frac{dx}{dt}(0)=0$$

의 해로써 얻어진다. 이때 $x(t)=\cos 8t$로 주어진다. ■

예 1에서 해 $x(t)=\cos 8t$는 주기적이고 수직적으로만 멈추지 않고 움직이므로, 이러한 형태의 운동을 **단순조화진동** (simple harmonic oscillation)이라고 한다.

② 제동운동 (Damped motion)

제동력 (damping force)은 운동의 속도를 나타내는 함수로써, F_R로 정의한다. 단순조화운동을 모델링하기 위해 사용되었던 과정들을 제동이 포함된 용수철 - 질량 시스템을 모델링하기 위하여 적용해 보자.

역학의 연구에서 물체에 작용하는 제동력은 순간속도에 비례하는 것으로 생각한다. 제동력 F_R을 $F_R=c\dfrac{dx}{dt}$라 할 때, 용수철 - 질량 시스템에 어떤 외력도 가해지지 않으면 뉴턴의 제2운동법칙으로부터

$$m\frac{d^2x}{dt^2}=-c\frac{dx}{dt}-kx,\ \text{즉}\ m\frac{d^2x}{dt^2}+c\frac{dx}{dt}+kx=0$$

을 얻고, 초기값 문제

$$m\frac{d^2x}{dt^2}+c\frac{dx}{dt}+kx=0\,;\,x(0)=\alpha,\ \frac{dx}{dt}(0)=\beta$$

의 해를 구함으로써 변위함수를 찾을 수 있다. 여기서 상수 c는 양의 제동상수 (damping constant)다.

③ 강제운동

용수철에 매달려 진동하는 물체가 외부의 힘 $f(t)$에 영향을 받는 경우를 생각한다. 예를 들면 용수철의 지지대가 수직적으로 진동하며 운동하게 하는 구동력에 해당된다. 이러한 현상은 뉴턴의 제2운동법칙을 나타내는 공식에 외력을 포함시켜 초기값 문제

$$m\frac{d^2x}{dt^2}+c\frac{dx}{dt}+kx=f(t)\,;\,x(0)=\alpha,\ \frac{dx}{dt}(0)=\beta$$

로 표현된다.

(i) 자유강제운동

강제운동에서 제동이 없는 자유운동인 경우를 생각한다.

예 2 질량 $m=1$ slug의 물질이 용수철 상수가 $k=4$ lb/ft인 용수철에 매달려 있다. 물체에 영향을 주는 제동이 없고 평형위치에서 초기속도 없이 강제함수 $f(t)=1$에 의해 외부의 힘이 작용할 때, 물체의 변위함수 $x(t)$는 초기값 문제

$$\frac{d^2x}{dt^2}+4x=1\,;\,x(0)=0,\ \frac{dx}{dt}(0)=0$$

의 해로써 얻어진다. 이때 변위함수 $x(t)$는

$$x(t)=-\frac{1}{4}\cos 2t+\frac{1}{4}$$

로 주어진다. ■

(ii) 제동이 있는 강제운동

용수철 시스템이 외부의 힘뿐만 아니라 제동에 영향을 받는 경우, 이러한 현상은 초기값 문제

$$m\frac{d^2x}{dt^2}+c\frac{dx}{dt}+\kappa x=\varphi\cos\lambda t\,;\,x(0)=\alpha,\ \frac{dx}{dt}(0)=\beta$$

로 표현된다. 이것은 $x(t)=h(t)+s(t)$ 형태의 해를 가지며

$$\lim_{t\to\infty}h(t)=0,\ s(t)=c_1\cos\lambda t+c_2\sin\lambda t$$

를 만족한다.

(2) L-R-C 직렬회로

2계 비제차선형미분방정식은 키르히호프 법칙의 응용으로써 전기회로에서 나타난다. $I(t)$를 L-R-C 직렬회로의 전류라 하고, L을 자기유도계수, R을 저항, Q를 전하 그리고 C

를 회로의 전기용량을 표시할 때, $L-R-C$ 직렬회로를 미분방정식으로 모델링하기 위해서는 키르히호프 법칙이 필요하다.

(키르히호프 법칙) 회로의 구성요소를 통과할 때, 전압강하의 합은 회로에 입력된 전압 $\boldsymbol{E}(t)$와 같다.

키르히호프 법칙은

$$L\frac{dI}{dt}+RI+\frac{1}{C}Q=E(t)$$

로 나타낼 수 있다. 그런데 $\frac{dQ}{dt}=I$이므로, $\frac{d^2Q}{dt^2}=\frac{dI}{dt}$다. 따라서

$$L\frac{d^2Q}{dt^2}+R\frac{dQ}{dt}+\frac{1}{C}Q=E(t)$$

로 변형된다. 특히 초기전하가 $Q(0)=Q_0$고 초기전류가 $I(0)=I_0$면, 전하 $Q(t)$에 대한 초기값 문제는

$$L\frac{d^2Q}{dt^2}+R\frac{dQ}{dt}+\frac{1}{C}Q=E(t)\,;\,Q(0)=Q_0,\ I(0)=\frac{dQ}{dt}(0)=I_0$$

로 주어진다.

예 3 $L-R-C$ 직렬회로에서 $L=1$ 헨리, $R=40$ 옴, $C=\frac{1}{4000}$ 패럿, $E(t)=24$ 볼트고 초기전류와 초기전하가 각각 0일 때, 이 회로의 전하 $Q(t)$는 초기값 문제

$$\frac{d^2Q}{dt^2}+40\frac{dQ}{dt}+4000Q=24\,;\,Q(0)=0,\ I(0)=\frac{dQ}{dt}(0)=0$$

의 해로써 얻어진다. 이때 전하 $Q(t)$는

$$Q(t)=e^{-20t}\left(-\frac{3}{500}\cos 60t-\frac{1}{500}\sin 60t\right)+\frac{3}{500}$$

으로 주어진다. ■

(3) 들보의 휨 현상

길이 L, 단위 길이당 $w(x)$의 하중을 받는 균일한 들보의 처짐 $y(x)$는 4계 선형미분방정식으로 나타낼 수 있다.

들보가 수평으로 놓여 있을 때 들보가 휘어지지 않은 상태면, 꺾인 상태의 들보의 모양은 함수 $y(x) = -s(x)$로 나타낼 수 있다. 여기서 x는 들보의 왼쪽 끝에서부터의 길이고, s는 평형위치로부터 꺾이는 정도의 길이를 나타낸다. 이러한 현상은 다음과 같이 미분방정식으로 유도할 수 있다.

$m(x)$를 점 x에 대한 힘의 구부러지는 모멘트라 하고 $w(x)$를 들보의 무게 분포라 하면, 이 두 함수는 $\dfrac{d^2m}{dx^2} = w(x)$의 관계를 만족한다. 또한 구부러지는 모멘트는 들보의 곡률(curvature)에 비례하므로, 비선형미분방정식

$$m(x) = \frac{EI}{\left(\sqrt{1+\left(\dfrac{ds}{dx}\right)^2}\right)^3}\frac{d^2s}{dx^2}$$

로 나타난다. 여기서 E는 들보의 재질에 관련된 상수(탄성계수)고, I는 들보의 절단면의 모양과 크기에 관련된 상수(들보의 횡단면의 관성 모멘트)다. 매우 작은 s에 대하여

$$\left(\sqrt{1+\left(\frac{ds}{dx}\right)^2}\right)^3 \approx 1$$

이므로, 위의 방정식은 간단히 $m(x) = EI\dfrac{d^2s}{dx^2}$인 선형미분방정식으로 근사된다. 그런데 $\dfrac{d^2m}{dx^2} = EI\dfrac{d^4s}{dx^4}$이므로, 4계 비제차선형미분방정식

$$EI\frac{d^4s}{dx^4} = w(x)$$

를 얻는다.

(4) 흔들리는 추의 운동 (peudulum problem)

질량이 m인 진자가 길이 L의 막대 끝에 매달려 있을 때 (여기서 막대의 무게는 무시), 수직축으로부터 시계반대방향으로 라디안으로 측정된 변위 $\theta(t)$는 비선형미분방정식

$$mL\frac{d^2\theta}{dt^2} + mg\sin\theta = 0$$

을 만족한다.

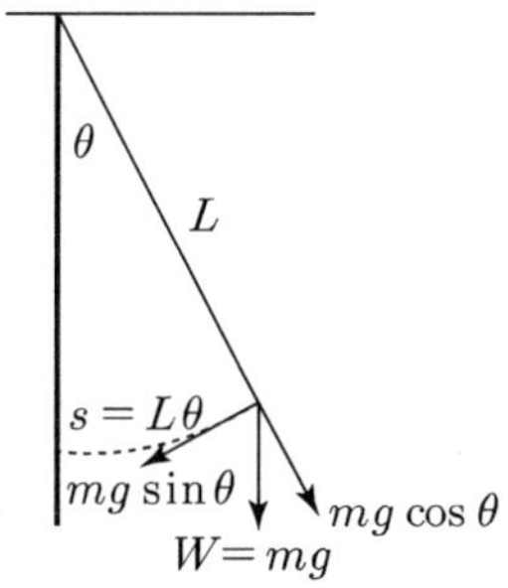

[그림 3.1]

그런데 매우 작은 변위만을 고려하므로 $\sin\theta \approx \theta$다. 따라서 위의 식은

$$mL\frac{d^2\theta}{dt^2} + mg\theta = 0, \text{ 즉 } \frac{d^2\theta}{dt^2} + \frac{g}{L}\theta = 0$$

에 의해 근사된다. 초기변위가 $\theta(0) = \theta_0$고 초기속도가 $\frac{d\theta}{dt}(0) = v_0$면, 변위함수 $\theta(t)$는 초기값 문제

$$\frac{d^2\theta}{dt^2} + \frac{g}{L}\theta = 0\,;\, \theta(0) = \theta_0,\ \frac{d\theta}{dt}(0) = v_0$$

을 만족한다. 이제 $\omega^2 = \frac{g}{L}$로 놓으면 $\frac{d^2\theta}{dt^2} + \omega^2\theta = 0$이므로

$$\theta(t) = c_1\cos\omega t + c_2\sin\omega t \quad \left(\text{단, } \omega = \sqrt{\frac{g}{L}}\right)$$

로 주어진다. 여기서 c_1, c_2는 임의상수다. 이때 초기조건을 사용하면

$$\theta(t) = \theta_0\cos\omega t + \frac{v_0}{\omega}\sin\omega t$$

고, $\theta(t)$의 대략적인 주기는 $T = \frac{2\pi}{\omega} = 2\pi\sqrt{\frac{L}{g}}$임을 알 수 있다.

예 4 질량 $m = 1$ slug인 어떤 진자가 길이 $L = 8$ 피트인 실에 매달려 있다. $\theta(0) = 0$ 라디안이고 $\frac{d\theta}{dt}(0) = 2$ rad/sec일 때, 진자의 변위함수 $\theta(t)$는 초기값 문제

$$\frac{d^2\theta}{dt^2} + 4\theta = 0\,;\, \theta(0) = 0,\quad \frac{d\theta}{dt}(0) = 2$$

의 해로써 얻어진다. 이때 변위함수 $\theta(t)$는

$$\theta(t) = \sin 2t$$

로 주어진다. ■

진자의 운동이 순간속도에 비례하는 제동력 $F_R = b\frac{d\theta}{dt}$에 영향을 받을 때, 변위함수 $\theta(t)$를 구하기 위해서는 초기값 문제

$$L\frac{d^2\theta}{dt^2} + b\frac{d\theta}{dt} + g\theta = 0\,;\, \theta(0) = \theta_0,\quad \frac{d\theta}{dt}(0) = v_0$$

의 해를 구해야 한다.

연습문제 3.1

1. 고유길이가 10인치인 용수철에 무게가 16파운드인 물체를 매달았을 때, 용수철이 13인치로 늘어났다. 이때 용수철 상수와 물체의 질량을 구하시오.

2. 고유길이가 8인치인 용수철에 2파운드의 물체를 매달았더니 용수철이 6인치만큼 늘어났다. 물체가 평형점 아래의 8인치 지점에서 초기속도 $\frac{4}{3}$ ft/sec로 아래쪽으로 놓여졌을 때, 물체가 평형상태에서 가장 멀리 위치하는 거리는

$$\frac{\sqrt{17}}{6} \approx 0.69\ (\text{피트})$$

로 주어짐을 보이시오.

3. $L = 1$ 헨리, $R = 40$ 옴, $C = \frac{1}{4000}$ 패럿, $E(t) = 24$ 볼트인 L-R-C 직렬회로에서 초

기전류와 초기전하가 0일 때, 이 회로의 전류는

$$I = \frac{2}{5} e^{-20t} \sin 60\,t$$

로 주어짐을 보이시오.

4. 무게가 64파운드인 물체가 용수철을 0.32피트 만큼 늘어나게 한다. 이 물체가 평형점 아래 $\frac{2}{3}$피트 지점에서 5 ft/sec의 초기속도로 상승하며 운동을 시작할 때, 진폭과 운동 주기를 구하시오.

5. 제동이 없는 용수철 - 질량 시스템에서의 물체의 운동주기가 $\frac{\pi}{2}$초일 때 용수철의 고유 상수가 $k = 32$ lb/ft라면 질량 m은 얼마인가?

6. 무게가 16파운드인 물체가 용수철을 8인치 더 늘어뜨렸다. 제동이 없고 외부의 힘이 $f(t) = 2\cos t$로 작용한다면 물체가 평형위치의 아래 4인치 위치에 놓여졌을 때 변위 함수 $x(t)$를 구하시오.

7. 질량이 1 slug인 물체가 용수철 고유상수가 $k = 25$ lb/ft인 용수철에 매달려 있다. 저항력이 $F_k = 8\frac{dx}{dt}$고 평형위치에서 초기속도 없이 외부의 힘 $f(t) = \cos t - \sin t$에 의해서 작용할 변위함수 $x(t)$를 구하시오.

8. 길이 $L = \frac{8}{5}$ 피트의 진자가 제동력 $F_R = \frac{32}{5}\frac{d\theta}{dt}$에 영향을 받는다고 하자. $\theta(0) = 1$이고 $\frac{d\theta}{dt}(0) = 2$일 때 변위함수 $\theta(t)$를 구하시오.

3.2 고계 미분방정식

이 절에서는 간단한 변환에 의해 해를 구할 수 있는 특수한 형태, 즉 한 변수가 없는 고계 미분방정식에 대한 해법만을 소개한다. 이외에도 고계 미분방정식이 동차미분방정식인 경우와 완전미분방정식인 경우도 변환에 의해 해를 구할 수 있지만 이 책에서는 생략하기로 한다.

(1) 종속변수 y가 없는 경우

n계 미분방정식 $f(x, y', y'', \cdots, y^{(n)})=0$은 $y'=p$를 미지함수로 택함으로서 $n-1$계 미분방정식

$$f(x, p, p', \cdots, p^{(n-1)})=0$$

이 된다. $y, y', \cdots, y^{(k-1)}$을 갖지 않는 n계 미분방정식은 $y^{(k)}=p$에 관한 미분방정식이라고 생각할 때, $n-k$계가 된다.

예제 1 미분방정식 $xy''-y'=0$의 일반해를 구하시오.

풀이 $p=y'$으로 놓으면, 주어진 미분방정식은

$$xp'-p=0 \text{ 또는 } \frac{dp}{p}-\frac{dx}{x}=0$$

이 되므로, 적분하면 $p=cx$를 얻는다. 따라서 구하는 일반해는

$$y=\frac{1}{2}cx^2 \text{ (단, } c\text{는 임의상수)}$$

으로 주어진다. ■

참고 [$y^{(n)}$과 x만을 포함하는 미분방정식] n계 미분방정식 $\frac{d^ny}{dx^n}=f(x)$의 일반해를 구하려면, 양변을 차례로 n회 적분하면 된다. □

(2) 독립변수 x가 없는 경우

n계 미분방정식 $f(y, y', y'', \cdots, y^{(n)})=0$은 x를 y의 함수로 생각할 때 x를 갖지 않는 n계 미분방정식이 되므로, 앞의 경우 (1)에 귀착된다.

예제 2 미분방정식 $yy''+y^2=2(y')^2$의 일반해를 구하시오.

풀이 $y'=p$로 두면 $y''=p\dfrac{dp}{dy}$이므로, 주어진 미분방정식은

$$yp\frac{dp}{dy}+y^2=2p^2, \text{ 즉 } \frac{dp}{dy}=2\frac{p}{y}-\frac{y}{p}$$

가 된다. 이것은 동차형이므로, $u=\dfrac{p}{y}$로 놓고 대입하여 풀면

$$p=\pm y\sqrt{1+a^2y^2} \quad (\text{단, } a\text{는 임의상수}) \qquad (*)$$

을 얻는다. $p=y'$이므로 (*)를 적분하면 일반해는

$$ay=\operatorname{csch}(x+b) \quad (\text{단, } a,\ b\text{는 임의상수})$$

로 주어진다. ■

참고 [y''과 y만을 포함하는 미분방정식] 미분방정식 $y''=f(y)$를 풀기 위하여 양변에 $2y'$을 곱하면

$$2y'y''=2f(y)y', \text{ 즉 } \{(y')^2\}'=2f(y)y'$$

이 된다. 양변을 적분하면

$$(y')^2=2\int f(y)y'\,dx+c=2\int f(y)\,dy+c$$

다. 이것을 풀어서 주어진 미분방정식의 일반해를 구한다. □

예제 3 미분방정식 $y''+y=0$의 일반해를 구하시오.

풀이 주어진 미분방정식의 양변에 $2y'$을 곱하면

$$2y'y''+2yy'=0, \text{ 즉 } \{(y')^2\}'+(y^2)'=0$$

이므로, 적분하여 $(y')^2 + y^2 = c$를 얻는다. 그런데 좌변이 음이 아니므로 $c = A^2$으로 놓으면, $(y')^2 = (A^2 - y^2)$이 된다. 변수를 분리하여 $\dfrac{dy}{\sqrt{A^2 - y^2}} = \pm\, dx$를 적분하고

$$B = \pm A, \quad \beta = \pm \alpha$$

로 놓으면 일반해

$$y = B \sin(x + \beta)$$

를 얻고, 가법정리를 이용하면

$$y = c_1 \cos x + c_2 \sin x$$

가 된다. 여기서 $c_1 = B \sin \beta$, $c_2 = B \cos \beta$는 임의상수다. ■

참고 [$y^{(n)}$과 $y^{(n-1)}$만을 포함하는 미분방정식] 미분방정식 $y^{(n)} = f(y^{(n-1)})$을 풀 때, $p = y^{(n-1)}$로 놓으면

$$\frac{dp}{dx} = f(p), \text{ 즉 } \frac{dp}{f(p)} = dx$$

인 변수분리형이 되므로, 적분하여 $\displaystyle\int \frac{dp}{f(p)} = x + c$를 얻는다. 이것을 p에 대하여 풀어서

$$p = G(x + c), \text{ 즉 } y^{(n-1)} = G(x + c)$$

를 얻고, 이것을 $(n-1)$번 미분하여 일반해를 구한다. □

연습문제 3.2

1. 다음 미분방정식의 일반해를 구하시오.

(1) $xy'' - (y')^3 - y' = 0$ (2) $2yy'' = 1 + (y')^2$

2. 다음 미분방정식의 일반해를 구하시오.

(1) $xy'' + y' = 4x$ (2) $yy'' + (y')^2 + 1 = 0$

3. 다음 미분방정식의 일반해를 구하시오.

(1) $2y'y''' = 3(y'')^2$ (2) $y'''\{1 + (y')^2\} - 3y'(y'')^2 = 0$

3.3 고계 선형미분방정식

고계 미분방정식 중에서 계수가 상수인 선형미분방정식의 해는 모두 구할 수 있고, 계수가 변수인 선형미분방정식은 2계까지 라플라스 변환을 이용한 해법과 급수해법으로 대부분 해를 구할 수 있다. 그러나 비선형인 2계 이상의 미분방정식은 아예 그 해법을 생각할 수조차 없다.

1. 선형미분방정식의 일반적 성질

(1) 미분연산자

n계 선형미분방정식의 일반형(general nth-order linear differential equation)은 미지함수 y와 그 도함수 y', y'', $\cdots$, $y^{(n)}$에 대하여

$$a_n(x)y^{(n)}+a_{n-1}(x)y^{(n-1)}+\cdots+a_0(x)y=b(x)$$

형태로 주어진다. 여기서 $a_i(x)$ (단, $i=0,\ 1,\ \cdots,\ n$)와 $b(x)$는 어떤 구간 I에서 정의된 연속함수이고 $a_n(x)\neq 0$다. 이때 $b(x)=0$이면 **제차선형미분방정식**(homogeneous linear differential equation)이라 하고, $b(x)\neq 0$이면 **비제차선형미분방정식**(nonhomogeneous linear differential equation)이라고 한다. 특히 $a_i(x)$ (단, $i=0,\ 1,\ \cdots,\ n$)가 상수일 때, **상수계수 선형미분방정식**이라 한다.

n계 선형미분방정식의 양변을 $a_n(x)$로 나누면, n계 선형미분방정식의 **표준형**

$$y^{(n)}+p_1(x)y^{(n-1)}+\cdots+p_n(x)y=g(x)$$

를 얻는다. 여기서 $p_i(x)$ (단, $i=1,\ 2,\ \cdots,\ n$)와 $g(x)$는 구간 I에서 정의된 연속함수다. 좌변을 간단히 $L(y)$로 정의하면, 표준형은

$$L(y)=g(x)$$

형태로 표시되며, 이때 **미분작용소**(differential operator) L은 선형연산자가 된다.

정리 1 선형연산자

$$L(y)=y^{(n)}+p_1(x)y^{(n-1)}+\cdots+p_n(x)y$$

에 대하여, 구간 I에서 정의된 두 함수 y_1과 y_2의 n계 도함수가 연속이고 c가 상수면

$$L(y_1+y_2)=L(y_1)+L(y_2),\quad L(cy_1)=cL(y_1)$$

이 성립한다. 이때 $L(y)$를 **선형연산자**(linear operator)라 한다.

선형연산자가 아닐 때 **비선형연산자**(nonlinear operator)라 한다.

예 1 y_1과 y_2가 제차선형미분방정식 $y''+p(x)y'+q(x)y=0$의 해면 두 상수 c_1, c_2에 대하여 y_1과 y_2의 1차결합인

$$c_1y_1+c_2y_2$$

도 주어진 미분방정식의 해가 된다. ■

정리 2 중첩법칙 - 제차선형미분방정식

$y_1, y_2, \cdots, y_n$이 구간 I에서 n계 제차선형미분방정식 $L(y)=0$의 n개의 해면, 1차결합

$$z=c_1y_1+c_2y_2+\cdots+c_ny_n \quad (\text{단, } c_i\text{는 임의상수})$$

도 구간 I에서 해가 된다.

참고 n계 제차비선형미분방정식은 **중첩법칙**(superposition principle)을 만족하지 않는다. □

x에 관한 미분 $D=\dfrac{d}{dx}$를 미분연산자라 하고, **다항미분연산자** $f(D)$를 x의 함수 y에

$$f(D)y=D^ny+a_1D^{n-1}y+a_2D^{n-2}y+\cdots+a_ny$$

를 대응시키는 연산으로 정의한다. $f(D)$에 대하여

$$f(D)+g(D)=g(D)+f(D),\quad f(D)g(D)=g(D)f(D)$$

가 성립한다.

예 2 (1) $(D-2)\sin x = D\sin x - 2\sin x = \cos x - 2\sin x$

(2) $(D^2+3D)e^x = D^2e^x + 3De^x = e^x + 3e^x = 4e^x$ ■

정리 3

미분연산자 $f(D)$는 다음 성질을 갖는다.

(1) $f(D)e^{\alpha x} = f(\alpha)e^{\alpha x}$ (2) $f(D)\{e^{\alpha x}y\} = e^{\alpha x}f(D+\alpha)y$

참고 [고계 선형미분방정식의 해의 존재성과 유일성] 계수함수 $p_i(x)$ (단, $i=1, 2, \cdots, n$)와 $q(x)$가 점 x_0를 포함하는 열린구간 (a, b)에서 연속일 때, 초기값 문제

$$L(y)=y^{(n)}+p_1(x)y^{(n-1)}+\cdots+p_n(x)y=g(x)\,;$$
$$y(x_0)=y_0,\ y'(x_0)=y_1,\ \cdots,\ y^{(n-1)}(x_0)=y_{n-1}$$

는 열린구간 (a, b)에서 연속인 유일한 해 $y(x)$를 갖는다. 그러나 선형미분방정식에서 특이해는 존재하지 않는다. □

(2) 제차선형미분방정식의 해

① 기본해집합

$(n-1)$번 미분가능한 함수 $y_1(x), y_2(x), \cdots, y_n(x)$에 대하여, 행렬식으로 주어진 함수

$$W[y_1, y_2, \cdots, y_n](x)=\begin{vmatrix} y_1(x) & y_2(x) & \cdots & y_n(x) \\ y_1'(x) & y_2'(x) & \cdots & y_n'(x) \\ \vdots & \vdots & & \vdots \\ y_1^{(n-1)}(x) & y_2^{(n-1)}(x) & \cdots & y_n^{(n-1)}(x) \end{vmatrix}$$

를 $y_1, y_2, \cdots, y_n$의 **론스키안**(Wronskian) 또는 **론스키 행렬식**이라고 한다. 이것은 Wronski의 이름을 따서 명명했다.

정리 4

계수함수 $p_i(x)$ (단, $i=1,\ 2,\ \cdots,\ n$)가 열린구간 $(a,\ b)$에서 연속이고 $y_1,\ y_2,\ \cdots,\ y_n$이 n계 제차선형미분방정식 $L(y)=0$의 해일 때, 열린구간 $(a,\ b)$에 있는 모든 점 x에서

$$W[y_1,\ y_2,\ \cdots,\ y_n](x) \neq 0$$

을 만족하면, $L(y)=0$의 일반해는 1차결합

$$y(x)=c_1 y_1(x)+\cdots+c_n y_n(x) \text{ (단, } c_i\text{는 임의상수)}$$

의 형태로 표현된다.

예 3 계수함수 $p(x)$와 $q(x)$가 열린구간 $(a,\ b)$에서 연속이고, y_1과 y_2가 열린구간 $(a,\ b)$에서 2계 제차선형미분방정식

$$y''+p(x)y'+q(x)y=0$$

의 두 개의 해라고 하자. 이때 열린구간 $(a,\ b)$ 안의 모든 점 x에서

$$\begin{vmatrix} y_1(x) & y_2(x) \\ y_1{}'(x) & y_2{}'(x) \end{vmatrix} = y_1(x)y_2{}'(x)-y_1{}'(x)y_2(x) \neq 0$$

을 만족하면, 상수 c_1과 c_2에 대하여 열린구간 $(a,\ b)$에서 주어진 미분방정식의 모든 해는 해의 유일성에 의해

$$c_1 y_1(x)+c_2 y_2(x) \text{ (단, } c_1,\ c_2\text{는 임의상수)}$$

형태로 표현된다. ■

정의 5 기본해집합(fundamental set of solution)

열린구간 $(a,\ b)$에서 n계 제차선형미분방정식 $L(y)=0$의 해가 열린구간 $(a,\ b)$에 있는 모든 점 x에 대하여

$$W[y_1,\ y_2,\ \cdots,\ y_n](x) \neq 0$$

을 만족할 때, $\{y_1,\ y_2,\ \cdots,\ y_n\}$을 열린구간 $(a,\ b)$에서 $L(y)=0$에 대한 **기본해집합**이라 한다. 이때 임의상수 $c_1,\ c_2,\ \cdots,\ c_n$에 대하여 $y_1,\ y_2,\ \cdots,\ y_n$의 1차결합은

$L(y)=0$의 일반해가 된다.

예제 1 구간 $(-\infty, \infty)$에서, $\cos x$와 $\sin x$는 $y''+y=0$의 해가 된다. 이때 일반해를 구하시오.

풀이 구간 $(-\infty, \infty)$에 있는 모든 x에 대하여

$$W[y_1, y_2](x)=(\cos x)(\cos x)-(\sin x)(-\sin x)=1\ (\neq 0)$$

이므로 $\{\cos x, \sin x\}$는 기본해집합이고, 일반해는

$$y(x)=c_1\cos x+c_2\sin x\quad (\text{단, } c_1,\ c_2\text{는 임의상수})$$

로 주어진다. ■

정의 6

구간 I에 있는 모든 x에 대하여

$$c_1y_1(x)+c_2y_2(x)+\cdots+c_ny_n(x)=0$$

일 때, 0이 아닌 상수 c_i (단, $i=1, 2, \cdots, n$)가 적어도 하나 존재하면, 함수 $y_1, y_2, \cdots, y_n$은 I에서 **1차종속**(linearly dependent)이라고 한다. 1차종속이 아닐 때, **1차독립**(linearly independent)이라 한다.

예 4 다음 각 함수는 구간 $(-\infty, \infty)$에서 1차독립이다.

(1) $e^{\alpha x}$, $e^{\beta x}$ (단, $\alpha\neq\beta$) (2) x, x^2, $1-2x^2$

(3) e^x, xe^x, x^2e^x (4) $e^x\cos 2x$, $e^x\sin 2x$ ■

참고 n개의 함수 $y_1, y_2, \cdots, y_n$이 1차종속이라 함은 적어도 하나의 함수가 나머지 함수의 1차결합으로 표시될 수 있음을 의미한다. 예를 들어 두 함수 $y_1(x)$와 $y_2(x)$가 구간 I에서 1차종속이면 구간 I의 모든 x에 대하여 $c_1y_1(x)+c_2y_2(x)=0$을 만족하는 적어도 하나는 0이 아닌 상수 c_1과 c_2가 존재한다. 따라서 $c_1\neq 0$면

$$y_1(x) = -\frac{c_2}{c_1} y_2(x)$$

이므로, 두 함수가 1차종속이면 하나의 함수는 다른 함수의 상수배에 지나지 않는다. □

예 5 네 개의 함수

$$y_1(x) = \sqrt{x} + 5, \quad y_2(x) = \sqrt{x} + 5x, \quad y_3(x) = x - 1, \quad y_4(x) = x^2$$

은 구간 $(0, \infty)$에서

$$y_2(x) = 1 \cdot y_1(x) + 5 \cdot y_3(x) + 0 \cdot y_4(x)$$

를 만족하므로 1차종속이다. ■

정리 7　1차독립과 기본해집합

열린구간 (a, b)에서 연속인 계수함수 $p_i(x)$ (단, $i = 1, 2, \cdots, n$)를 갖는 n계 제차선형미분방정식 $L(y) = 0$의 해가 $y_1, y_2, \cdots, y_n$으로 주어질 때, $\{y_1, y_2, \cdots, y_n\}$이 열린구간 (a, b)에서 기본해집합이기 위한 필요충분조건은

$$y_1, y_2, \cdots, y_n$$

이 열린구간 (a, b)에서 1차독립인 것이다.

미분가능한 함수 $y_1, y_2, \cdots, y_n$이 열린구간 (a, b)에서 1차독립이기 위한 필요충분조건은 열린구간 (a, b)에 있는 모든 x에 대하여

$$W[y_1, y_2, \cdots, y_n](x) \neq 0$$

이 성립하는 것이다.

예 6 열린구간 (a, b)에서 2계 제차선형미분방정식

$$y'' + p(x)y' + q(x)y = 0$$

의 두 해 y_1, y_2가 열린구간 (a, b)에 있는 모든 x에 대하여 1차독립일 때, 집합

$\{y_1, y_2\}$는 기본해집합이 된다. ■

n계 제차선형미분방정식의 일반해의 형태는 다음과 같다.

정리 8

$y_1, y_2, \cdots, y_n$이 어떤 구간 I에서 n계 제차선형미분방정식 $L(y)=0$의 1차독립인 n개의 해면

$$z = c_1 y_1 + c_2 y_2 + \cdots + c_n y_n \text{ (단, } c_i\text{는 임의상수)}$$

은 $L(y)=0$의 일반해가 된다.

예 7 2계 제차선형미분방정식 $y'' - 2y' + 5y = 0$의 1차독립인 해가

$$u_1(x) = e^x \cos 2x, \quad u_2(x) = e^x \sin 2x$$

이므로 $\{e^x \cos 2x, e^x \sin 2x\}$는 기본해집합이 되고, 일반해는

$$y = c_1 e^x \cos 2x + c_2 e^x \sin 2x \text{ (단, } c_1, c_2\text{는 임의상수)}$$

로 주어진다. ■

② 2계 제차선형미분방정식과 계수감소법

2계 제차선형미분방정식에서 하나의 해를 알고 있을 때 1차독립인 또 다른 두 번째 해를 구하는 방법에 대하여 알아보자.

계수감소법은 2계 제차선형미분방정식

$$y'' + p(x)y' + q(x)y = 0$$

의 자명하지 않은 하나의 해를 이용한 1차독립인 또 다른 하나의 해를 구하기 위한 방법이다.

정리 9 계수감소법(method of reduction of order)

y_1을 어떤 구간 I에서 2계 제차선형미분방정식

$$y'' + p(x)y' + q(x)y = 0$$

의 이미 알고 있는 자명하지 않은 해라고 하자. 여기서 $p(x)$와 $q(x)$는 구간 I에서 연속이다. 이때 y_1과 1차독립인 해를 구하기 위해 $y(x)=v(x)y_1(x)$로 놓으면

$$v(x)=\int \frac{e^{-\int p(x)\,dx}}{\{y_1(x)\}^2}\,dx$$

가 성립한다. 따라서 1차독립인 두 번째 해는

$$y(x)=y_1(x)\int \frac{e^{-\int p(x)\,dx}}{\{y_1(x)\}^2}\,dx$$

로 주어진다.

증명 $y(x)=v(x)y_1(x)$의 양변을 미분하면

$$y'=vy_1'+v'y_1,\quad y''=vy_1''+2v'y_1'+v''y_1$$

이므로, 주어진 미분방정식에 대입하여

$$(vy_1''+2v'y_1'+v''y_1)+p(vy_1'+v'y_1)+qvy_1=0$$

또는

$$(y_1''+py_1'+qy_1)v+y_1v''+(2y_1'+py_1)v'=0$$

을 얻는다. 또한 $y_1''+py_1'+qy_1=0$이므로

$$y_1v''+(2y_1'+py_1)v'=0$$

이 된다. 이제 $w=v'$으로 치환하여 1계 변수분리형 미분방정식

$$y_1w'+(2y_1'+py_1)w=0$$

을 얻고, 변수를 분리하고 적분하면

$$w=c_1\frac{e^{-\int p(x)\,dx}}{\{y_1(x)\}^2}$$

이다. 이제 w를 v'으로 바꾸고 다시 적분하면

$$v(x) = c_1 \int \frac{e^{-\int p(x)\,dx}}{\{y_1(x)\}^2}\,dx + c_2$$

이므로

$$y(x) = v(x)y_1(x) = c_1 y_1(x) \int \frac{e^{-\int p(x)\,dx}}{\{y_1(x)\}^2}\,dx + c_2 y_1(x)$$

를 얻는다 이때 $c_1 = 1,\ c_2 = 0$으로 놓음으로써 두 번째 해는

$$y(x) = y_1(x) \int \frac{e^{-\int p(x)\,dx}}{\{y_1(x)\}^2}\,dx$$

로 주어진다. 이때

$$W[y_1,\ y_2](x) = e^{-\int p(x)\,dx} \neq 0$$

이므로, 두 함수 $y_1,\ y_2$는 1차독립이다. ■

예 8 $y_1 = e^x$가 $y'' - 2y' + y = 0$의 해일 때, y_1과 1차독립인 두 번째 해를 구해보자. $y = v(x)\,y_1(x) = ve^x$의 양변을 미분하면

$$y' = ve^x + v'e^x,\quad y'' = ve^x + 2v'e^x + v''e^x$$

다. 이것을 주어진 미분방정식에 대입하면

$$(ve^x + 2v'e^x + v''e^x) - 2(ve^x + v'e^x) + ve^x = 0$$

이므로 $v'' = 0$이고, 따라서 $v = c_1 x + c_2$다. 이때 $c_1 = 1,\ c_2 = 0$을 취하면 $y = vy_1 = xe^x$가 된다. ■

예제 2 $x^2 y'' - 3xy' + 4y = 0$의 하나의 해를 $y_1 = x^2$이라 할 때, 일반해를 구하시오.

풀이 주어진 미분방정식을 표준형으로 변형하면

$$y'' - \frac{3}{x}y' + \frac{4}{x^2} = 0$$

이므로

$$y(x) = x^2 \cdot \int \frac{e^{\int \frac{3}{x} dx}}{x^4} dx = x^2 \ln x$$

를 얻는다. 따라서 주어진 미분방정식의 일반해는

$$y(x) = c_1 x^2 + c_2 x^2 \ln x \ \ (\text{단, } c_1,\ c_2\text{는 임의상수})$$

로 주어진다. ■

(3) 비제차선형미분방정식의 해

n계 비제차선형미분방정식 $L(y) = g(x)$의 일반해는 특수해 $y_p(x)$와 제차선형미분방정식 $L(y) = 0$의 일반해 $y_h(x)$와의 합으로 표현된다. $L(y) = g(x)$에 대한 $L(y) = 0$의 일반해를 주어진 $L(y) = g(x)$의 **보조함수** 또는 **여함수**(complementary function)라 한다.

정리 10 비제차선형미분방정식의 해법

열린구간 (a, b)에서 n계 비제차선형미분방정식 $L(y) = g(x)$의 특수해를 $y_p(x)$라 하고, 제차선형미분방정식 $L(y) = 0$의 일반해를

$$y_h = u(x,\ c_1,\ c_2,\ \cdots,\ c_n)$$

이라 하면, $L(y) = g(x)$의 일반해는

$$y = u(x,\ c_1,\ c_2,\ \cdots,\ c_n) + y_p(x) \ \ (\text{단, } c_i\text{는 임의상수})$$

형태로 표현된다.

증명 $y_p(x)$가 $L(y) = g(x)$의 해이므로, $L\{y_p(x)\} = g(x)$이다. 또한 $u(x,\ c_1,\ \cdots,\ c_n)$이 $L(y) = 0$의 해이므로, $L\{u(x,\ c_1,\ \cdots,\ c_n)\} = 0$을 만족한다. 따라서

$$L\{u(x,\ c_1,\ \cdots,\ c_n) + y_p(x)\} = L\{u(x,\ c_1,\ \cdots,\ c_n)\} + L\{y_p(x)\}$$

이므로

$$L\{u(x,\ c_1,\ \cdots,\ c_n) + y_p(x)\} = 0 + g(x) = g(x)$$

가 성립한다. 그러므로 $y = u(x,\ c_1,\ \cdots,\ c_n) + y_p(x)$는 $L(y) = g(x)$의 해다. 더

욱이 $y=u(x,\ c_1,\ \cdots,\ c_n)+y_p(x)$는 n개의 임의상수 $c_1,\ c_2,\ \cdots,\ c_n$을 포함하므로 일반해가 된다. ■

예 9 2계 선형미분방정식 $y''-y=x^2$의 일반해를 구해보자. 우선 $y=-x^2-2$는 주어진 미분방정식의 특수해다. 두 함수 $e^x,\ e^{-x}$가 1차독립이고 $y''+y=0$의 해이므로, $\{e^x,\ e^{-x}\}$는 기본해집합이 된다. 따라서 일반해는

$$y=c_1e^x+c_2e^{-x}-x^2-2 \quad (\text{단, } c_1,\ c_2\text{는 임의상수})$$

로 주어진다. ■

예 10 3계 선형미분방정식 $y'''-6y''+11y'-6y=3x$의 일반해를 구해보자.
$y=-\frac{1}{2}x-\frac{11}{12}$은 주어진 미분방정식의 특수해고, $\{e^x,\ e^{2x},\ e^{3x}\}$가

$$y'''-6y''+11y'-6y=0$$

의 기본해집합이므로 $y'''-6y''+11y'-6y=3x$의 일반해는

$$y=c_1e^x+c_2e^{2x}+c_3e^{3x}-\frac{1}{2}x-\frac{11}{12} \quad (\text{단, } c_1,\ c_2\text{는 임의상수})$$

로 주어진다. ■

정리 11 중첩법칙 - 비제차선형미분방정식

비제차선형미분방정식 $L(y)=g_i(x)$ (단, $i=1,\ \cdots,\ k$)의 특수해가 y_i로 주어질 때, 1차결합 $c_1y_1+\cdots+c_ky_k$는

$$L(y)=c_1g_1+\cdots+c_kg_k$$

의 특수해가 된다.

예 11 $y_1(x)=-\frac{x}{3}-\frac{2}{9}$와 $y_2(x)=\frac{e^{2x}}{5}$가 각각

$$y''+2y'-3y=x,\quad y''+2y'-3y=e^{2x}$$

의 특수해일 때, $y''+2y'-3y=9x-5e^{2x}$의 특수해를 구해보자.

$$L(y_1)=g_1(x)=x,\quad L(y_2)=g_2(x)=e^{2x}$$

라 하면

$$9x-5e^{2x}=9g_1(x)-5g_2(x)$$

이므로, 중첩법칙에 의하여 $y''+2y'-3y=9x-5e^{2x}$의 특수해는

$$9y_1(x)-5y_2(x)=9\left(-\frac{x}{3}-\frac{2}{9}\right)-5\left(\frac{e^{2x}}{5}\right)=-3x-2-e^{2x}$$

로 주어진다. ■

참고 계수함수 $p_i(x)$ (단, $i=1, \cdots, n$)와 $g(x)$가 열린구간 (a, b)에서 연속일 때

$$L(y)=y^{(n)}+p_1(x)y^{(n-1)}+\cdots+p_n(x)y=g(x)$$

로 정의된 n계 비제차선형미분방정식 $L(y)=g(x)$의 특수해는 매개변수변화법을 이용하여 구할 수 있다. 구체적인 방법은 뒤에 언급한다(정의 23 참조). □

2. 계수가 상수인 선형미분방정식

선형미분방정식이 계수가 변수일 경우는 3계 이상에 대해서는 해법이 알려져 있지 않다. 그러나 계수가 상수일 경우는 n계 선형미분방정식의 해법이 존재한다. 여기서는 계수가 상수인 n계 선형미분방정식(nth order linear differential equation with constant coefficients)에 대한 해법을 서술한다.

(1) 계수가 상수인 제차선형미분방정식의 해법

계수가 상수인 선형미분방정식

$$y^{(n)}+a_1y^{(n-1)}+\cdots+a_ny=g(x)\ \text{(단, } a_i\text{는 실수인 상수)}$$

는 $f(D)y=g(x)$로 표현되므로, 우선 n계 제차선형미분방정식 $f(D)y=0$, 즉

$$y^{(n)}+a_1y^{(n-1)}+\cdots+a_ny=0\ \text{(단, } a_i\text{는 상수)}$$

의 해를 구하는 방법을 알아보자.

$$f(D)y=(D^n+a_1D^{n-1}+\cdots+a_{n-1}D+a_n)y=0$$

의 특성방정식 또는 보조방정식은 대수방정식

$$f(m) = m^n + a_1 m^{n-1} + \cdots + a_{n-1} m + a_n = 0$$

에 의해 정의된다. 일반적으로 계수가 상수인 n계 제차선형미분방정식의 일반해는 그 특성방정식의 근에 의해 정해진다.

정리 12

m의 다항식 $f(m)$이

$$f(m) = f_1(m) f_2(m) \cdot \cdots \cdot f_n(m)$$

을 만족하고 $f_1(m)$, $f_2(m)$, $\cdots$, $f_n(m)$이 서로소인 다항식일 때

$$f_1(D)y = 0,\ f_2(D)y = 0,\ \cdots,\ f_n(D)y = 0$$

의 서로 독립인 해를 전부 모으면, $f(D)y = 0$의 1차독립인 해가 된다.

계수가 상수인 n계 제차선형미분방정식

$$y^{(n)} + a_1 y^{(n-1)} + \cdots + a_n y = 0 \ \ (\text{단, } a_i\text{는 실수인 상수}) \qquad (*)$$

즉 $f(D)y = 0$을 생각하자. 구간 $(-\infty, \infty)$에서 n개의 1차독립인 해 y_1, y_2, $\cdots$, y_n을 찾을 수 있으면, 일반해

$$y = c_1 y_1 + c_2 y_2 + \cdots + c_n y_n \ \ (\text{단, } c_1,\ c_2,\ \cdots,\ c_n\text{은 임의상수})$$

을 구할 수 있으므로, $f(D)y = 0$의 n개의 1차독립인 해를 찾기 위해서 $y = e^{mx}$ 형태인 해를 생각하자. $y = e^{mx}$를 $f(D)y = 0$의 해라 하면

$$\begin{aligned} f(D)(e^{mx}) &= m^n e^{mx} + a_1 m^{n-1} e^{mx} + \cdots + a_n e^{mx} \\ &= e^{mx}(m^n + a_1 m^{n-1} + \cdots + a_n) \end{aligned}$$

이 되고, $e^{mx} \neq 0$이므로 $m^n + a_1 m^{n-1} + \cdots + a_n = 0$을 얻는다. 그러므로 $y = e^{mx}$가 $f(D)y = 0$의 해가 되기 위한 필요충분조건은 m이 방정식

$$m^n + a_1 m^{n-1} + \cdots + a_n = 0$$

을 만족하는 것이다. 즉 m이 방정식

$$f(m) = m^n + a_1 m^{n-1} + \cdots + a_n = 0 \qquad (**)$$

의 근일 때, e^{mx}는 주어진 미분방정식 $f(D)y = 0$의 해가 된다. 이때 방정식 (**)를 $f(D)y = 0$의 **특성방정식**(characteristic equation) 또는 **보조방정식**(auxiliary equation)이라 한다. 따라서 특성방정식의 근은 $f(D)y = 0$의 일반해를 결정한다.

특성방정식의 근의 종류에 따라, $f(D)y = 0$의 일반해를 구하기 위한 다음 세 가지 경우를 생각할 수 있다.

① **서로 다른 실근**(roots all real and distinct)

특성방정식

$$f(m) = m^n + a_1 m^{n-1} + \cdots + a_n = 0$$

의 근 $m_1, \cdots, m_n$이 서로 다른 실근일 때 미분방정식의 n개의 해는

$$y_1(x) = e^{m_1 x},\ y_2(x) = e^{m_2 x},\ \cdots,\ y_n(x) = e^{m_n x}$$

고, $y_1(x), y_2(x), \cdots, y_n(x)$는 구간 $(-\infty, \infty)$에서 1차독립이다. 따라서 다음 결과를 얻는다.

정리 13

미분방정식 (*)의 특성방정식이 n개의 서로 다른 실근 $m_1, m_2, \cdots, m_n$을 가질 때, 주어진 미분방정식의 일반해는

$$y(x) = c_1 e^{m_1 x} + \cdots + c_n e^{m_n x} \quad (\text{단, } c_1, \cdots, c_n\text{은 임의상수})$$

로 주어진다.

예 12 미분방정식 $y'' - y' - 2y = 0$의 특성방정식 $m^2 - m - 2 = 0$의 근이 $2, -1$이므로, 일반해는

$$y = c_1 e^{2x} + c_2 e^{-x} \quad (\text{단, } c_1, c_2\text{는 임의상수})$$

로 주어진다. ■

예제 3 미분방정식 $y''-2y'-3y=0$의 일반해를 구하시오.

풀이 특성방정식 $m^2-2m-3=0$의 두 근이 -1, 3이고, 이것은 서로 다른 실근이므로 e^{-x}, e^{3x}는 1차독립인 해다. 따라서 일반해는

$$y(x)=c_1e^{-x}+c_2e^{3x} \quad (\text{단, } c_1,\ c_2\text{는 임의상수})$$

로 주어진다. ■

② 복소근 (some roots are complex)

λ, μ가 실수일 때 $\lambda+i\mu$가 특성방정식의 복소근이면, $f(m)$의 계수가 실수이므로 켤레 복소수 $\lambda-i\mu$도 특성방정식의 근이 된다. 따라서 $e^{(\lambda+i\mu)x}$와 $e^{(\lambda-i\mu)x}$가 미분방정식의 해가 된다. 만약 반복되는 해가 없으면 근 $\lambda\pm i\mu$에 상응하는 두 개의 실수해를 구하기 위해서

$$e^{(\lambda+i\mu)x}=e^{\lambda x}\cos\mu x+ie^{\lambda x}\sin\mu x$$

를 이용하면, 미분방정식의 두 개의 1차독립인 해는

$$e^{\lambda x}\cos\mu x,\quad e^{\lambda x}\sin\mu x$$

임을 알 수 있다. 따라서 다음 결과를 얻는다.

정리 14

미분방정식 $y''+a_1y'+a_2y=0$의 특성방정식이 복소근 $\lambda\pm i\mu$를 가질 때, 주어진 미분방정식의 일반해는

$$y(x)=e^{\lambda x}(c_1\cos\mu x+c_2\sin\mu x) \quad (\text{단, } c_1,\ c_2\text{는 임의상수})$$

로 주어진다.

예 13 미분방정식 $y''-2y'+3y=0$의 특성방정식 $m^2-2m+3=0$의 근이 $1\pm\sqrt{2}\,i$이므로, 구하는 일반해는

$$y=e^{x}\left(c_1\cos\sqrt{2}\,x+c_2\sin\sqrt{2}\,x\right) \quad (\text{단, } c_1,\ c_2\text{는 임의상수})$$

로 주어진다. ■

예제 4 미분방정식 $y''+y=0$의 일반해를 구하시오.

풀이 특성방정식 $m^2+1=0$의 근이 $\pm i$이므로, $\cos x$, $\sin x$가 1차독립인 해다. 따라서 일반해는 <u>조화운동방정식</u>(equation of harmonic motion)

$$y=c_1 \cos x+c_2 \sin x \quad (\text{단, } c_1,\ c_2\text{는 임의상수})$$

로 주어진다. ■

예제 5 초기값 문제 $y''-4y'+13y=0\,;\, y(0)=-1,\ y'(0)=2$의 해를 구하시오.

풀이 특성방정식 $m^2-4m+13=0$의 근이 $2\pm 3i$이므로, 일반해는

$$y=e^{2x}(c_1 \cos 3x+c_2 \sin 3x)(\text{단, } c_1,\ c_2\text{는 임의상수})$$

가 된다. 초기조건 $y(0)=-1$, $y'(0)=2$를 사용하면, $c_1=-1$이고 $c_2=\dfrac{4}{3}$이므로 초기값 문제의 해는

$$y=e^{2x}\left(-\cos 3x+\frac{4}{3}\sin 3x\right)$$

로 주어진다. ■

예제 6 고유길이가 10인치인 용수철에 무게가 60파운드인 물체를 매달았더니 용수철이 16인치로 늘어났다. 물체가 평형상태의 위치로부터 12인치 아래 지점에서 그대로 놓았을 때, 평형위치로부터 물체가 이동하는 변위함수 $x(t)$를 구하시오.

풀이 후크의 법칙에 의하여, 용수철 상수 k는 $k=120$ lb/ft이고 물체의 질량 m은 $m=\dfrac{15}{8}$ slug이다. 그러므로 $\dfrac{k}{m}=64$이고 12인치는 1피트이므로, 초기값 문제

$$\frac{d^2x}{dt^2}+64x=0\,;\, x(0)=1,\ \frac{dx}{dt}(0)=0$$

을 얻는다. 이때 특성방정식 $m^2+64=0$의 근이 $m=\pm 8i$이므로

$$x(t)=c_1 \cos 8t+c_2 \sin 8t \quad (\text{단, } c_1,\ c_2\text{는 임의상수})$$

로 주어진다. 따라서 초기조건을 사용하면 $c_1=1$, $c_2=0$이므로

$$x(t) = \cos 8t$$

가 된다. ■

③ **중근** (some roots are repeated)

먼저 계수가 상수인 2계 제차선형미분방정식 $y'' + a_1 y' + a_2 y = 0$의 특성방정식이 중근 m을 가질 경우를 생각해 본다. 특성방정식이 중근을 가질 경우는 주어진 미분방정식이 단 하나의 해 $y_1 = e^{mx}$만을 가지므로, 1차독립인 또 하나의 해 y_2를 찾기 위해서 계수감소법을 이용한다. 이때

$$y_2 = y_1 \int \frac{e^{-\int a_1 dx}}{\{y_1(x)\}^2} dx = e^{mx} \int \frac{e^{-\int a_1 dx}}{e^{2mx}} dx = x e^{mx}$$

로 주어진다. 따라서 다음 결과를 얻는다.

정리 15

미분방정식 $y'' + a_1 y' + a_2 y = 0$의 특성방정식이 중근 m을 가질 때, 주어진 미분방정식의 일반해는

$$y(x) = c_1 e^{mx} + c_2 x e^{mx} \quad (\text{단, } c_1,\ c_2\text{는 임의상수})$$

로 주어진다.

이제 α가 특성방정식에서 k중근, 즉 **중복도** (multiplicity) k를 가질 때, 미분방정식

$$(D-\alpha)^k y = 0$$

의 일반해를 구해보자.

$$D^k (e^{-\alpha x} y) = e^{-\alpha x}(D-\alpha)^k y$$

이므로, $(D-\alpha)^k y = 0$은

$$D^k (e^{-\alpha x} y) = 0, \text{ 즉 } \frac{d^k}{dx^k}(e^{-\alpha x} y) = 0$$

으로 변형된다. 양변을 k번 적분하면

$$e^{-\alpha x} y = c_1 + c_2 x + c_3 x^2 + \cdots + c_k x^{k-1} \text{ (단, } c_1, \cdots, c_k \text{는 임의상수)}$$

이다. 따라서 다음 결과를 얻는다.

정리 16

특성방정식의 근이 k중근 α를 가질 때, 주어진 미분방정식의 일반해는

$$y = (c_1 + c_2 x + c_3 x^2 + \cdots + c_k x^{k-1}) e^{\alpha x}$$

로 주어진다. 여기서 $c_1, \cdots, c_k$는 임의상수다.

예 14 미분방정식 $y'' + 4y' + 4y = 0$의 특성방정식 $m^2 + 4m + 4 = 0$의 근은 중근으로 -2이므로, 일반해는

$$y = c_1 e^{-2x} + c_2 x e^{-2x} \text{ (단, } c_1, c_2 \text{는 임의상수)}$$

로 주어진다. ■

예제 7 미분방정식 $y'' - 2y' + y = 0$의 일반해를 구하시오.

풀이 특성방정식 $m^2 - 2m + 1 = 0$의 근이 1(중근)이므로, 일반해는

$$y = (c_1 + c_2 x) e^x \text{ (단, } c_1, c_2 \text{는 임의상수)}$$

로 주어진다. ■

참고 오일러(Euler) 공식

(1) $e^{ix} = \cos x + i \sin x, \qquad e^{-ix} = \cos x - i \sin x$

(2) $\cos x = \dfrac{e^{ix} + e^{-ix}}{2}, \qquad \sin x = \dfrac{e^{ix} - e^{-ix}}{2i}$ □

일반적으로 미분방정식 $(D^2 + aD + b)^k y = 0$ (단, $a^2 - 4b < 0$)의 일반해를 구해보자.

$$D^2 + aD + b = (D - \alpha)(D - \beta) \text{ (단, } \alpha = \lambda + i\mu,\ \beta = \lambda - i\mu)$$

로 놓으면 $(D^2 + aD + b)^k y = 0$은 $(D - \alpha)^k (D - \beta)^k y = 0$으로 변형되므로, 두 개의 미분

방정식

$$(D-\alpha)^k y=0, \quad (D-\beta)^k y=0$$

의 일반해는 각각

$$y=(a_1+a_2x+\cdots+a_kx^{k-1})e^{\alpha x}, \quad y=(d_1+d_2x+\cdots+d_kx^{k-1})e^{\beta x}$$

다. 따라서

$$y=(a_1+a_2x+\cdots+a_kx^{k-1})e^{\alpha x}+(d_1+d_2x+\cdots+d_kx^{k-1})e^{\beta x}$$

는 $2k$계 미분방정식 $(D^2+aD+b)^k y=0$의 해로써 $2k$개의 임의상수 a_1, a_2, $\cdots$, a_k, d_1, d_2, $\cdots$, d_k를 포함하므로 일반해가 된다. 그런데 복소수 $\alpha=\lambda+i\mu$, $\beta=\lambda-i\mu$를 포함하고 있으므로, 오일러 공식을 이용하면

$$\begin{aligned} y&=(a_1+a_2x+\cdots+a_kx^{k-1})e^{\lambda x}e^{i\mu x}+(d_1+d_2x+\cdots+d_kx^{k-1})e^{\lambda x}e^{-i\mu x} \\ &=(a_1+a_2x+\cdots+a_kx^{k-1})e^{\lambda x}(\cos\mu x+i\sin\mu x) \\ &\qquad +(d_1+d_2x+\cdots+d_kx^{k-1})e^{\lambda x}(\cos\mu x-i\sin\mu x) \\ &=(b_1+b_2x+\cdots+b_kx^{k-1})e^{\lambda x}\cos\mu x+(c_1+c_2x+\cdots+c_kx^{k-1})e^{\lambda x}\sin\mu x \end{aligned}$$

로 변형된다. 여기서 $b_j=a_j+d_j$, $c_j=ia_j-id_j$ (단, $j=1, 2, \cdots, k$)다.

따름정리

미분방정식

$$(D-\alpha)^m(D^2+aD+b)^n y=0 \ (\text{단, } a^2-4b<0)$$

의 일반해는

$$\begin{aligned} y&=(a_1+a_2x+\cdots+a_mx^{m-1})e^{\alpha x}+(b_1+b_2x+\cdots+b_nx^{n-1})e^{\lambda x}\cos\mu x \\ &\qquad +(c_1+c_2x+\cdots+c_nx^{n-1})e^{\lambda x}\sin\mu x \end{aligned}$$

로 주어진다. 여기서 $\lambda+i\mu$, $\lambda-i\mu$는 $m^2+am+b=0$의 두 근이다.

예 15 미분방정식 $y'''+3y''-4y=0$의 특성방정식의 근이 1, -2 (중근)이므로, 주어

진 미분방정식의 일반해는

$$y = c_1 e^{x} + c_2 e^{-2x} + c_3 x e^{-2x} \quad (\text{단, } c_1,\ c_2,\ c_3 \text{는 임의상수})$$

로 주어진다. ■

예 16 미분방정식 $y^{(4)} + 2y'' + y = 0$의 특성방정식의 근이 $\pm i$ (중근)이므로, 주어진 미분방정식의 일반해는

$$y = c_1 \cos x + c_2 \sin x + c_3 x \cos x + c_4 x \sin x$$

로 주어진다. 여기서 $c_1,\ c_2,\ c_3,\ c_4$는 임의상수다. ■

예제 8 초기값 문제 $y'' - 4y' + 13y = 0\ ;\ y(0) = -1,\ y'(0) = 2$의 해를 구하시오.

풀이 특성방정식 $m^2 - 4m + 13 = 0$의 두 근이 $2 \pm 3i$이므로, 일반해는

$$y = e^{2x}(c_1 \cos 3x + c_2 \sin 3x) \quad (\text{단, } c_1,\ c_2 \text{는 임의상수})$$

다. 이때 초기조건 $y(0) = -1,\ y'(0) = 2$를 사용하면 $c_1 = -1$이고, $c_2 = \dfrac{4}{3}$이므로, 초기값 문제의 해는

$$y = e^{2x}\left(-\cos 3x + \frac{4}{3}\sin 3x\right)$$

로 주어진다. ■

(2) 계수가 상수인 비제차선형미분방정식의 해법

상수계수를 가진 비제차선형미분방정식 $f(D)y = g(x)$의 일반해를 구하기 위하여 다음 두 가지

(1) 제차선형미분방정식 $f(D)y = 0$의 일반해

$$y_h = u(x,\ c_1,\ c_2,\ \cdots,\ c_n) \quad (\text{단, } c_i \text{는 임의상수})$$

(2) $f(D)y = g(x)$의 특수해 $y_p(x)$

를 생각해야 한다.

참고 $y_p(x)$를 열린구간 (a, b)에서 상수계수를 가진 n계 선형미분방정식

$$f(D)y = g(x)$$

의 특수해라 하고, $f(D)y=0$의 일반해를

$$y_h = u(x, c_1, c_2, \cdots, c_n)$$

이라 할 때, $f(D)y=g(x)$의 일반해는

$$y = u(x, c_1, c_2, \cdots, c_n) + y_p(x) \quad (\text{단, } c_1, \cdots, c_n\text{은 임의상수})$$

형태로 주어진다. □

상수계수를 가진 n계 선형미분방정식에서 제차선형미분방정식의 일반해를 구하는 방법은 이미 알고 있으므로, 우리가 관심을 갖는 것은 y_p를 구하는 방법이다. 이제 비제차항 $g(x)$가 특정한 형태일 때 특수해 y_p를 구하는 세 가지 방법, 즉 '역연산자법', '미정계수법', '매개변수변화법'에 관하여 알아보자.

① 역연산자법 (method of inverse operator)

상수계수 n계 선형미분방정식 $f(D)y=g(x)$의 특수해를 구하기 위해서는 주어진 연산자 $f(D)$의 역연산자 $f(D)^{-1}$가 정의되어야 한다. 이때 $f(D)^{-1}y$는

$$f(D)z = y$$

를 만족하는 임의의 함수 z를 정의한다. $f(D)$의 역연산자

$$f(D)^{-1} \text{ 또는 } \frac{1}{f(D)}$$

을 사용하여, 미분방정식 $f(D)y=g(x)$의 하나의 해는

$$y = f(D)^{-1}g(x)$$

로 얻어진다.

정리 17

$f(D) = D^n + a_1 D^{n-1} + \cdots + a_{n-1}D + a_n$의 역연산자 $\dfrac{1}{f(D)}$에 대하여, 다음이 성립

한다.

(1) $\dfrac{1}{f(D)}e^{\alpha x}=\dfrac{1}{f(\alpha)}e^{\alpha x}$ (단, $f(\alpha)\neq 0$)

(2) $\dfrac{1}{f(D)}g(x)=e^{\alpha x}\dfrac{1}{f(D+\alpha)}\{e^{-\alpha x}g(x)\}$

증명 (1) $f(D)e^{\alpha x}=f(\alpha)e^{\alpha x}$고, $f(\alpha)\neq 0$이므로

$$f(D)\left\{\frac{1}{f(\alpha)}e^{\alpha x}\right\}=e^{\alpha x}$$

가 성립한다. 따라서 $\dfrac{1}{f(D)}e^{\alpha x}=\dfrac{1}{f(\alpha)}e^{\alpha x}$가 된다.

(2) $$f(D)\left[e^{\alpha x}\frac{1}{f(D+\alpha)}\{e^{-\alpha x}g(x)\}\right]=e^{\alpha x}f(D+\alpha)\frac{1}{f(D+\alpha)}\{e^{-\alpha x}g(x)\}$$
$$=g(x)$$

이므로

$$\frac{1}{f(D)}g(x)=e^{\alpha x}\frac{1}{f(D+\alpha)}\{e^{-\alpha x}g(x)\}$$

가 성립한다. ■

예 17 $\dfrac{1}{D^2+2D-1}e^{2x}=\dfrac{1}{2^2+2\cdot 2-1}e^{2x}=\dfrac{1}{7}e^{2x}$ ■

따름정리

(1) $\dfrac{1}{D-\alpha}g(x)=e^{\alpha x}\displaystyle\int e^{-\alpha x}g(x)\,dx$

(2) $\dfrac{1}{(D-\alpha)^n}g(x)=e^{\alpha x}\displaystyle\int\int\cdot\cdots\cdot\int e^{-\alpha x}g(x)\,dx\cdot\cdots\cdot dx\,dx$

예 18 $$\frac{1}{(D-2)^2}e^{2x}=e^{2x}\frac{1}{\{(D-2)+2\}^2}(e^{-2x}e^{2x})=e^{2x}\frac{1}{D^2}[1]$$
$$=e^{2x}\int\int dx\,dx=\frac{1}{2}x^2e^{2x}$$ ■

참고 $\dfrac{1}{D^2+3D+2}e^{-x}=\dfrac{1}{(D+1)(D+2)}e^{-x}=\dfrac{1}{D+1}\left(\dfrac{1}{D+2}e^{-x}\right)=\dfrac{1}{D+1}e^{-x}$

$$=e^{-x}\int e^{x}e^{-x}\,dx=xe^{-x}$$

가 된다. 그런데 부분분수분해를 이용하면

$$\frac{1}{D^2+3D+2}e^{-x}=\frac{1}{(D+1)(D+2)}e^{-x}=\left(\frac{1}{D+1}-\frac{1}{D+2}\right)e^{-x}$$

$$=\frac{1}{D+1}e^{-x}-\frac{1}{D+2}e^{-x}$$

$$=e^{-x}\int e^{x}e^{-x}\,dx-\frac{1}{-1+2}e^{-x}=xe^{-x}-e^{-x}$$

로 주어진다. 일반적으로 $f(D)^{-1}g(x)$의 해는 그 계산방법에 의하여 해는 반드시 일치하지 않지만, 서로 다른 두 개의 해의 차는 $f(D)y=0$의 해가 된다. □

② 미정계수법 (method of undetermined coefficients)

미정계수법이란 계수가 상수인 n계 선형미분방정식 $f(D)y=g(x)$에서 함수 $g(x)$가 y_p의 일반적인 형태를 추측할 수 있을 때 y_p를 찾는 직접적인 방법이다.

계수가 상수인 n계 선형미분방정식 $f(D)y=g(x)$에서 비제차항 $g(x)$가 특별한 형태의 함수

(1) $g(x)$가 다항식인 경우

(2) $g(x)=ke^{ax}$인 경우

(3) $g(x)=k\cos(ax+b)$ 또는 $g(x)=k\sin(ax+b)$인 경우

(4) $P(x)$가 다항식 또는 삼각함수(단, 사인함수 또는 코사인함수)일 때, $g(x)=e^{ax}P(x)$인 경우

로 주어질 때, 미정계수법을 사용해서 특수해 y_p를 구한다. 한편 $g(x)$가 (1) ~ (4)로 주어진 함수가 아닐 경우는, 부분분수분해를 이용해서 특수해를 구할 수 있다.

정리 18 $g(x)$가 다항식인 경우

상수계수 선형미분방정식 $f(D)y=g(x)$에서 $m=0$이 특성방정식 $f(m)=0$의 p중근이고 함수 $g(x)$가 n차 다항식이면

$$x^p P_n(x) \text{ (단, } P_n(x)\text{는 } n\text{차 다항식)}$$

형태의 특수해를 가진다.

상수계수 n계 선형미분방정식 $f(D)y = g(x)$를 만족하는 특수해의 형태를

$$y_p(x) = x^p(A_n x^n + \cdots + A_1 x + A_0)$$

로 추측하고 계수 A_0, A_1, $\cdots$, A_n을 결정하여, 특수해 $y_p(x)$를 구하는 방법을 **미정계수법**이라 한다. 이때 추측한 해를 **시험해**라고 한다.

예 19 미분방정식 $(D^2+4)y = 8x^2$은 $y_p = px^2 + qx + r$ 형태의 특수해를 가지고, 미분방정식 $(D^2-2D)y = x^2$은 $y_p = x(px^2+qx+r)$ 형태의 특수해를 가진다. ■

예제 9 미분방정식 $(D^2+4)y = 8x^2$의 일반해를 구하시오.

풀이 먼저 제차미분방정식 $(D^2+4)y=0$의 특성방정식 $m^2+4=0$의 근이 $m = \pm 2i$이므로

$$y_h = c_1 \cos 2x + c_2 \sin 2x \text{ (단, } c_1,\ c_2\text{는 임의상수)}$$

다. 다음에 비제차미분방정식의 특수해를 구해보자. 주어진 미분방정식은 $y_p = px^2 + qx + r$ 형태의 특수해를 가진다. y_p와 y_p의 도함수를 주어진 미분방정식에 대입하여

$$2p + 4(px^2 + qx + r) = 8x^2$$

을 얻는다. 좌변을 정리하면

$$4px^2 + 4qx + (2p + 4r) = 8x^2$$

이 항등적으로 성립한다. 따라서 미정계수법에 의하여

$$p = 2,\ q = 0,\ r = -1$$

이므로, 특수해

$$y_p = 2x^2 - 1$$

을 얻는다. 따라서 미분방정식의 일반해는

$$y = c_1 \cos 2x + c_2 \sin 2x + 2x^2 - 1$$

로 주어진다. 여기서 c_1, c_2는 임의상수다. ■

참고 $y''' - y'' - y' + y = x^2 + 3$의 특수해를 다음과 같이 구할 수 있다.
$f(D) = D^3 - D^2 - D + 1$로 두면

$$\frac{1}{f(D)} = 1 + D + 2D^2 + \cdots$$

로 전개되므로, 특수해는

$$y_p = \frac{1}{f(D)}(x^2+3) = (1 + D + 2D^2 + \cdots)(x^2+3)$$
$$= x^2 + 2x + 7$$

로 주어진다. □

예제 10 질량 $m = 1$ slug의 물질이 용수철 상수가 $k = 4$ lb/ft인 용수철에 매달려 있다. 물체에 영향을 주는 제동이 없고 평형위치에서 초기속도 없이 강제함수 $f(t) = 1$에 의하여 외부의 힘이 작용할 때, 물체의 변위함수 $x(t)$를 구하시오.

풀이 초기값 문제

$$\frac{d^2x}{dt^2} + 4x = 1 \ ; \ x(0) = 0, \ \frac{dx}{dt}(0) = 0$$

의 해를 생각한다. $\dfrac{d^2x}{dt^2} + 4x = 0$의 일반해는

$$x_h(t) = c_1 \cos 2t + c_2 \sin 2t \ \ (\text{단, } c_1,\ c_2\text{는 임의상수})$$

다. 특수해의 형태를 $x_p(t) = A$라 하고 미정계수법을 사용하면 $A = \dfrac{1}{4}$이므로

$$x(t) = x_h(t) + x_p(t) = c_1 \cos 2t + c_2 \sin 2t + \frac{1}{4}$$

이고

$$\frac{dx}{dt}(t) = -2c_1 \sin 2t + 2c_2 \cos 2t$$

다. 따라서 초기조건을 사용하면 $c_1 = -\frac{1}{4}$, $c_2 = 0$이므로, 물체의 변위함수 $x(t)$는

$$x(t) = -\frac{1}{4}\cos 2t + \frac{1}{4}$$

로 주어진다. ■

정리 19 $g(x) = ke^{\alpha x}$인 경우

상수계수 n계 선형미분방정식 $f(D)y = ke^{\alpha x}$에서 $m = \alpha$가 특성방정식 $f(m) = 0$의 p 중근(단, $p = 0, 1, 2, \cdots$)이면

$$y_p = Ax^p e^{\alpha x} \quad (\text{단, } A\text{는 상수})$$

형태의 특수해를 갖는다.

상수계수 n계 선형미분방정식 $f(D)y = ke^{\alpha x}$에서 $m = \alpha$가 특성방정식 $f(m) = 0$의 p 중근(단, $p = 0, 1, 2, \cdots$)이면, 특수해의 형태를

$$y_p = Ax^p e^{\alpha x}$$

로 추측하고, 계수 A를 결정하여 특수해 $y_p(x)$를 구한다.

예 20 미분방정식 $(D^2 + 3D + 2)y = e^{3x}$는 $y_p = Ae^{3x}$ 형태의 특수해를 가진다. 한편 미분방정식 $(D^2 - D)y = e^x$는 $y_p = Axe^{\alpha x}$ 형태의 특수해를 가진다. ■

예제 11 미분방정식$(D^3 - 6D^2 + 11D - 6)y = e^x$의 특수해를 구하시오.

풀이 특성방정식 $m^3 - 6m^2 + 11m - 6 = 0$의 근이 $m = 1, 2, 3$이므로 $y_p = Axe^x$ 형태의 특수해를 갖는다. y_p와 y_p의 도함수를 주어진 미분방정식에 대입하면

$$\begin{aligned} e^x &= (D-1)(D-2)(D-3)[Axe^x] \\ &= Ae^x\{(D+1)-1\}\{(D+1)-2\}\{(D+1)-3\}x \end{aligned}$$

$$= Ae^x D(D-1)(D-2)x = 2Ae^x$$

이므로, $A = \frac{1}{2}$이다. 따라서 특수해는

$$y_p = \frac{1}{2}xe^x$$

로 주어진다. ■

참고 $(D^3 - 6D^2 + 11D - 6)y = e^x$의 특수해를 다음과 같이 구할 수 있다.

$$y_p = \frac{1}{(D-1)(D-2)(D-3)}e^x = \frac{1}{D-1}\left\{\frac{1}{(D-2)(D-3)}\right\}e^x$$
$$= \frac{1}{D-1}\left\{\frac{1}{(1-2)(1-3)}\right\}e^x = \frac{1}{2}\frac{1}{D-1}e^x = \frac{1}{2}xe^x$$ □

예제 12 $y'' - 3y' + 2y = 4x + e^{3x}$의 일반해를 구하시오.

풀이 특성방정식의 근이 1, 2이므로

$$y_h = c_1e^x + c_2e^{2x} \quad (\text{단, } c_1, c_2\text{는 임의상수})$$

다. 시험해를 $y_p = A + Bx + Ce^{3x}$라 두고, y_p와 y_p의 도함수를 주어진 미분방정식에 대입하여 정리하면

$$A = 3,\ B = 2,\ C = \frac{1}{2}$$

을 얻는다. 따라서 $y_p = 3 + 2x + \frac{1}{2}e^{3x}$다. 그러므로 일반해는

$$y = c_1e^x + c_2e^{2x} + 3 + 2x + \frac{1}{2}e^{3x} \quad (\text{단, } c_1, c_2\text{는 임의상수})$$

로 주어진다. ■

참고 계수가 상수인 n계 선형미분방정식 $f(D)y = ke^{\alpha x}$의 특수해는 다음으로 주어진다.

(1) $f(\alpha) \neq 0$인 경우 ; $y_p = k\frac{1}{f(D)}e^{\alpha x} = k\frac{1}{f(\alpha)}e^{\alpha x}$

(2) $f(\alpha) = 0$인 경우 ; $y_p = k\frac{1}{g(\alpha)}\frac{x^p}{p!}e^{\alpha x}$ □

정리 20 $g(x)=k\cos(ax+b)$ 또는 $k\sin(ax+b)$인 경우

상수계수 n계 선형미분방정식 $f(D)Y=ke^{i(ax+b)}$의 한 특수해를

$$Y_p=\xi(x)+i\eta(x)$$

라 하면, $y_p=\xi(x)$, $y_p=\eta(x)$는 각각 상수계수 n계 선형미분방정식

$$f(D)y=k\cos(ax+b),\quad f(D)y=k\sin(ax+b)$$

의 특수해가 된다.

증명 $Y_p=\xi(x)+i\eta(x)$가 $f(D)Y_p=ke^{i(ax+b)}$의 해이므로

$$f(D)\{\xi(x)+i\eta(x)\}=ke^{i(ax+b)}$$

즉

$$f(D)\xi(x)+if(D)\eta(x)=k\cos(ax+b)+k\sin(ax+b)$$

다. 따라서

$$f(D)\xi(x)=k\cos(ax+b),\quad f(D)\eta(x)=k\sin(ax+b)$$

를 얻는다. ■

예 21 $(D^2-D-2)Y=e^{ix}$의 특수해가

$$\begin{aligned}Y_p&=\frac{1}{D^2-D-2}e^{ix}=\frac{1}{i^2-i-2}e^{ix}=-\frac{1}{3+i}e^{ix}\\&=-\frac{1}{10}(3-i)(\cos x+i\sin x)\\&=-\frac{1}{10}(3\cos x+\sin x)+i\frac{1}{10}(\cos x-3\sin x)\qquad(*)\end{aligned}$$

로 주어지므로, $(D^2-D-2)y=\cos x$의 특수해는

$$y_p=-\frac{1}{10}(3\cos x+\sin x)$$

가 된다. 또한 (*)로부터 $(D^2-D-2)y=\sin x$의 특수해

$$y_p = \frac{1}{10}(\cos x - 3\sin x)$$

를 얻는다. ■

예제 13 미분방정식 $(D^2+2D+2)y = 2e^x \cos x$의 일반해를 구하시오.

풀이 먼저 $(D^2+2D+2)y=0$의 특성방정식 $m^2+2m+2=0$의 근이 $m=-1\pm i$ 이므로

$$y_h = e^{-x}(c_1\cos x + c_2 \sin x) \text{ (단, } c_1,\ c_2\text{는 임의상수)}$$

다. 다음에 비제차미분방정식의 특수해를 구해보자.

$(D^2+2D+2)\,Y = 2e^{(1+i)x}$의 특수해가

$$\begin{aligned} Y_p &= \frac{1}{D^2+2D+2}2e^{(1+i)x} = \frac{1}{(1+i)^2+2(1+i)+2}2e^{(1+i)x} \\ &= \frac{1}{4}(1-i)e^{(1+i)x} = \frac{1}{4}(1-i)e^x e^{ix} \\ &= \frac{1}{4}(1-i)e^x(\cos x + i\sin x) \\ &= \frac{1}{4}e^x(\cos x + \sin x) + \frac{i}{4}e^x(-\cos x + \sin x) \end{aligned}$$

이므로, $(D^2+2D+2)y = 2e^x\cos x$의 특수해

$$y_p = \frac{1}{4}e^x(\cos x + \sin x)$$

를 얻는다. 따라서 미분방정식의 일반해는

$$y = e^{-x}(c_1\cos x + c_2\sin x) + \frac{1}{4}e^x(\cos x + \sin x)$$

로 주어진다. 여기서 c_1, c_2는 임의상수다. ■

참고 상수계수 n계 선형미분방정식이

$$f(D)y = a\cos(\alpha x + \beta) + b\sin(\alpha x + \beta)$$

의 형태면, 특수해의 형태를

$$y_p(x) = A\cos(\alpha x + \beta) + B\sin(\alpha x + \beta)$$

로 추측하고, 계수 A, B를 결정하여 특수해 y_p를 구한다. □

예 22 미분방정식 $(D^2 - 1)y = \cos 2x$는 $y_p = A\cos 2x + B\sin 2x$ 형태의 특수해를 가진다. ■

따름정리

미분연산자 $f(D) = D^n + a_1 D^{n-1} + \cdots + a_{n-1}D + a_n$에 대하여, 다음이 성립한다.

(1) $\dfrac{1}{f(D^2)}\cos(ax+b) = \dfrac{1}{f(-a^2)}\cos(ax+b)$ (단, $f(-a^2) \neq 0$)

(2) $\dfrac{1}{f(D^2)}\sin(ax+b) = \dfrac{1}{f(-a^2)}\sin(ax+b)$ (단, $f(-a^2) \neq 0$)

(3) $\dfrac{1}{D^2+a^2}\cos(ax+b) = \dfrac{1}{2a}x\sin(ax+b)$

(4) $\dfrac{1}{D^2+a^2}\sin(ax+b) = -\dfrac{1}{2a}x\cos(ax+b)$

예 23 미분방정식 $(D^4 - 1)y = \cos 2x$의 특수해는

$$y_p = \frac{1}{D^4-1}\cos 2x = \frac{1}{(-2^2)^2-1}\cos 2x = \frac{1}{15}\cos 2x$$

로 주어지고, 미분방정식 $(D^4 - 1)y = \cos x$의 특수해는

$$\begin{aligned} y_p &= \frac{1}{D^4-1}\cos x = \frac{1}{D^2+1}\frac{1}{D^2-1}\cos x \\ &= \frac{1}{D^2+1}\left\{\frac{1}{(-1^2)-1}\cos x\right\} = -\frac{1}{2}\frac{1}{D^2+1}\cos x \\ &= -\frac{1}{2}\left(\frac{1}{2}x\sin x\right) = -\frac{1}{4}x\sin x \end{aligned}$$

로 주어진다. ■

정리 21 $g(x)=e^{\alpha x}P(x)$인 경우

$P(x)$가 다항식 또는 삼각함수 (단, 사인함수 또는 코사인함수)일 때, 상수계수 n계 선형미분방정식 $f(D)y=e^{\alpha x}P(x)$의 특수해는

$$y_p=\frac{1}{f(D)}\{e^{\alpha x}P(x)\}=e^{\alpha x}\frac{1}{f(D+\alpha)}P(x)$$

로 주어진다.

예 24 미분방정식 $(D^2+2D+2)y=2e^x\cos x$의 특수해를 구해보자. 특수해 y_p는

$$\begin{aligned}y_p&=\frac{1}{D^2+2D+2}(2e^x\cos x)\\&=2e^x\frac{1}{(D+1)^2+2(D+1)+2}\cos x\\&=2e^x\frac{1}{D^2+4D+5}\cos x\end{aligned}$$

를 구하면 된다. 그런데

$$\begin{aligned}Y_p&=\frac{1}{D^2+4D+5}e^{ix}=\frac{1}{i^2+4i+5}e^{ix}=\frac{1}{4}\frac{1}{1+i}e^{ix}\\&=\frac{1}{8}(1-i)(\cos x+i\sin x)\\&=\frac{1}{8}(\cos x+\sin x)+\frac{i}{8}e^x(-\cos x+\sin x)\end{aligned}$$

이므로, $\frac{1}{D^2+4D+5}\cos x=\frac{1}{8}(\cos x+\sin x)$를 얻는다. 따라서 미분방정식의 특수해는

$$y_p=\frac{1}{4}e^x(\cos x+\sin x)$$

로 주어진다. ■

예제 14 미분방정식 $(D^2-2D+1)y=x^2e^{3x}$의 일반해를 구하시오.

풀이 특성방정식의 근은 중근으로 1이므로

$$y_h = e^x(c_1 + c_2 x) \text{ (단, } c_1,\ c_2\text{는 임의상수)}$$

다. 특수해 y_p는

$$\begin{aligned} y_p &= \frac{1}{(D-1)^2}(x^2 e^{3x}) = e^{3x}\frac{1}{\{(D+3)-1\}^2}x^2 \\ &= e^{3x}\frac{1}{(D+2)^2}x^2 = \frac{1}{4}e^{3x}\frac{1}{\left(1+\frac{D}{2}\right)^2}x^2 \\ &= \frac{1}{4}e^{3x}\left(1-\frac{D}{2}+\frac{D^2}{4}-\cdots\right)^2 x^2 \\ &= \frac{1}{4}e^{3x}\left(1-D+\frac{3}{4}D^2-\cdots\right)x^2 \\ &= \frac{1}{4}e^{3x}\left(x^2-2x+\frac{3}{2}\right) \end{aligned}$$

이므로, 주어진 미분방정식의 특수해는

$$y_p = \frac{1}{4}e^{3x}\left(x^2-2x+\frac{3}{2}\right)$$

이 된다. 따라서 따라서 일반해는

$$y_h = e^x(c_1+c_2x) + \frac{1}{4}e^{3x}\left(x^2-2x+\frac{3}{2}\right)$$

으로 주어진다. 여기서 c_1, c_2는 임의상수다. ■

정리 22 중첩법칙

$F_1(x)$, $F_2(x)$, $\cdots$ 가 정리 18 ~ 정리 21의 형태를 하고 있을 때, 상수계수 n계 선형미분방정식

$$f(D)y = F_1(x) + F_2(x) + \cdots$$

의 특수해는

$$y_p = \frac{1}{f(D)}F_1(x) + \frac{1}{f(D)}F_2(x) + \cdots$$

로 주어진다.

예제 15 미분방정식 $(D^2-4)y=e^{3x}+\sin x$의 일반해를 구하시오.

풀이 특성방정식의 근이 ± 2이므로

$$y_h=c_1e^{2x}+c_2e^{-2x} \text{ (단, } c_1,\ c_2\text{는 임의상수)}$$

다. 한편

$$\frac{1}{D^2-4}e^{3x}=\frac{1}{5}e^{3x},\quad \frac{1}{D^2-4}\sin x=-\frac{1}{5}\sin x$$

이므로, $y_p=\frac{1}{5}e^{3x}-\frac{1}{5}\sin x$다. 따라서 일반해는

$$y=c_1e^{2x}+c_2e^{-2x}+\frac{1}{5}(e^{3x}-\sin x) \text{ (단, } c_1,\ c_2\text{는 임의상수)}$$

로 주어진다. ■

상수계수 n계 선형미분방정식 $f(D)y=g(x)$에서 $g(x)$가 정리 18 ~ 정리 21에서 주어진 함수가 아닐 경우는 부분분수분해를 이용하여 특수해를 구할 수 있다(연습문제 13 참조).

참고 특수해 y_p를 구할 때 추측한 해 y_p가 주어진 비제차선형미분방정식에 상응하는 제차선형미분방정식의 해가 되면, y_p 대신에 $x^k y_p$를 특수해의 형태로 놓아야 함에 유의한다. 여기서 k는 $x^k y_p$에서의 어떤 항도 비제차에 상응하는 제차선형미분방정식의 해가 되지 않는 최소의 음이 아닌 정수다. □

예 25 미분방정식 $y''+y=\cos x$에 대하여 $y''+y=0$의 특성근이 $-1,\ 1$이므로, $y''+y=0$의 일반해는

$$y_h=c_1\cos x+c_2\sin x \text{ (단, } c_1,\ c_2\text{는 임의상수)}$$

다. 이때 $y''+y=\cos x$의 비제차항이 $\cos x$이므로, 주어진 미분방정식은

$$y_p=Ax\cos x+Bx\sin x$$

형태의 특수해를 갖는다. ■

예 26 미분방정식 $y''-3y'=8e^{3x}+4\sin x$에 대하여 $y''-3y'=0$의 특성근이 0, 3이므로, $y''-3y'=0$의 일반해는

$$y_h = c_1 + c_2 e^{3x} \quad (\text{단, } c_1,\ c_2\text{는 임의상수})$$

다. 이때 주어진 미분방정식은

$$y_p = A\,x e^{3x} + B\cos x + C\sin x$$

형태의 특수해를 갖는다. ■

예제 16 미분방정식 $y''+2y'-3y=x^2\cos x$에서 특수해의 형태를 구하시오.

풀이 특성방정식 $m^2+2m-3=0$의 두 근이 1, -3이므로

$$y_h = c_1 e^{x} + c_2 e^{-3x} \quad (\text{단, } c_1,\ c_2\text{는 임의상수})$$

고, 주어진 미분방정식은

$$y_p = (A_2x^2 + A_1x + A_0)\cos x + (B_2x^2 + B_1x + B_0)\sin x$$

형태의 특수해를 갖는다. ■

③ 매개변수변화법

미정계수법은 계수가 상수인 n계 선형미분방정식 $f(D)y=g(x)$에서 함수 $g(x)$가 어떤 특정한 형태의 함수일 때 특수해를 구하기 위한 비교적 간단한 방법이다. 그러나 미정계수법은 상수계수에서만 사용할 수 있으며 비제차항이

(1) $g(x)$가 다항식인 경우
(2) $g(x)=ke^{ax}$인 경우
(3) $g(x)=k\cos(ax+b)$ 또는 $g(x)=k\sin(ax+b)$인 경우
(4) $P(x)$가 다항식 또는 삼각함수(단, 사인함수 또는 코사인함수)일 때, $g(x)=e^{ax}P(x)$인 경우

이외는 적용될 수 없다. 예를 들어 $y''+y=\sec x$와 같은 미분방정식은 미정계수법을 사용할 수 없다. 따라서 특수해를 구하는 새로운 방법이 필요하다. 매개변수변화법은 비제차선형

미분방정식의 특수해를 구하는 조금 더 일반적인 방법이다. 이 방법은 주어진 미분방정식의 기본해집합을 알면 미정계수법을 적용할 수 없는 계수가 변수인 고계 미분방정식에도 적용할 수 있다는 장점이 있다. 매개변수변화법은 모든 선형미분방정식에 적용할 수 있으므로 미정계수법보다 훨씬 일반적이지만, 두 방법 중 $f(D)y = g(x)$고 함수 $g(x)$가 앞에서 언급한 형태의 함수일 때는 미정계수법이 더 효과적이다.

매개변수변화법은 계수함수 $p_i(x)$ (단, $i=1, \cdots, n$)와 $g(x)$가 열린구간 (a, b)에서 연속일 때

$$L(y) = y^{(n)} + p_1(x)y^{(n-1)} + \cdots + p_n(x)y = g(x)$$

로 정의된 n계 비제차선형미분방정식 $L(y) = g(x)$의 특수해를 구하는 하나의 방법이다.

정의 23 매개변수변화법 (method of variation of parameters)

$\{y_1, y_2, \cdots, y_n\}$이 제차선형미분방정식 $L(y)=0$의 기본해집합이면, $L(y)=0$의 일반해는

$$y_h(x) = c_1 y_1(x) + \cdots + c_n y_n(x) \text{ (단, } c_i\text{는 임의상수)}$$

로 주어진다. 이때 비제차선형미분방정식의 특수해를

$$y_p(x) = u_1(x)y_1(x) + u_2(x)y_2(x) + \cdots + u_n(x)y_n(x)$$

형태로 가정하고, n개의 미지함수 $u_1(x), u_2(x), \cdots, u_n(x)$를 구하여 특수해 y_p를 구하는 방법을 **매개변수변화법**이라 한다.

참고 상수 $c_1, c_2, \cdots, c_n$을 미지함수 $u_1(x), u_2(x), \cdots, u_n(x)$로 치환하였으므로, **매개변수변화법**이라 한다. 이 방법을 **상수변화방법** (method of variation of constant) 또는 **라그랑주 방법**이라고도 한다. 매개변수변화법을 이용하기 위해서는 항상 $L(y)=0$의 기본해집합을 알아야 함에 유의한다. □

비제차선형미분방정식의 특수해를

$$y(x) = u_1(x)y_1(x) + u_2(x)y_2(x) + \cdots + u_n(x)y_n(x)$$

형태로 가정하고, n개의 미지함수 $u_1(x), u_2(x), \cdots, u_n(x)$를 구하여 특수해 y_p를 구하는

매개변수변화법에 대하여 알아보자.

$$\begin{aligned} y &= u_1 y_1 + u_2 y_2 + \cdots + u_n y_n \\ y' &= u_1 y_1' + u_2 y_2' + \cdots + u_n y_n' \\ &\vdots \\ y^{(n-1)} &= u_1 y_1^{(n-1)} + u_2 y_2^{(n-1)} + \cdots + u_n y_n^{(n-1)} \end{aligned}$$

으로 놓고, 처음 식을 x에 관하여 미분해서 다음 식 y'을 빼면

$$u_1' y_1 + u_2' y_2 + \cdots + u_n' y_n = 0$$

을 얻는다. 같은 방법으로 y'을 x에 관하여 미분해서 y''을 빼고, 같은 방법을 계속하면

$$\begin{aligned} u_1' y_1' + u_2' y_2' + \cdots + u_n' y_n' &= 0 \\ &\vdots \\ u_1' y_1^{(n-2)} + u_2' y_2^{(n-2)} + \cdots + u_n' y_n^{(n-2)} &= 0 \end{aligned}$$

을 얻는다. 또 n번째 조건으로써 y_p가 주어진 $L(y) = g(x)$를 만족한다면, 위의 조건과 $y_1,\ y_2,\ \cdots,\ y_n$이 $L(y) = 0$의 해라는 사실을 이용하여 $L(y_p) = g(x)$는

$$u_1' y_1^{(n-1)} + u_2' y_2^{(n-1)} + \cdots + u_n' y_n^{(n-1)} = g(x)$$

로 쓸 수 있다. 그러므로 n개의 함수 $u_1',\ u_2',\ \cdots,\ u_n'$에 대한 방정식계는

$$\begin{aligned} y_1 u_1' + y_2 u_2' + \cdots + y_n u_n' &= 0 \\ &\vdots \\ y_1^{(n-2)} u_1' + y_2^{(n-2)} u_2' + \cdots + y_n^{(n-2)} u_n' &= 0 \\ y_1^{(n-1)} u_1' + y_2^{(n-1)} u_2' + \cdots + y_n^{(n-1)} u_n' &= g(x) \end{aligned}$$

로 주어진다. 열린구간 $(a,\ b)$의 모든 x에 대하여 론스키 행렬식

$$\begin{vmatrix} y_1 & \cdots & y_n \\ \vdots & & \vdots \\ y_1^{(n-2)} & \cdots & y_n^{(n-2)} \\ y_1^{(n-1)} & \cdots & y_n^{(n-1)} \end{vmatrix} = W[y_1,\ y_2,\ \cdots,\ y_n](x)$$

가 0이 아닐 때, 크라머 공식을 이용하여 $u_k'(x)$ (단, $k = 1,\ 2,\ \cdots,\ n$)을 구하면

$$u_k'(x) = \frac{g(x)\, W_k(x)}{W[y_1,\ \cdots,\ y_n](x)}$$

가 된다. 여기서 $W_k(x)$는 론스키 행렬식 $W[y_1, y_2, \cdots, y_n](x)$의 k번째 열을 $[0, 0, \cdots, 0, 1]$의 전치행렬로 바꾼 것이다. 이때 $u_k'(x)$를 적분하여

$$u_k(x) = \int \frac{g(x)\,W_k(x)}{W[y_1, \cdots, y_n](x)}\,dx \quad (\text{단, } k = 1, 2, \cdots, n)$$

를 얻는다.

예 27 매개변수변화법을 이용해서, $y'' - y = e^{2x}$의 특수해를 구해보자. $\{e^x, e^{-x}\}$가 기본해집합이므로, 특수해의 형태를

$$y_p(x) = u_1(x)e^{-x} + u_2(x)e^x$$

라 하고, $u_1(x)$, $u_2(x)$를 구한다. 이때

$$u_1(x) = -\frac{e^{3x}}{6} + A, \quad u_2(x) = \frac{e^x}{2} + B$$

이므로, $A = B = 0$이라면 특수해는

$$y_p = \frac{e^{2x}}{3}$$

로 주어진다. ■

예 28 매개변수변화법을 이용해서, $y''' - y'' - y' + y = \left(\frac{2e^x}{e^x + 1}\right)^2$의 특수해를 구해보자. $\{e^x, xe^x, e^{-x}\}$가 기본해집합이므로, 매개변수변화법을 이용하여 특수해를 구하기 위해 특수해의 형태를

$$y_p(x) = u_1(x)e^x + u_2(x)xe^x + u_3(x)e^{-x}$$

라 하고, $u_1(x)$, $u_2(x)$, $u_3(x)$를 구한다.

$$(u_1' + xu_2')e^x + u_3'e^{-x} = 0$$

$$\{u_1' + (x+1)u_2'\}e^x - u_3'e^{-x} = 0$$

$$\{u_1' + (x+2)u_2'\}e^x + u_3'e^{-x} = \left(\frac{2e^x}{e^x + 1}\right)^2$$

으로부터 $u_1'(x)$, $u_2'(x)$, $u_3'(x)$를 구하면

$$u_1'(x) = -(2x+1)\frac{e^x}{(e^x+1)^2}, \quad u_2'(x) = \frac{2e^x}{(e^x+1)^2},$$

$$u_3'(x) = \frac{e^{2x}}{(e^x+1)^2}$$

가 된다. 이것을 적분함으로써

$$u_1(x) = \frac{2x+1}{e^x+1} + 2\ln(1+e^{-x}) + A, \quad u_2(x) = -\frac{2}{e^x+1} + B,$$

$$u_3(x) = \frac{e^{2x}+2e^x}{e^x+1} - 2\ln(1+e^{-x}) + C$$

를 얻는다. 특히 $A = B = C = 0$이라면

$$y_p = 4\sinh x \ln(1+e^x) + 2$$

인 특수해가 주어진다. ■

예제 17 매개변수변화법을 이용해서, 비제차선형미분방정식

$$y'' + y' = \sec x$$

의 일반해를 구하시오.

풀이 이 경우는 미정계수법을 사용할 수 없다. 따라서 매개변수변화법을 이용한다. $\{\cos x,\ \sin x\}$가 제차선형미분방정식 $y'' + y' = 0$의 기본해집합이므로

$$y_h = c_1 \cos x + c_2 \sin x \quad (\text{단, } c_1,\ c_2\text{는 임의상수})$$

다. 이제 특수해의 형태를

$$y_p(x) = u_1(x)\cos x + u_2(x)\sin x$$

라 하고, $u_1(x)$, $u_2(x)$를 구한다. 이때

$$W[\cos x,\ \sin x] = 1$$

이므로

$$u_1'(x) = -\sin x \sec x, \quad u_2'(x) = \cos x \sec x$$

가 된다. 각각 적분하면

$$u_1(x) = \ln|\cos x|, \quad u_2(x) = x$$

이다. 따라서 특수해

$$y_p = \cos x \ln(\cos x) + x \sin x$$

를 얻는다. 그러므로 주어진 비제차선형미분방정식의 일반해는

$$y = c_1 \cos x + c_2 \sin x + \cos x \ln|\cos x| + x \sin x$$

로 주어진다. 여기서 c_1, c_2는 임의상수다. ■

예제 18 매개변수변화법을 이용하여, 비제차선형미분방정식

$$y'' - 4y' + 4y = (x+1)e^{2x}$$

의 일반해를 구하시오.

풀이 $\{e^{2x},\ xe^{2x}\}$가 제차선형미분방정식 $y'' - 4y' + 4y = 0$의 기본해집합이므로

$$y_h = c_1 e^{2x} + c_2 x e^{2x} \quad (\text{단, } c_1,\ c_2\text{는 임의상수})$$

다. 이제 특수해의 형태를

$$y_p(x) = u_1(x)e^{2x} + u_2(x)xe^{2x}$$

로 놓고, $u_1(x)$, $u_2(x)$를 구한다. 이때

$$W[e^{2x},\ xe^{2x}] = e^{4x}$$

이므로

$$u_1'(x) = -x^2 - x, \quad u_2'(x) = x + 1$$

이 된다. 각각 적분하면

$$u_1(x) = -\frac{x^3}{3} - \frac{x^2}{2}, \quad u_2(x) = \frac{x^2}{2} + x$$

다. 따라서 특수해

$$y_p = \left(-\frac{x^3}{3} - \frac{x^2}{2}\right)e^{2x} + \left(\frac{x^2}{2} + x\right)xe^{2x} = \left(\frac{x^3}{6} + \frac{x^2}{2}\right)e^{2x}$$

를 얻는다. 그러므로 주어진 비제차선형미분방정식의 일반해는

$$y = c_1 e^{2x} + c_2 x e^{2x} + \left(\frac{x^3}{6} + \frac{x^2}{2} \right) e^{2x}$$

로 주어진다. 여기서 c_1, c_2는 임의상수다. ■

매개변수변화법에서 적분이 불가능할 경우는 다른 방법들 (특히 수치해석적 방법)이 사용되어야 한다.

연습문제 3.3

1. 실수 y_0, y_1에 대하여, 초기값 문제

$$(1+x^2)y'' + xy' - y = \tan x \ ; \ y(1) = y_0, \ y'(1) = y_1$$

는 유일한 해를 갖는지 조사하시오.

2. 론스키 행렬식을 이용하여, 주어진 구간에서 다음 함수의 1차독립 여부를 결정하시오.

(1) $\{xe^{2x}, e^{2x}\}$, $(0, 1)$ (2) $\{\sqrt{x}, x^2\}$, $(-\infty, \infty)$

(3) $\{3, \cos^2 x, \sin^2 x\}$, $(-\infty, \infty)$

3. 다음 초기값 문제가 유일한 해를 갖도록 최대구간 (a, b)를 구하시오.

$$xy''' - 3y' + e^x y = x^2 - 1 \ ; \ y(-2) = 1, \ y'(-2) = 0, \ y''(-2) = 2$$

4. 계수감소법을 이용하여, 각 미분방정식에서 주어진 y_1에서 두 번째 해 y_2를 구하시오.

(1) $y'' - 4y' + 4y = 0 \ ; \ y_1 = e^{2x}$ (2) $x^2 y'' - 7xy' + 16y = 0 \ ; \ y_1 = x^4$

5. 2계 제차선형미분방정식 $y'' + P(x)y' + Q(x)y = 0$에 대하여 다음을 증명하시오.

(1) $m^2 + mP + Q = 0$을 만족하는 상수 m이 존재하면, $y = e^{mx}$는 주어진 미분방정식

의 해가 된다.

(2) $m(m-1)+mxP+x^2Q=0$을 만족하는 상수 m이 존재하면, $y=x^m$은 주어진 미분방정식의 해가 된다.

6. 다음 미분방정식의 일반해를 구하시오.

(1) $y'''+2y''-8y'=0$ (2) $y'''-y''-y'+y=0$

7. 미정계수법을 이용하여 다음 미분방정식의 일반해를 구하시오.

(1) $y'''-3y''+2y'=x^2$ (2) $y'''+y''-2y=x(1+e^x)$

(3) $y''+25y=4\sin x$ (4) $y''-y=5+10\cos 2x$

8. 미정계수법을 이용하여, 다음 초기값 문제의 해를 구하시오.

(1) $y''+y=8\cos 2x-4\sin 2x$; $y\left(\frac{\pi}{2}\right)=-1,\ y'\left(\frac{\pi}{2}\right)=0$

(2) $y''-y=\sin x-e^{2x}$; $y(0)=1,\ y'(0)=-1$

9. 다음 미분방정식의 일반해를 매개변수변화법을 이용하여 구하시오.

(1) $y''+y=\tan x+3x-1$ $\left(단,\ -\frac{\pi}{2}<x<\frac{\pi}{2}\right)$

(2) $y'''-3y''+4y=e^{2x}$

(3) $y'''+y'=\sec x\tan x$ $\left(단,\ 0<x<\frac{\pi}{2}\right)$

(4) $y''+2y'+y=4e^{-x}\ln x$

10. $y_1=x$가 르장드르 미분방정식

$$(1-x^2)y''-2xy'+2y=0 \quad (단,\ -1<x<1)$$

의 해일 때, y_1과 1차독립인 두 번째 해는

$$y_2=\frac{x}{2}\ln\left(\frac{1+x}{1-x}\right)-1$$

로 주어짐을 보이시오.

11. 3계 미분방정식 $y'''\{1+(y')^2\}-3y'(y'')^2=0$의 일반해가

$$(x-a)^2+(y-b)^2=c^2 \ \ (\text{단, } a,\ b,\ c\text{는 임의상수})$$

으로 주어짐을 보이시오.

12. 다음 초기값 문제의 해를 구하시오.

(1) $y''+3y'-10y=0$; $y(0)=1,\ y'(0)=3$

(2) $y''+y=0$; $y\left(\frac{\pi}{3}\right),\ y'\left(\frac{\pi}{3}\right)=2$

13. 미분방정식 $(D^2+3D+2)y=\dfrac{1}{1+e^x}$ 의 일반해는

$$y=c_1e^{-x}+c_2e^{-2x}+e^{-x}(1+e^{-x})\ln(1+e^x)$$

로 주어짐을 보이시오. 여기서 $c_1,\ c_2$는 임의상수다.

14. 매개변수변화법을 이용하여, 미분방정식 $y'''-3y''+4y=xe^{2x}$의 일반해가

$$y=c_1e^{-x}+c_2e^{2x}+c_3xe^{2x}+\frac{1}{18}(x^3-x^2)e^{2x}$$

로 주어짐을 보이시오. 여기서 $c_1,\ c_2,\ c_3$는 임의상수다.

15. $x^3y'''+x^2y''-2xy'+2y=0$ (단, $x>0$)의 기본해집합이 $\{x,\ x^{-1},\ x^2\}$일 때, 매개변수변화법을 이용하여

$$x^3y'''+x^2y''-2xy'+2y=x^3\sin x \ \ (\text{단, } x>0)$$

의 일반해를 구하시오.

16. 질량 $m=1$ slug의 물체가 용수철 상수가 $k=13$ lb/ft인 용수철에 매달려 있다. 제동력이 $F_R=4\dfrac{dx}{dt}$고 평형위치에서 초기속도 1 ft/sec로 강제함수 $f(t)=\cos t$에 의하여 외부의 힘이 작용할 때, 물체의 변위함수 $x(t)$는

$$x(t)=e^{-2t}\left(-\frac{3}{40}\cos 3t+\frac{11}{40}\sin 3t\right)+\frac{3}{40}\cos t+\frac{1}{40}\sin t$$

로 주어짐을 보이시오.

3.4 코시 - 오일러 미분방정식

정의 1 코시 - 오일러 미분방정식

$a_1,\ a_2,\ \cdots,\ a_n$이 상수일 때

$$x^n y^{(n)} + a_1 x^{n-1} y^{(n-1)} + \cdots + a_{n-1} x y' + a_n y = g(x) \qquad (*)$$

형태의 변수계수 n계 선형미분방정식을 **코시 - 오일러(Cauchy - Euler) 미분방정식**이라고 한다. n계 미분방정식의 존재정리를 만족하기 위해서는 정의역을 $x > 0$ 또는 $x < 0$로 제한한다.

오일러는 $x = e^t$로 치환함으로써 미분방정식 (*)의 해를 구했다. 코시 - 오일러 미분방정식 (*)는 치환 $x = e^t$에 의해서 상수계수 n계 선형미분방정식

$$\frac{d^n y}{dt^n} + b_1 \frac{d^{n-1} y}{dt^{n-1}} + \cdots + b_{n-1} \frac{dy}{dt} + b_n y = 0$$

으로 변형된다.

예제 1 미분방정식 $x^3 y''' + x y' - y = x \ln x$ (단, $x > 0$)의 일반해를 구하시오.

풀이 치환 $x = e^t$를 사용하여 $t = \ln x$에 관한 도함수 $D = \dfrac{d}{dt}$로 주어진 미분방정식을 변형하면

$$(D-1)^3 y = t e^t$$

를 얻는다. 이때 제차미분방정식의 특성방정식 $(m-1)^3 = 0$은 3중근 1을 가지므로

$$y_h = (c_1 + c_2 t + c_3 t^2) e^t \quad (\text{단, } c_1,\ c_2,\ c_3\text{는 임의상수})$$

다. 한편 특수해를 구하면

$$y_p = \frac{1}{(D-1)^3} t e^t = e^t \frac{1}{D^3} t = \frac{t^4}{24} e^t$$

이므로, 일반해는

$$y=\left(c_1+c_2t+c_3t^2\right)e^t+\frac{t^4}{24}e^t$$

즉

$$y=\left\{c_1+c_2\ln x+c_3(\ln x)^2+\frac{1}{24}(\ln x)^4\right\}x$$

로 주어진다. 여기서 $c_1,\ c_2,\ c_3$는 임의상수다. ■

코시 - 오일러 미분방정식에서 $g(x)=0$인 경우는 해를 $y=x^m$으로 가정하고 도함수 $y',\ y,\ \cdots,\ y^{(n)}$을 대입하면

$$\begin{aligned}&x^n y^{(n)}+a_1x^{n-1}y^{(n-1)}+\cdots+a_{n-1}xy'+a_ny\\&=x^m\{m(m-1)\cdot\cdots\cdot(m-n+1)+a_1m(m-1)\cdot\cdots\cdot(m-n+2)\\&\qquad+\cdots+a_{n-1}m+a_n\}=0\end{aligned}$$

이다. 그러므로 $x\neq 0$으로부터 특성방정식 또는 보조방정식이라 부르는

$$\begin{aligned}&m(m-1)\cdot\cdots\cdot(m-n+1)+a_1m(m-1)\cdot\cdots\cdot(m-n+2)\\&\qquad+\cdots+a_{n-1}m+a_n=0\end{aligned}$$

을 얻고, 이 방정식을 만족하는 m에 대하여 $y=x^m$이 코시 - 오일러 미분방정식의 해가 된다.

예 1 2계 제차 코시 - 오일러 미분방정식

$$ax^2y''+bxy'+cy=0\quad (\text{단, } a\neq 0,\ x>0)$$

에서 특성방정식은 $am^2+(b-a)m+c=0$으로 주어진다. 왜냐하면 해를 $y=x^m$으로 가정하면

$$y'=mx^{m-1},\quad y''=m(m-1)x^{m-2}$$

이므로, $ax^2y''+bxy'+cy=0$에 대입하면

$$ax^2m(m-1)x^{m-2}+bxmx^{m-1}+cx^m=x^m\{am(m-1)+bm+c\}=0$$

이 되기 때문이다. ■

정리 2　2계 제차 코시-오일러 미분방정식 Ⅰ

$$ax^2y''+bxy'+cy=0 \quad (\text{단, } a\neq 0,\ x>0)$$

에서 m_1, m_2가 특성방정식 $am^2+(b-a)m+c=0$의 서로 다른 실근이면, 일반해는

$$y=c_1x^{m_1}+c_2x^{m_2}$$

으로 주어진다. 여기서 c_1과 c_2는 임의상수다.

예제 2 미분방정식 $x^2y''-2xy'-4y=0$ (단, $x>0$)의 일반해를 구하시오.

풀이 특성방정식 $m^2-3m-4=0$의 근이 -1, 4이므로, 일반해는

$$y=c_1x^{-1}+c_2x^4 \quad (\text{단, } c_1,\ c_2\text{는 임의상수})$$

으로 주어진다. ■

정리 3　2계 제차 코시-오일러 미분방정식 Ⅱ

$$ax^2y''+bxy'+cy=0 \quad (\text{단, } a\neq 0,\ x>0)$$

에서 특성방정식 $am^2+(b-a)m+c=0$이 중근 m을 가지면 일반해는

$$y=c_1x^m+c_2x^m\ln x$$

로 주어진다. 여기서 c_1과 c_2는 임의상수다.

특성방정식이 중근을 가질 경우는 단 하나의 해 $y_1=x^m$을 가지므로 1차독립인 또 하나의 해를 구하기 위해 계수감소법을 이용한다. 이때 코시-오일러 미분방정식을

$$y''+\frac{b}{ax}y'+\frac{c}{ax^2}y=0$$

인 형식으로 변형하고, $2m=-\dfrac{b-a}{a}$임에 유의하면

$$y_2 = x^m \int \frac{e^{-\int \left(\frac{b}{ax}\right)dx}}{(x^m)^2}\,dx = x^m \int x^{-\frac{b}{a}} \cdot x^{-2m}\,dx$$

$$= x^m \int x^{-\frac{b}{a}} \cdot x^{\frac{b-a}{a}}\,dx = x^m \int \frac{dx}{x} = x^m \ln x$$

를 얻는다.

예 2 미분방정식 $x^2y'' - 3xy' + 4y = 0$ (단, $x > 0$)의 특성방정식 $m^2 - 4m + 4 = 0$이 중근 $m = 2$를 가지므로, 일반해는

$$y = c_1 x^2 + c_2 x^2 \ln x \text{ (단, } c_1,\ c_2\text{는 임의상수)}$$

로 주어진다. ■

예제 3 미분방정식 $4x^2y'' + 8xy' + y = 0$ (단, $x > 0$)의 일반해를 구하시오.

풀이 특성방정식 $4m^2 + 4m + 1 = 0$이 중근 $m = -\frac{1}{2}$을 가지므로 일반해는

$$y = c_1 x^{-\frac{1}{2}} + c_2 x^{-\frac{1}{2}} \ln x \text{ (단, } c_1,\ c_2\text{는 임의상수)}$$

로 주어진다. ■

정리 4 2계 제차 코시-오일러 미분방정식 Ⅲ

$$ax^2y'' + bxy' + cy = 0 \text{ (단, } a \neq 0,\ x > 0)$$

에서 특성방정식 $am^2 + (b-a)m + c = 0$의 근이 켤레복소수

$$m_1 = \alpha + i\beta,\quad m_2 = \alpha - i\beta \text{ (단, } \beta \neq 0)$$

면, 일반해는

$$y = x^{\alpha}\{c_1 \cos(\beta \ln x) + c_2 \sin(\beta \ln x)\}$$

로 주어진다. 여기서 c_1과 c_2는 임의상수다.

특성방정식 $am^2+(b-a)m+c=0$의 근이 켤레복소수

$$m_1=\alpha+i\beta,\quad m_2=\alpha-i\beta\quad(\text{단, }\beta\neq 0)$$

인 경우 일반해는

$$\begin{aligned}y&=a_1x^{\alpha+\beta i}+a_2x^{\alpha-\beta i}=a_1x^{\alpha}x^{\beta i}+a_2x^{\alpha}x^{-\beta i}\\&=x^{\alpha}[a_1\{\cos(\beta\ln x)+i\sin(\beta\ln x)\}+a_2\{\cos(\beta\ln x)-i\sin(\beta\ln x)\}]\end{aligned}$$

가 된다. 여기서 a_1, a_2는 임의상수다. 이때 오일러 공식

$$x^{\beta i}=\left(e^{\ln x}\right)^{\beta i}=e^{i\beta\ln x}=\cos(\beta\ln x)+i\sin(\beta\ln x)$$

를 사용하였다. 이제 a_1+a_2를 c_1으로 a_1i-a_2i를 c_2로 대신하면 일반해는

$$y=x^{\alpha}\{c_1\cos(\beta\ln x)+c_2\sin(\beta\ln x)\}$$

로 주어진다.

예제 4 미분방정식 $x^2y''+3xy'+3y=0$ (단, $x>0$)의 일반해를 구하시오.

풀이 특성방정식 $m^2+2m+3=0$의 근이 켤레복소수 $-1+\sqrt{2}\,i$, $-1-\sqrt{2}\,i$이므로, 일반해는

$$y=x^{-1}\{c_1\cos(\sqrt{2}\ln x)+c_2\sin(\sqrt{2}\ln x)\}$$

로 주어진다. 여기서 c_1과 c_2는 임의상수다. ■

비제차 코시-오일러 미분방정식의 일반해는 제차 코시-오일러 미분방정식에서 y_h가 결정되면 매개변수변화법을 이용하여 구할 수 있다.

예제 5 비제차 코시-오일러 미분방정식

$$x^2y''-3xy'+3y=2x^4e^x\quad(\text{단, }x>0)$$

의 일반해를 구하시오.

풀이 먼저 $x^2y''-3xy'+3y=0$에서

$$y_h = c_1 x + c_2 x^3 \ \ (\text{단, } c_1,\ c_2\text{는 임의상수})$$

이고, $\{x,\ x^3\}$은 제차미분방정식의 기본해집합을 이룬다.

이제 주어진 비제차미분방정식의 특수해를 구하기 위해 표준형

$$y'' - \frac{3}{x}y' + \frac{3}{x^2}y = 2x^2 e^x$$

로 변형하여 매개변수변화법을 이용한다.

$$u_1'(x) = -\frac{x^3(2x^2 e^x)}{2x^3} = -x^2 e^x, \quad u_2'(x) = \frac{x(2x^2 e^x)}{2x^3} = e^x$$

고, 이것을 적분하면

$$u_1(x) = -x^2 e^x + 2xe^x - 2e^x, \quad u_2(x) = e^x$$

이므로, 비제차미분방정식의 특수해는

$$y_p = u_1(x)y_1(x) + u_2(x)y_2(x) = 2x^2 e^x - 2xe^x$$

다. 따라서 주어진 미분방정식의 일반해는

$$y = c_1 x + c_2 x^3 + 2x^2 e^x - 2xe^x \ \ (\text{단, } c_1,\ c_2\text{는 임의상수})$$

로 주어진다. ■

연습문제 3.4

1. 미분방정식 $(x+2)^2 y'' - (x+2)y' - 3y = 0$의 일반해를 구하시오.

2. 다음 코시-오일러 미분방정식의 일반해를 구하시오.

   (1) $x^2 y'' + xy' + 4y = 0$

   (2) $x^2 y'' + 2xy' - 6y = 2x$

3. 다음 초기값 문제의 해를 구하시오.

(1) $x^2y'' + xy' + y = 0$; $y(1) = 1,\ y'(1) = 2$

(2) $x^2y'' + xy' + 4y = 8$; $y(1) = 1,\ y'(1) = 0$

4. 비제차 코시-오일러 미분방정식

$$x^2y'' - xy' + 5y = x^{-1}\ (\text{단, } x > 0)$$

의 일반해는

$$y = x\{c_1\cos(2\ln x) + c_2\sin(2\ln x)\} + \frac{1}{8x}\ (\text{단, } c_1,\ c_2\text{는 임의상수})$$

로 주어짐을 보이시오.

5. 초기값 문제 $4x^2y'' + 17y = 0$; $y(1) = -1,\ y'(1) = 0$의 해는

$$y = -x^{1/2}\cos(2\ln x)$$

로 주어짐을 보이시오.

04

Differential Equation

라플라스 변환

4.1 수학적 모델
4.2 라플라스 변환
4.3 특수함수와 라플라스 변환

이 장에서는 라플라스 변환에 대하여 서술한다. 라플라스 변환은 많은 공학문제를 해결하는데 실용적으로 이용된다.

4.1 수학적 모델

상미분방정식의 해를 구하기 위한 효과적인 방법 중의 하나는 라플라스 변환을 이용하는 것이다. 또한 라플라스 변환은 구분적 연속함수, 델타함수, 그리고 주기함수를 포함하는 공학문제를 해결하는데 적용된다. 특히 용수철-질량계와 $L-R-C$회로 문제 등에 응용된다.

(1) 용수철-질량계 문제

용수철 끝에 달려 있는 물체의 운동은 m이 질량이고, c가 제동계수(진동계수), k가 용수철 상수, $f(t)$가 외부의 힘일 때, 초기값 문제

$$m\frac{d^2x}{dt^2}+c\frac{dx}{dt}+kx=f(t)\ ;\ x(0)=\alpha,\ \frac{dx}{dt}(0)=\beta$$

로 나타난다. 여기서는 외부의 힘이 불연속일 때를 고려한다.

예 1 질량이 $m=1$ kg인 물체가 용수철 상수가 $k=1$ N/m인 용수철에 매달려 있다. 어떤 저항도 없고 평형위치에서부터 초기속도 없이 놓여졌을 때, 외부의 힘

$$f(t)=\begin{cases}\cos t\,,\ 0\leq t<\dfrac{\pi}{2}\\ 0\qquad\ ,\ t\geq\dfrac{\pi}{2}\end{cases};\ x(0)=0,\ \frac{dx}{dt}(0)=0$$

에 의하여 영향을 받는다면 물체의 변위 $x(t)$는 초기값 문제

$$\frac{d^2x}{dt^2}+x=\begin{cases}\cos t\,,\ 0\leq t<\dfrac{\pi}{2}\\ 0\qquad\ ,\ t\geq\dfrac{\pi}{2}\end{cases};\ x(0)=0,\ \frac{dx}{dt}(0)=0$$

의 해로써 얻어진다. 이때 물체의 변위 $x(t)$는

$$x(t)=\begin{cases}\frac{1}{2}t\sin t & , \quad 0 \leqq t < \frac{\pi}{2} \\ \frac{\pi}{4}\sin t-\frac{1}{2}\cos t, & t \geqq \frac{\pi}{2}\end{cases}$$

로 주어진다. ■

(2) $L-R-C$ 회로 문제

$I(t)$를 $L-R-C$ 전기회로의 전류라 하고, L을 자기유도계수(inductance), R을 저항, Q를 전하(charge), $E(t)$는 공급되는 전압, 그리고 C를 회로의 전기용량(capacitance)을 표시할 때, $L-R-C$회로는 초기값 문제

$$L\frac{d^2Q}{dt^2}+R\frac{dQ}{dt}+\frac{1}{C}Q=E(t)\ ;\ Q(0)=Q_0,\ \frac{dQ}{dt}(0)=I_0$$

로 표현된다. 여기서 $\frac{dQ}{dt}=I$다. 따라서 전류 $I(t)$를 구할 때, $L-R-C$회로는 미적분방정식의 초기값 문제

$$L\frac{dI}{dt}+RI+\frac{1}{C}\int_0^t I(\alpha)\,d\alpha=E(t)\ ;\ I(0)=I_0$$

로 표현될 수 있다. 한편 $L-C$회로는 초기값 문제

$$L\frac{dI}{dt}+RI=E(t)\ ;\ I(0)=I_0$$

로 표현된다.

4.2 라플라스 변환

라플라스 변환을 이용하면 초기조건이 주어진 미분방정식을 대수방정식으로 바꾸어 특수해를 구할 수 있다.

1. 라플라스 변환

(1) 라플라스 변환의 정의

함수 $f(t)$의 이상적분(특이적분, improper integral)

$$\int_a^\infty f(t)\,dt = \lim_{T\to\infty}\int_a^T f(t)\,dt$$

가 존재할 때 이상적분은 수렴한다고 하고, 수렴하지 않을 경우 발산한다고 한다.

정의 1 라플라스 변환(Laplace transform)

$f(t)$가 $t \geqq 0$에서 정의된 함수라 하자. 이때 $f(t)$의 **라플라스 변환은**, 복소변수 s에 대한 이상적분

$$\int_0^\infty e^{-st} f(t)\,dt = \lim_{T\to\infty}\int_0^T e^{-st} f(t)\,dt$$

가 존재할 때, $\mathcal{L}\{f(t)\} = \int_0^\infty e^{-st} f(t)\,dt$로 주어진다. 이 결과는 변수 s에 의존하므로

$$F(s) = \mathcal{L}\{f(t)\}$$

로 나타낸다.

예 1 a가 상수일 때, $f(t) = e^{at}$ (단, $t \geqq 0$)면

$$\mathcal{L}\{e^{at}\} = \int_0^\infty e^{-st}e^{at}\,dt = \int_0^\infty e^{-(s-a)t}\,dt = \lim_{M\to\infty}\left[-\frac{e^{-(s-a)t}}{s-a}\right]_{t=0}^{t=M}$$

이 된다. 이때 $\mathrm{Re}(s)>a$로 가정하면, $\mathrm{Re}(s-a)>0$이므로 $\lim_{t\to\infty} e^{-(s-a)t}=0$을 만족한다. 따라서

$$\mathcal{L}\{e^{at}\}=\frac{1}{s-a} \quad (\text{단, } \mathrm{Re}(s)>a)$$

이 성립한다. ■

참고 $\lim_{t\to\infty} e^{-st}=0$ (단, $\mathrm{Re}(s)>0$)이다. 특히 n이 자연수일 때

$$\lim_{t\to\infty} t^n e^{-st}=0 \quad (\text{단, } \mathrm{Re}(s)>0)$$

이 성립한다. □

예제 1 자연수 n에 대하여 $\mathcal{L}\{t^n\}=\dfrac{n!}{s^{n+1}}$ (단, $\mathrm{Re}(s)>0$)이 성립한다.

증명 $\mathcal{L}\{t^n\}=\int_0^\infty e^{-st}t^n\,dt$이므로 $u=t^n$, $dv=e^{-st}dt$로 놓고 부분적분법을 이용하면 $\mathrm{Re}(s)>0$일 때

$$\mathcal{L}\{t^n\}=\left.\frac{-e^{-st}t^n}{s}\right|_0^\infty+\frac{n}{s}\int_0^\infty e^{-st}t^{n-1}dt=\frac{n}{s}\mathcal{L}\{t^{n-1}\}$$

이다. 왜냐하면 $\mathrm{Re}(s)>0$일 때 $\lim_{t\to\infty}\left(\dfrac{e^{-st}t^n}{s}\right)=0$이고, 로피탈 정리를 n번 적용하면 된다. 따라서

$$\mathcal{L}\{t^n\}=\frac{n}{s}\mathcal{L}\{t^{n-1}\}=\frac{n(n-1)}{s^2}\mathcal{L}\{t^{n-2}\}=\cdots=\frac{n!}{s^n}\mathcal{L}\{t^0\}$$

이므로

$$\mathcal{L}\{t^n\}=\frac{n!}{s^n}\mathcal{L}\{1\}=\frac{n!}{s^{n+1}} \quad (\text{단, } \mathrm{Re}(s)>0)$$

이 된다. ■

참고 감마함수 Γ를 이용하면 t^r (단, $r>-1$인 실수)의 라플라스 변환은

$$\mathcal{L}\{t^r\} = \frac{\Gamma(r+1)}{s^{r+1}} = \frac{r!}{s^{r+1}}$$

로 주어진다 (4.3절 참조). □

정리 2 라플라스 변환의 선형성

$t \geqq 0$에서 정의된 두 함수 $f(t)$와 $g(t)$의 라플라스 변환이 존재하면, a와 b가 임의상수일 때

$$\mathcal{L}\{af(t)+bg(t)\} = a\mathcal{L}\{f(t)\} + b\mathcal{L}\{g(t)\}$$

가 성립한다.

오일러 공식 $e^{\pm i\theta} = \cos\theta \pm i\sin\theta$로부터

$$\mathcal{L}\{\sin wt\} = \mathcal{L}\left\{\frac{1}{2i}(e^{iwt} - e^{-iwt})\right\} = \frac{1}{2i}[\mathcal{L}\{e^{iwt}\} - \mathcal{L}\{e^{-iwt}\}]$$

로 주어진다. 그런데

$$\mathcal{L}\{e^{iwt}\} = \frac{1}{s-iw}, \quad \mathcal{L}\{e^{-iwt}\} = \frac{1}{s+iw} \quad (\text{단, } \mathrm{Re}(s) > 0)$$

이므로

$$\mathcal{L}\{\sin wt\} = \frac{w}{s^2+w^2} \quad (\text{단, } \mathrm{Re}(s) > 0)$$

이고, 또한

$$\mathcal{L}\{\cos wt\} = \mathcal{L}\left\{\frac{1}{2}(e^{iwt} + e^{-iwt})\right\} = \frac{1}{2}[\mathcal{L}\{e^{iwt}\} + \mathcal{L}\{e^{-iwt}\}]$$

이므로

$$\mathcal{L}\{\cos wt\} = \frac{s}{s^2+w^2} \quad (\text{단, } \mathrm{Re}(s) > 0)$$

가 성립한다. 이 결과는 라플라스 변환의 정의를 사용하여 직접 유도할 수도 있다.

예제 2 $\mathcal{L}\{\cos^2 t\}$를 구하시오.

풀이

$$\mathcal{L}\{\cos^2 t\} = \mathcal{L}\left\{\frac{1}{2} + \frac{\cos 2t}{2}\right\} = \mathcal{L}\left\{\frac{1}{2}\right\} + \mathcal{L}\left\{\frac{1}{2}\cos 2t\right\}$$
$$= \frac{1}{2s} + \frac{s}{2(s^2+4)}$$

로 주어진다. ■

라플라스 변환의 정의에서 사용된 이상적분이 항상 수렴하는 것은 아니므로, 모든 함수의 라플라스 변환이 존재하는 것은 아니다. 예를 들면 $\mathcal{L}\{1/t\}$은 존재하지 않는다.

참고 주어진 함수 $f(t)$에서 $\mathrm{Re}(s) > a$를 만족하는 모든 복소변수 s에 대하여, $F(s) = \mathcal{L}\{f(t)\}$가 존재하는 실수 a의 하한 α를 $F(s)$의 **수렴좌표**라 한다. 수렴좌표 α에 대하여, 복소평면 위에서 부등식 $\mathrm{Re}(s) > \alpha$를 만족하는 반평면을 $F(s)$의 **수렴영역**이라 한다. 즉 복소변수 s의 함수 $F(s) = \mathcal{L}\{f(t)\}$는 그 수렴영역 내의 s에 대해서만 의미를 갖는다. □

이제부터는 라플라스 변환을 서술할 때 복소변수 대신 실변수 s에 대한 라플라스 변환의 존재성에 의미를 부여할 것이고, s는 적절한 라플라스 변환의 수렴성을 보장하도록 제한되어 있는 것으로 이해한다.

예 2 $\mathcal{L}\{\sinh at\} = \dfrac{a}{s^2 - a^2}$가 된다. 왜냐하면

$$\sinh at = \frac{e^{at} - e^{-at}}{2} = \frac{1}{2}e^{at} - \frac{1}{2}e^{-at}$$

로부터

$$\mathcal{L}\{\sinh at\} = \mathcal{L}\left\{\frac{1}{2}e^{at}\right\} - \mathcal{L}\left\{\frac{1}{2}e^{-at}\right\} = \frac{1}{2}\left(\frac{1}{s-a} - \frac{1}{s+a}\right)$$
$$= \frac{1}{2}\left(\frac{2a}{s^2 - a^2}\right) = \frac{a}{s^2 - a^2}$$

를 얻는다. 마찬가지로

$$\mathcal{L}\{\cosh at\} = \frac{s}{s^2 - a^2}$$

가 성립한다. ■

정의 3 지수계수

적당한 상수 a, $C>0$, 그리고 $T>0$가 존재하여

$$\text{모든 } t>T \text{ 에 대하여, } |f(t)| \leq Ce^{at}$$

를 만족할 때 $f(t)$를 **지수위 함수**라 하고, 지수위 함수 $f(t)$는 **지수계수**(exponential order) 또는 **지수위수** a를 갖는다고 한다.

예 3 함수 $f(t)=e^{at}\sin bt$는 구간 $t>0$에서

$$|e^{at}\sin bt| \leq e^{at}$$

이므로 지수계수 a를 가진다. ■

참고 $f(t)$가 지수위 함수라는 것은, $t\to\infty$일 때 $|f(t)|$의 증가율이 어떤 지수함수 e^{at}의 증가율을 넘지 않는다는 것이다. □

예 4 함수 $f(t)$가 지수계수 a를 가지면, $s>a$에 대하여 다음이 성립한다.

(1) $\lim_{t\to\infty} e^{-st}f(t)=0$ (2) $\lim_{t\to\infty} e^{-st}\int_0^t f(\tau)\,d\tau=0$ ■

닫힌구간 $[a,\ b]$에서 정의된 함수 $f(t)$에 대하여, 임의의 점 $c\in(a,\ b)$에서 $\lim_{t\to c^+} f(t)$와 $\lim_{t\to c^-} f(t)$가 존재하지만

$$\lim_{t\to c^+} f(t) \neq \lim_{t\to c^-} f(t)$$

일 때, $f(t)$는 $t=c$에서 **도약불연속**이라 한다. 한편 $t=a$에서 $\lim_{t\to a^+} f(t)$가 존재하지만 $\lim_{t\to a^+} f(t)\neq f(a)$일 때 $f(t)$는 $t=a$에서 도약불연속이라 하고, $t=b$에서 $\lim_{t\to b^-} f(t)$가 존재하지만 $\lim_{t\to b^-} f(t)\neq f(b)$일 때 $f(t)$는 $t=b$에서 도약불연속이라 한다.

정의 4 구분적 연속(piecewise continuous)

함수 $f(t)$가 닫힌구간 $[a, b]$에서 도약불연속을 갖는 유한개의 점을 제외한 모든 점에서 연속일 때, $f(t)$는 구간 $[a, b]$에서 **구분적 연속**(구간별 연속) 또는 **조각마다 연속**이라 한다. 또한 모든 $f(t)$가 모든 $N>0$에 대하여 닫힌구간 $[0, N]$에서 구분적 연속일 때, $f(t)$는 구간 $[0, \infty)$에서 구분적 연속이라고 한다.

함수 $f(t)$의 라플라스 변환 $F(s)=\mathcal{L}\{f(t)\}$는 모든 s에 대하여 존재하는 것이 아니다. 이제 어떠한 형태의 함수에 대하여 라플라스 변환이 존재하는지를 알아보자.

정리 5 존재정리(existence theorem)

함수 $f(t)$가 구간 $[0, \infty)$에서 구분적 연속이고 지수계수 a를 가지면, $s>a$에 대하여 $f(t)$의 라플라스 변환

$$F(s)=\mathcal{L}\{f(t)\}$$

가 존재한다.

예제 3 다음 함수 $f(t)$에 대하여, $\mathcal{L}\{f(t)\}$를 구하시오.

$$f(t)=\begin{cases}0, & 0 \leqq t \leqq 3 \\ 2, & t>3\end{cases}$$

풀이 함수 $f(t)$는 $[0, \infty)$에서 구분적 연속이고 지수계수를 가지므로, $F(s)=\mathcal{L}\{f(t)\}$가 존재하고

$$\mathcal{L}\{f(t)\}=\int_0^\infty e^{-st}f(t)\,dt=\int_0^3 e^{-st}\cdot 0\,dt+\int_3^\infty e^{-st}\cdot 2\,dt$$

$$=\left[-\frac{2e^{-st}}{s}\right]_3^\infty=\frac{2e^{-3s}}{s} \quad (\text{단, } s>0)$$

가 된다. ■

정리 5의 조건은 라플라스 변환의 존재성에 대한 충분조건일 뿐이다. 왜냐하면 함수 $f(t)=t^{-1/2}$은 구간 $[0, \infty)$에서 구분적 연속은 아니지만, 라플라스 변환이 존재하기 때문이다.

이제부터 라플라스 변환이 존재하도록 제한, 즉 구분적 연속이고 지수계수를 갖는 함수만을 다루기로 한다.

(2) 라플라스 변환의 성질

함수의 라플라스 변환을 구할 때는 정의에 의해 구하는 것보다 라플라스 변환의 성질을 이용해서 구하는 것이 훨씬 편리하다. 이제 라플라스 변환의 정의를 이용하지 않고 더욱 다양한 라플라스 변환을 손쉽게 구하는 방법에 대하여 서술한다.

정리 6 라플라스 변환의 제1 이동성질

$s > a$에 대하여, $F(s) = \mathcal{L}\{f(t)\}$가 존재하면

$$\mathcal{L}\{e^{at} f(t)\} = F(s-a)$$

가 성립한다.

증명 $\mathcal{L}\{e^{at} f(t)\} = \int_0^\infty e^{-st} e^{at} f(t)\, dt = \int_0^\infty e^{-(s-a)t} f(t)\, dt = F(s-a)$ ■

예제 4 다음이 성립함을 보이시오.

(1) $\mathcal{L}\{t^4 e^{3t}\} = \dfrac{4!}{(s-3)^5}$ (2) $\mathcal{L}\{e^{3t} \cos t\} = \dfrac{s+2}{s^2 - 6s + 25}$

증명 (1) $f(t) = t^4$일 때 $F(s) = \mathcal{L}\{t^4\} = \dfrac{4!}{s^5}$이므로

$$\mathcal{L}\{t^4 e^{3t}\} = \frac{4!}{(s-3)^5}$$

(2) $f(t) = \cos t$일 때 $F(s) = \mathcal{L}\{\cos t\} = \dfrac{s}{s^2+1}$이므로

$$\mathcal{L}\{e^{3t} \cos t\} = \frac{s-3}{(s-3)^2 + 1} = \frac{s-3}{s^2 - 6s + 10}$$

이 성립한다. ■

초기값 문제를 라플라스 변환을 이용하여 해결하기 위해 함수의 도함수에 대한 라플라스 변환을 구하는 것이 매우 중요하다.

정리 7 1계 도함수의 라플라스 변환

함수 $f(t)$가 $t \geqq 0$에서 연속이고 지수계수 a를 가지며 $f'(t)$가 모든 T에 대해 닫힌구간 $[0, T]$에서 구분적 연속일 때, $s > a$에 대하여

$$\mathcal{L}\{f'(t)\} = sF(s) - f(0)$$

이 성립한다. 여기서 $f(t)$가 $t=0$에서 도약불연속이면, $f(0)$은 $\lim_{t \to 0^+} f(t) = f(0+)$를 의미한다.

증명 $t > T$에 대하여 지수계수 a를 가지므로, $s > a$에 대하여

$$\lim_{t \to \infty} e^{-st} f(t) = 0$$

을 만족한다. 따라서

$$\begin{aligned}\mathcal{L}\{f'(t)\} &= \int_0^\infty e^{-st} f'(t)\,dt = \lim_{M \to \infty} \left[e^{-st} f(t)\right]_{t=0}^{t=M} + s\int_0^\infty e^{-st} f(t)\,dt \\ &= -f(0) + sF(s)\end{aligned}$$

가 성립한다. ■

예 5 $f(t) = \cos wt$에 대하여 $f(0) = 1$, $f'(t) = -w \sin wt$이므로

$$-w\,\mathcal{L}\{\sin wt\} = s\,\mathcal{L}\{\cos wt\} - 1$$

로 주어진다.

다음에 $g(t) = \sin wt$에 대하여 $g(0) = 0$, $g'(t) = w \cos wt$이므로

$$w\,\mathcal{L}\{\cos wt\} = s\,\mathcal{L}\{\sin wt\}$$

로 주어진다. 따라서

$$\mathcal{L}\{\sin wt\} = \frac{w}{s^2 + w^2}, \quad \mathcal{L}\{\cos wt\} = \frac{s}{s^2 + w^2}$$

가 성립한다. ■

정리 8 고계 도함수의 라플라스 변환

$f(t)$, $f'(t)$, $\cdots$, $f^{(n-1)}(t)$가 $t \geq 0$에서 연속이고 지수계수 a를 가지며 $f^{(n)}(t)$가 모든 T에 대해 닫힌구간 $[0,\ T]$에서 구분적 연속이면, $s > a$에 대하여

$$\mathcal{L}\{f^{(n)}(t)\} = s^n F(s) - s^{n-1} f(0) - s^{n-2} f'(0) - \cdots - s f^{(n-2)}(0) - f^{(n-1)}(0)$$

이 성립한다.

증명 $\lim_{t \to \infty} e^{-st} f^{(n-1)}(t) = 0$이므로

$$\begin{aligned}\mathcal{L}\{f^{(n)}(t)\} &= \int_0^\infty e^{-st} f^{(n)}(t)\,dt \\ &= \left[e^{-st} f^{(n-1)}(t)\right]_{t=0}^{t=\infty} + s\int_0^\infty e^{-st} f^{(n-1)}(t)\,dt \\ &= -f^{(n-1)}(0) + s\,\mathcal{L}\{f^{(n-1)}(t)\}\end{aligned}$$

가 성립한다. 이 관계를 차례로 이용하면 정리가 얻어진다. ■

예 6 $f(t) = t\sin t$일 때

$$\mathcal{L}\{f'(t)\} = sF(s) - f(0) = s\left\{\frac{2s}{(s^2+1)^2}\right\} - 0 = \frac{2s^2}{(s^2+1)^2}$$

이고

$$\begin{aligned}\mathcal{L}\{f''(t)\} &= s^2 F(s) - sf(0) - f'(0) \\ &= s^2\left\{\frac{2s}{(s^2+1)^2}\right\} - s(0) - 0 \\ &= \frac{2s^3}{(s^2+1)^2}\end{aligned}$$

이 성립한다. ■

예 7 $f(t)=\dfrac{t^2}{2}$일 때, $f(0)=f'(0)=0$, $\mathcal{L}\{f''(t)\}=\mathcal{L}\{1\}=\dfrac{1}{s}$이므로

$$\frac{1}{s}=s^2\mathcal{L}\left\{\frac{t^2}{2}\right\},\ 즉\ \mathcal{L}\{t^2\}=\frac{2}{s^3}$$

가 성립한다. ■

도함수의 라플라스 변환공식은 상수계수 선형미분방정식의 초기값 문제를 구할 때 이용된다. 특히

$$f(0)=f'(0)=\cdots=f^{(n-1)}(0)=0$$

일 때 $\mathcal{L}\{f^{(n)}(t)\}=s^nF(s)$이므로, 상수계수 n계 선형미분방정식을 n차 대수방정식으로 변환시키게 된다. 이것이 라플라스 변환의 가장 중요한 장점이다.

미분을 이용하여 라플라스 변환을 구할 수 있다.

정리 9 변환의 도함수

$s>a$에 대하여, $F(s)=\mathcal{L}\{f(t)\}$가 존재하면

$$\mathcal{L}\{t^nf(t)\}=(-1)^n\frac{d^nF}{ds^n}\quad (단,\ n=1,\ 2,\ \cdots)$$

가 성립한다.

증명

$$-\frac{d}{ds}F(s)=-\frac{d}{ds}\int_0^\infty e^{-st}f(t)\,dt=-\int_0^\infty\frac{\partial}{\partial s}e^{-st}f(t)\,dt$$
$$=\int_0^\infty e^{-st}tf(t)\,dt=\mathcal{L}\{tf(t)\}$$

이므로, $\mathcal{L}\{tf(t)\}=-\dfrac{d}{ds}F(s)$가 성립한다. 또한

$$\frac{d^2}{ds^2}F(s)=\int_0^\infty\frac{\partial}{\partial s}[e^{-st}\{-tf(t)\}]\,dt=(-1)^2\int_0^\infty e^{-st}\{t^2f(t)\}\,dt$$
$$=(-1)^2\mathcal{L}\{t^2f(t)\}$$

고, 같은 방법으로

$$\mathcal{L}\{t^n f(t)\} = (-1)^n \frac{d^n F}{ds^n}$$

임을 보일 수 있다. ■

예 8 $\mathcal{L}\{t \sin wt\} = -\frac{d}{ds}(\mathcal{L}\{\sin wt\}) = -\frac{d}{ds}\left(\frac{w}{s^2+w^2}\right) = \frac{2ws}{(s^2+w^2)^2}$ 이고,

$\mathcal{L}\{e^{-3t}\} = \frac{1}{s+3}$ 이므로

$$\mathcal{L}\{t^2 e^{-3t}\} = (-1)^2 \frac{d^2}{ds^2}\left[\frac{1}{s+3}\right] = \frac{d}{ds}\left[-\frac{1}{(s+3)^2}\right] = \frac{2}{(s+3)^3}$$

가 성립한다. ■

예제 5 임의의 자연수 n에 대하여

$$\mathcal{L}\{t^n\} = \frac{n!}{s^{n+1}} \quad (\text{단, } s > 0)$$

이 성립한다.

증명 $\mathcal{L}\{t^n\} = \mathcal{L}\{t^n \cdot 1\}$로 생각하면, $f(t) = 1$이고

$$F(s) = \mathcal{L}\{1\} = \frac{1}{s}$$

이다. 그런데 $\frac{d^n F}{ds^n} = (-1)^n \frac{n!}{s^{n+1}}$ 이므로

$$\mathcal{L}\{t^n\} = \mathcal{L}\{t^n \cdot 1\} = (-1)^n (-1)^n \frac{n!}{s^{n+1}}$$

$$= (-1)^{2n} \frac{n!}{s^{n+1}} = \frac{n!}{s^{n+1}}$$

이 성립한다. ■

정리 10 적분의 라플라스 변환

$s > a$에 대하여, $F(s) = \mathcal{L}\{f(t)\}$가 존재하면

$$\mathcal{L}\left\{\int_0^t f(t)\,dt\right\} = \frac{1}{s}F(s)$$

가 성립한다.

증명

$$\mathcal{L}\left\{\int_0^t f(t)\,dt\right\} = \int_0^\infty e^{-st}\left\{\int_0^t f(t)\,dt\right\}dt$$

$$= \left[-\frac{1}{s}e^{-st}\int_0^t f(t)\,dt\right]_{t=0}^{t=\infty} + \frac{1}{s}\int_0^\infty e^{-st}f(t)\,dt$$

$$= \frac{1}{s}\mathcal{L}\{f(t)\} = \frac{1}{s}F(s)$$

■

예 9 $\mathcal{L}\{\sin wt\} = \dfrac{w}{s^2+w^2}$와 $\mathcal{L}\left\{\displaystyle\int_0^t \sin wt\,dt\right\} = \dfrac{1}{s}\mathcal{L}\{\sin wt\}$로부터

$$\mathcal{L}\left\{\frac{1}{w} - \frac{1}{w}\cos wt\right\} = \frac{w}{s(s^2+w^2)}$$

즉

$$\mathcal{L}\{1-\cos wt\} = \frac{w^2}{s(s^2+w^2)}$$

이다. 따라서

$$\mathcal{L}\{\cos wt\} = \mathcal{L}\{1\} - \frac{w^2}{s(s^2+w^2)} = \frac{1}{s} - \frac{w^2}{s(s^2+w^2)}$$

$$= \frac{s}{s^2+w^2}$$

가 성립한다. ■

정리 11

$s > a$에 대하여, $F(s) = \mathcal{L}\{f(t)\}$가 존재하면

$$\mathcal{L}\left\{\frac{f(t)}{t}\right\} = \int_s^\infty F(s)\,ds$$

가 성립한다.

증명 $\lim_{t\to\infty} e^{-st} f(t) = 0$이므로

$$\begin{aligned}\int_s^\infty F(s)\,ds &= \int_s^\infty \int_0^\infty e^{-st} f(t)\,dt\,ds \\ &= \int_0^\infty \int_s^\infty e^{-st} f(t)\,ds\,dt \\ &= \int_0^\infty \lim_{M\to\infty}\left[-\frac{1}{t}e^{-st}f(t)\right]_{s=s}^{s=M} dt \\ &= \int_0^\infty e^{-st}\frac{1}{t}f(t)\,dt = \mathcal{L}\left\{\frac{1}{t}f(t)\right\}\end{aligned}$$

가 성립한다. ■

예 10 $\mathcal{L}\{t\sin wt\} = \dfrac{2ws}{(s^2+w^2)^2}$이므로

$$\begin{aligned}\mathcal{L}\{\sin wt\} &= \mathcal{L}\left\{\frac{t\sin wt}{t}\right\} = \int_s^\infty \frac{2ws}{(s^2+w^2)^2}\,ds \\ &= \lim_{M\to\infty}\left[-\frac{w}{s^2+w^2}\right]_{s=s}^{s=M} = \frac{w}{s^2+w^2}\end{aligned}$$

가 성립하다. ■

정리 12　주기함수에 대한 라플라스 변환

주기 T를 가진 주기함수 $f(t)$에 대하여, $s>a$일 때

$$F(s) = \mathcal{L}\{f(t)\}$$

가 존재하면, $s>a$에 대하여

$$\mathcal{L}\{f(t)\} = \frac{1}{1-e^{-sT}}\int_0^T e^{-st} f(t)\,dt$$

가 성립한다.

증명
$$\mathcal{L}\{f(t)\}=\int_0^\infty e^{-st}f(t)\,dt=\int_0^T e^{-st}f(t)\,dt+\int_T^\infty e^{-st}f(t)\,dt$$

고, 두 번째 적분에서 $u=t-T$라 하면 $du=dt$이므로

$$\begin{aligned}\int_T^\infty e^{-st}f(t)\,dt&=\int_0^\infty e^{-s(u+T)}f(u+T)\,du\\&=e^{-sT}\int_0^\infty e^{-su}f(u)\,du\\&=e^{-sT}\mathcal{L}\{f(t)\}\end{aligned}$$

로 주어진다. 그러므로

$$\begin{aligned}\mathcal{L}\{f(t)\}&=\int_0^T e^{-st}f(t)\,dt+\int_T^\infty e^{-st}f(t)\,dt\\&=\int_0^T e^{-st}f(t)\,dt+e^{-sT}\mathcal{L}\{f(t)\}\end{aligned}$$

를 얻는다. 따라서

$$\mathcal{L}\{f(t)\}=\frac{1}{1-e^{-sT}}\int_0^T e^{-st}f(t)\,dt$$

가 성립한다. ■

예제 6 다음 그림으로 주어진 함수 $f(t)$에 대한 라플라스 변환을 구하시오.

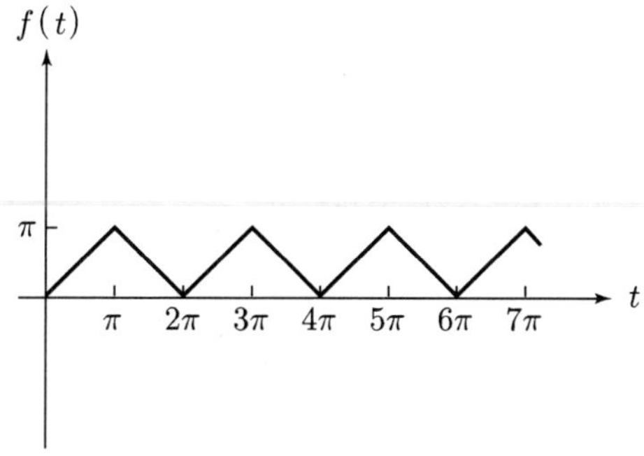

[그림 4.1]

풀이 함수 $f(t)$의 주기가 $T=2\pi$고, 구간 $0 \leqq t < 2\pi$에서

$$f(t)=\begin{cases} t & , \ 0 \leqq t < \pi \\ 2\pi - t, & \pi \leqq t < 2\pi \end{cases}$$

이므로

$$\mathcal{L}\{f(t)\}=\frac{\int_0^{2\pi} e^{-st} f(t)\,dt}{1-e^{-2\pi s}}$$

고

$$\int_0^{2\pi} e^{-st} f(t)\,dt = \int_0^{\pi} e^{-st}\, t\,dt + \int_{\pi}^{2\pi} e^{-st}(2\pi - t)\,dt$$

$$= \frac{1}{s^2}\left(e^{-2\pi s} - 2e^{-\pi s} + 1\right) = \frac{1}{s^2}\left(e^{-\pi s} - 1\right)^2$$

이 성립한다. 따라서

$$\mathcal{L}\{f(t)\}=\frac{(1/s^2)\left(e^{-\pi s}-1\right)^2}{1-e^{-2\pi s}} = \frac{(1/s^2)\left(e^{-\pi s}-1\right)^2}{\left(1-e^{-\pi s}\right)\left(1+e^{-\pi s}\right)}$$

$$= \frac{1}{s^2}\left(\frac{1-e^{-\pi s}}{1+e^{-\pi s}}\right) = \frac{1}{s^2}\tanh\frac{\pi s}{2}$$

가 된다. ■

라플라스 변환을 이용하면 주기함수가 포함된 초기값 문제를 다른 방법보다 쉽게 구할 수 있다.

정리 13

$s > a$에 대하여 $F(s)=\mathcal{L}\{f(t)\}$가 존재하면, $\frac{s}{k} > a$에 대하여

$$\mathcal{L}\{f(kt)\} = \frac{1}{k} F\left(\frac{s}{k}\right)$$

가 성립한다.

증명 $\mathcal{L}\{f(kt)\} = \int_0^\infty e^{-st} f(kt)\, dt$에 변수변환 $u = kt$를 행하면

$$\mathcal{L}\{f(kt)\} = \frac{1}{k}\int_0^\infty e^{-\frac{s}{k}u} f(u)\, du = \frac{1}{k} F\left(\frac{s}{k}\right)$$

가 성립한다. ■

2. 라플라스 역변환

(1) 라플라스 역변환의 정의

$t \geqq 0$에서 정의된 함수 $f(t)$의 라플라스 변환은 매개변수 s의 함수인 $F(s)$를 결정하였고, 이것을 기호로 $F(s) = \mathcal{L}\{f(t)\}$로 나타내었다. 이제 역으로 실변수 함수 $F(s)$가 주어졌을 때, $\mathcal{L}\{f(t)\} = F(s)$가 되도록 t의 함수 $f(t)$를 구하는 방법을 생각하자. 그런데 $F(s)$가 모두 역변환을 갖는 것은 아니며, $f(t)$가 존재하여도 일반적으로 유일하지 않다.

정리 14

주어진 $F(s)$에 대하여

$$\mathcal{L}\{f(t)\} = F(s)$$

를 만족하는 함수 $f(t)$가 연속인 도함수 $f'(t)$를 가지면, $f(t)$는 유일하다.

주어진 $F(s)$에 대하여 $\mathcal{L}\{f(t)\} = F(s)$를 만족하는 함수 $f(t)$가 유일하게 존재하면 기호 $\mathcal{L}^{-1}$을 사용하여

$$f(t) = \mathcal{L}^{-1}\{F(s)\}$$

로 표시한다. 이때 $\mathcal{L}^{-1}$을 라플라스 변환 $\mathcal{L}$의 **라플라스 역변환**(inverse Laplace transform) 또는 **역 라플라스 변환**이라 한다.

역변환의 계산은 주로 라플라스 변환공식을 역이용하거나, 부분분수분해, 또는 합성곱을 이용한다.

정리 15　기본함수의 역변환

(1) $\mathcal{L}^{-1}\left\{\dfrac{a}{s}\right\}=a$　　(2) $\mathcal{L}^{-1}\left\{\dfrac{n!}{s^{n+1}}\right\}=t^n$ (단, $n\in N$)

(3) $\mathcal{L}^{-1}\left\{\dfrac{1}{s-a}\right\}=e^{at}$　　(4) $\mathcal{L}^{-1}\left\{\dfrac{a}{s^2+a^2}\right\}=\sin at$

(5) $\mathcal{L}^{-1}\left\{\dfrac{s}{s^2+a^2}\right\}=\cos at$　　(6) $\mathcal{L}^{-1}\left\{\dfrac{a}{s^2-a^2}\right\}=\sinh at$

(7) $\mathcal{L}^{-1}\left\{\dfrac{s}{s^2-a^2}\right\}=\cosh at$

예 11

$$\mathcal{L}^{-1}\left\{\frac{1}{s}\right\}=1,\ \mathcal{L}^{-1}\left\{\frac{1}{s^2+9}\right\}=\frac{\sin 3t}{3},\ \mathcal{L}^{-1}\left\{\frac{s}{s^2+9}\right\}=\cos 3t$$

가 성립한다. ■

같은 라플라스 변환을 갖는 두 개의 다른 구분적으로 연속인 함수는 오직 고립점에서만 다를 수 있다. 그런데 이런 차이점은 실제 응용에서는 무시할 수 있으므로 라플라스 변환은 오직 하나의 역변환을 가진다고 말할 수 있다.

참고 [제1 이동성질의 역형식] $s>a$에 대하여, $F(s)=\mathcal{L}\{f(t)\}$가 존재하면

$$\mathcal{L}\{e^{at}f(t)\}=F(s-a)$$

가 성립하였다. 따라서 $f(t)=\mathcal{L}^{-1}\{F(s)\}$일 때

$$\mathcal{L}^{-1}\{F(s-a)\}=e^{at}f(t)$$

가 성립한다. 예를 들면 $\mathcal{L}^{-1}\left\{\dfrac{1}{(s-1)^2}\right\}=te^t$가 된다. □

예 12 $\mathcal{L}^{-1}\left\{\dfrac{1}{s^n}\right\}=\dfrac{1}{(n-1)!}t^{n-1}$이고, $\mathcal{L}\{e^{at}f(t)\}=F(s-a)$이므로

$$\mathcal{L}^{-1}\left\{\frac{1}{(s+a)^n}\right\}=\frac{1}{(n-1)!}t^{n-1}e^{-at}\quad (단,\ n=1,\ 2,\ \cdots)$$

가 성립한다. ■

예 13 $\mathcal{L}^{-1}\left\{\dfrac{s+5}{s^2+4s+8}\right\}$를 구해보자.

$$\frac{s+5}{s^2+4s+8}=\frac{(s+2)+3}{(s+2)^2+4}=\frac{s+2}{(s+2)^2+4}+\frac{3}{(s+2)^2+4}$$

이므로

$$\mathcal{L}^{-1}\left\{\frac{s+5}{s^2+4s+8}\right\}=\mathcal{L}^{-1}\left\{\frac{s+2}{(s+2)^2+4}\right\}+\mathcal{L}^{-1}\left\{\frac{3}{(s+2)^2+4}\right\}$$
$$=e^{-2t}\cos 2t+\frac{3}{2}e^{-2t}\sin 2t$$

가 된다. ■

(2) 라플라스 역변환의 성질

정리 16 라플라스 역변환의 선형성

$\mathcal{L}^{-1}\{F(s)\}$와 $\mathcal{L}^{-1}\{G(s)\}$가 존재하고 구간 $[0, \infty)$에서 연속일 때, 상수 a, b에 대하여

$$\mathcal{L}^{-1}\{aF(s)+bG(s)\}=a\mathcal{L}^{-1}\{F(s)\}+b\mathcal{L}^{-1}\{G(s)\}$$

가 성립한다.

① 부분분수분해

라플라스 역변환을 구할 때 부분분수(partial fractions)를 사용하는 것이 매우 유용하다. 기본적으로 서로 다른 1차인수를 갖는 경우, 반복되는 1차인수를 갖는 경우, 실수 1차인수가 없는 2차 다항식을 갖는 경우가 가장 많이 쓰이고 있다.

각각 m차, n차인 다항식 $P(s)$, $Q(s)$에 대하여 $F(s)=\dfrac{P(s)}{Q(s)}$일 때, $n>m$이면 다음과 같이 부분분수분해를 이용할 수 있다.

(i) 1차인수인 경우

1) 서로 다른 1차인수를 갖는 경우

$Q(s)$가 서로 다른 1차인수의 곱

$$Q(s)=(s-a_1)(s-a_2)\cdot\cdots\cdot(s-a_n)$$

으로 나타나면, $F(s)$는 $A_1, \cdots, A_n$이 상수일 때

$$F(s)=\frac{A_1}{s-a_1}+\frac{A_2}{s-a_2}+\cdots+\frac{A_n}{s-a_n}$$

으로 주어진다.

예 14 $\mathcal{L}^{-1}\left\{\frac{2s+5}{s^2+3}\right\}$를 구해보자.

$$\frac{2s+5}{s^2+3}=\frac{2s}{s^2+3}+\frac{5}{s^2+3}$$

이므로

$$\mathcal{L}^{-1}\left\{\frac{2s+5}{s^2+3}\right\}=\mathcal{L}^{-1}\left\{\frac{2s}{s^2+3}\right\}+\mathcal{L}^{-1}\left\{\frac{5}{s^2+3}\right\}$$

$$=2\cos\sqrt{3}\,t+\frac{5}{\sqrt{3}}\sin\sqrt{3}\,t$$

가 된다. ■

예 15 $\mathcal{L}^{-1}\left\{\frac{1}{s(s-1)(s+3)}\right\}$을 구해보자.

$$\frac{1}{s(s-1)(s+3)}=-\frac{1}{3}\frac{1}{s}+\frac{1}{4}\frac{1}{s-1}+\frac{1}{12}\frac{1}{s+3}$$

이므로

$$\mathcal{L}^{-1}\left\{\frac{1}{s(s-1)(s+3)}\right\}$$

$$=-\frac{1}{3}\mathcal{L}^{-1}\left\{\frac{1}{s}\right\}+\frac{1}{4}\mathcal{L}^{-1}\left\{\frac{1}{s-1}\right\}+\frac{1}{12}\mathcal{L}^{-1}\left\{\frac{1}{s+3}\right\}$$

$$=-\frac{1}{3}+\frac{1}{4}e^{t}+\frac{1}{12}e^{-3t}$$

가 된다. ■

예제 7 $\mathcal{L}^{-1}\left\{\frac{1}{s(s-1)(s^2+3)}\right\}$을 구하시오.

풀이 $$\frac{1}{s(s-1)(s^2+3)} = -\frac{1}{3}\frac{1}{s} + \frac{1}{4}\frac{1}{s-1} + \frac{1}{12}\frac{s}{s^2+3} - \frac{1}{4}\frac{1}{s^2+3}$$

이므로

$$\begin{aligned}\mathcal{L}^{-1}\left\{\frac{1}{s(s-1)(s^2+3)}\right\} &= -\frac{1}{3}\mathcal{L}^{-1}\left\{\frac{1}{s}\right\} + \frac{1}{4}\mathcal{L}^{-1}\left\{\frac{1}{s-1}\right\} \\ &\quad + \frac{1}{12}\mathcal{L}^{-1}\left\{\frac{s}{s^2+3}\right\} - \frac{1}{4}\mathcal{L}^{-1}\left\{\frac{1}{s^2+3}\right\} \\ &= -\frac{1}{3} + \frac{e^t}{4} + \frac{1}{12}\cos\sqrt{3}\,t - \frac{1}{4\sqrt{3}}\sin\sqrt{3}\,t\end{aligned}$$

가 된다. ■

2) 반복되는 1차인수를 갖는 경우

$(s-a)$가 중복도 k인 $Q(s)$의 인수면, $F(s)$의 부분분수분해는

$$\frac{A_1}{s-a} + \frac{A_2}{(s-a)^2} + \cdots + \frac{A_k}{(s-a)^k} \quad (\text{단, } A_i\text{는 상수})$$

로 주어진다.

예제 8 $\mathcal{L}^{-1}\left\{\dfrac{5s^2+20s+6}{s^3+2s^2+s}\right\}$을 구하시오.

풀이 주어진 $\dfrac{5s^2+20s+6}{s^3+2s^2+s}$을 부분분수로 분해하면

$$\frac{5s^2+20s+6}{s^3+2s^2+s} = \frac{6}{s} - \frac{1}{s+1} + \frac{9}{(s+1)^2}$$

이므로

$$\begin{aligned}\mathcal{L}^{-1}\left\{\frac{5s^2+20s+6}{s^3+2s^2+s}\right\} &= \mathcal{L}^{-1}\left\{\frac{6}{s} - \frac{1}{s+1} + \frac{9}{(s+1)^2}\right\} \\ &= 6\mathcal{L}^{-1}\left\{\frac{1}{s}\right\} - \mathcal{L}^{-1}\left\{\frac{1}{s+1}\right\} + 9\mathcal{L}^{-1}\left\{\frac{1}{(s+1)^2}\right\} \\ &= 6 - e^{-t} + 9te^{-t}\end{aligned}$$

로 주어진다. ■

(ii) 실수 1차인수가 없는 2차 다항식을 갖는 경우

중복도 k인 $Q(s)$의 기약인 2차인수 $(s-a)^2+b^2$에 상응하는 $F(s)$의 부분분수분해는

$$\frac{A_1 s+B_1}{(s-a)^2+b^2}+\frac{A_2 s+B_2}{\{(s-a)^2+b^2\}^2}+\cdots+\frac{A_k s+B_k}{\{(s-a)^2+b^2\}^k}$$

로 주어진다. 여기서 A_i, B_i는 상수다.

예제 9 $\mathcal{L}^{-1}\left\{\dfrac{s+2}{(s-1)^2 s^3}\right\}$를 구하시오.

풀이 주어진 $\dfrac{s+2}{(s-1)^2 s^3}$를 부분분수로 분해하면

$$\frac{s+2}{(s-1)^2 s^3}=\frac{3}{(s-1)^2}-\frac{8}{s-1}+\frac{2}{s^3}+\frac{5}{s^2}+\frac{8}{s}$$

이다. 그런데

$$\mathcal{L}^{-1}\left\{\frac{1}{(s-1)^2}\right\}=te^t,\quad \mathcal{L}^{-1}\left\{\frac{1}{s-1}\right\}=e^t,$$

$$\mathcal{L}^{-1}\left\{\frac{1}{s^3}\right\}=\frac{1}{2}t^2,\quad \mathcal{L}^{-1}\left\{\frac{1}{s^2}\right\}=t,\quad \mathcal{L}^{-1}\left\{\frac{1}{s}\right\}=1$$

이므로

$$\begin{aligned}\mathcal{L}^{-1}\left\{\frac{s+2}{(s-1)^2 s^3}\right\}&=3\mathcal{L}^{-1}\left\{\frac{1}{(s-1)^2}\right\}-8\mathcal{L}^{-1}\left\{\frac{1}{s-1}\right\}\\&\quad+2\mathcal{L}^{-1}\left\{\frac{1}{s^3}\right\}+5\mathcal{L}^{-1}\left\{\frac{1}{s^2}\right\}+8\mathcal{L}^{-1}\left\{\frac{1}{s}\right\}\\&=(3t-8)e^t+(t^2+5t+8)\end{aligned}$$

로 주어진다. ■

② 적분의 라플라스 변환

$s>a$에 대하여, 함수 $f(t)$의 라플라스 변환 $F(s)=\mathcal{L}\{f(t)\}$가 존재할 때

$$\mathcal{L}\left\{\int_0^t f(t)\,dt\right\}=\frac{1}{s}F(s)$$

가 성립하였다. 따라서 $\mathcal{L}^{-1}\left\{\frac{F(s)}{s}\right\} = \int_0^t f(t)\,dt$가 된다.

예제 10 $\mathcal{L}^{-1}\left\{\frac{1}{s(s+2)}\right\}$을 구하시오.

풀이 $\frac{1}{s(s+2)} = \frac{\frac{1}{s+2}}{s}$이므로

$$F(s) = \mathcal{L}\{f(t)\} = \frac{1}{s+2}, \quad f(t) = \mathcal{L}^{-1}\left\{\frac{1}{s+2}\right\} = e^{-2t}$$

다. 그런데 $\mathcal{L}^{-1}\left\{\frac{F(s)}{s}\right\} = \int_0^t f(t)\,dt$이므로

$$\mathcal{L}^{-1}\left\{\frac{1}{s(s+2)}\right\} = \int_0^t e^t\,dt = \frac{1}{2} - \frac{1}{2}e^{-2t}$$

로 주어진다. $\frac{1}{s(s+2)}$에 대한 부분분수를 사용하여도 같은 결과를 얻는다. ■

다음 정리는 $F(s)$의 라플라스 역변환이 존재하지 않음을 보일 때 유용하게 이용할 수 있다.

정리 17

$s > a$에 대하여, $F(s) = \mathcal{L}\{f(t)\}$가 존재하면

$$\lim_{s\to\infty} F(s) = \lim_{s\to\infty} \mathcal{L}\{f(t)\} = 0$$

이 성립한다.

예 16 $\lim_{s\to\infty} \frac{s}{s-6} = 1\ (\neq 0)$이므로, $F(s) = \frac{s}{s-6}$의 라플라스 역변환은 존재하지 않는다. ■

3. 합성곱의 정리

두 함수의 곱의 라플라스 역변환은 각 함수의 라플라스 역변환의 곱과 같지 않다. 따라서 두 함수의 곱에 대한 라플라스 역변환을 구하기 위해서 각각의 역변환을 곱해서는 안 된다. 이 경우 역변환을 구하기 위한 새로운 방법이 도입된다.

예 17 $F(s)=\dfrac{1}{s},\ G(s)=\dfrac{1}{s^2}$일 때

$$\mathcal{L}^{-1}\{F(s)G(s)\}\neq\mathcal{L}^{-1}\{F(s)\}\mathcal{L}^{-1}\{G(s)\}$$

가 된다. 왜냐하면

$$\mathcal{L}^{-1}\{F(s)G(s)\}=\frac{t^2}{2},\quad \mathcal{L}^{-1}\{F(s)\}=1,\quad \mathcal{L}^{-1}\{G(s)\}=t$$

로 주어지기 때문이다. ■

정의 18 합성곱

$t\geq 0$에서 정의된 구분적 연속인 두 함수 $f(t)$, $g(t)$에 대하여

$$(f*g)(t)=\int_0^t f(t-v)g(v)\,dv$$

로 정의된 새로운 함수 $f*g$를 f와 g의 **합성곱**(convolution or faltung)이라 한다.

예 18 $f(t)=\sin t,\ g(t)=e^t$일 때, 합성곱 $f*g$를 구해보자.

$$\begin{aligned}\sin t*e^t&=\int_0^t \sin(t-v)e^v\,dv\\&=\frac{1}{2}(-\sin t-\cos t+e^t)\end{aligned}$$

가 된다. ■

예제 11 두 함수 $f(t)$와 $g(t)$의 합성곱 $f*g$에 대하여, 교환법칙

$$f*g=g*f$$

가 성립한다.

증명 적분변수의 치환 $t-v=\tau$에 의해

$$\begin{aligned}(f*g)(t) &= \int_0^t f(t-v)g(v)\,dv \\ &= -\int_t^0 f(\tau)g(t-\tau)\,d\tau = \int_0^t g(t-\tau)f(\tau)\,d\tau \\ &= (g*f)(t)\end{aligned}$$

가 된다. 따라서 $f*g=g*f$가 성립한다. ■

정리 19 라플라스 변환의 합성곱 정리

$t \geqq 0$에서 정의된 두 함수 $f(t)$와 $g(t)$가 구분적 연속이고, 모두 지수계수 a를 가질 때

$$F(s)=\mathcal{L}\{f(t)\},\quad G(s)=\mathcal{L}\{g(t)\}$$

면

$$F(s)G(s)=\mathcal{L}\{f(t)\}\mathcal{L}\{g(t)\}=\mathcal{L}\{(f*g)(t)\}$$

가 성립한다.

증명

$$\begin{aligned}F(s)G(s) &= \int_0^\infty e^{-su}f(u)\,du\int_0^\infty e^{-sv}g(v)\,dv \\ &= \int_0^\infty\int_0^\infty e^{-s(u+v)}f(u)g(v)\,du\,dv\end{aligned}$$

이므로, $u=t-v$로 변수를 치환하면

$$\begin{aligned}\mathcal{L}\{f(t)\}\mathcal{L}\{g(t)\} &= \int_0^\infty\int_0^t e^{-st}f(t-v)g(v)\,dv\,dt \\ &= \int_0^\infty e^{-st}\left\{\int_0^t f(t-v)g(v)\,dv\right\}dt \\ &= \mathcal{L}\{(g*f)(t)\}\end{aligned}$$

가 성립한다. ■

예 19 $f(t) = \cos t,\ g(t) = \sin t$라 할 때

$$h(t) = \int_0^t \cos(t-v)\sin v\,dv = (f * g)(t)$$

이므로, 합성곱 정리에 의하여

$$\mathcal{L}\{h(t)\} = \mathcal{L}\{f(t)\}\mathcal{L}\{g(t)\} = \mathcal{L}\{\cos t\}\mathcal{L}\{\sin t\}$$
$$= \left(\frac{s}{s^2+1}\right)\left(\frac{1}{s^2+1}\right) = \frac{s}{(s^2+1)^2}$$

로 주어진다. ■

정리 19에 의해 다음 역변환의 성질이 성립한다. 다음 성질은 라플라스 역변환을 구할 때 부분분수분해를 사용하지 않고 구할 수 있다는 장점을 가지고 있다.

따름정리

$t \geq 0$에서 정의된 두 함수 $f(t)$와 $g(t)$가 구분적 연속이고, 모두 지수계수 a를 가질 때

$$F(s) = \mathcal{L}\{f(t)\},\quad G(s) = \mathcal{L}\{g(t)\}$$

면

$$\mathcal{L}^{-1}\{F(s)G(s)\} = (f * g)(t)$$

가 성립한다.

예 20 $F(s) = \mathcal{L}\{f(t)\}$고 $g(t) = 1$이면

$$\mathcal{L}\{g(t)\} = G(s) = \frac{1}{s}$$

이므로, 합성곱 정리에 의하여

$$\mathcal{L}\left\{\int_0^t f(t)\,dt\right\} = \frac{1}{s}F(s)$$

가 성립한다. 따라서

$$\mathcal{L}^{-1}\left\{\frac{1}{s(s^2+1)}\right\} = \int_0^t \sin\gamma\, d\gamma = 1-\cos t$$

$$\mathcal{L}^{-1}\left\{\frac{1}{s^2(s^2+1)}\right\} = \int_0^t (1-\cos\gamma)\, d\gamma = t-\sin t$$

를 얻는다. ■

예제 12 합성곱 정리를 이용하여, 다음을 구하시오.

(1) $\mathcal{L}^{-1}\left\{\frac{1}{(s^2+1)(s-1)}\right\}$ (2) $\mathcal{L}^{-1}\left\{\frac{1}{(s-a)s^2}\right\}$

풀이 (1)
$$\begin{aligned}\mathcal{L}^{-1}\left\{\frac{1}{(s^2+1)(s-1)}\right\} &= \mathcal{L}^{-1}\left\{\frac{1}{s^2+1}\right\} * \mathcal{L}^{-1}\left\{\frac{1}{s-1}\right\} \\ &= \sin t * e^t \\ &= \frac{1}{2}(-\sin t - \cos t + e^t)\end{aligned}$$

(2)
$$\begin{aligned}\mathcal{L}^{-1}\left\{\frac{1}{(s-a)s^2}\right\} &= e^{at} * t \\ &= \int_0^t e^{av}(t-v)\, dv = \frac{e^{at}-at-1}{a^2}\end{aligned}$$

이다. ■

4. 라플라스 변환의 응용

(1) 특이적분

함수 $f(t)$의 라플라스 변환 $F(s)=\int_0^\infty e^{-st} f(t)\, dt$에 $s=a$를 대입하면

$$\int_0^\infty e^{-at} f(t)\, dt = F(a)$$

가 되고, 특히 $s=0$을 대입하면 $\int_0^\infty f(t)\, dt = F(0)$이 된다. 그런데

$$\mathcal{L}\left\{\frac{f(t)}{t}\right\} = \int_s^\infty F(u)\, du$$

로부터

$$\int_0^\infty e^{-st}\left\{\frac{f(t)}{t}\right\}dt=\int_s^\infty F(u)\,du$$

가 되고, $s=0$을 대입하면 $\int_0^\infty \left\{\frac{f(t)}{t}\right\}dt=\int_0^\infty F(s)\,ds$를 얻는다.

예 21 $\int_0^\infty \left\{\frac{\sin t}{t}\right\}dt=\int_0^\infty \mathcal{L}\{\sin t\}\,ds=\int_0^\infty \frac{1}{s^2+1}ds$

$$=\tan^{-1}s\Big|_0^\infty=\frac{\pi}{2}$$ ■

예제 13 특이적분 $\int_0^\infty te^{-2t}\cos t\,dt$를 구하시오.

풀이

$$\int_0^\infty te^{-2t}\cos t\,dt=\mathcal{L}\{t\cos t\}|_{s=2}$$

$$=-\frac{d}{ds}\mathcal{L}\{\cos t\}|_{s=2}=-\frac{d}{ds}\frac{s}{s^2+1}\Big|_{s=2}$$

$$=\frac{s^2-1}{(s^2+1)^2}\Big|_{s=2}=\frac{3}{25}$$

으로 주어진다. ■

(2) 라플라스 변환을 이용한 초기값 문제와 경계값 문제의 해

라플라스 변환은 상수계수 선형미분방정식의 초기값 문제나 경계값 문제, 상수계수 연립선형미분방정식의 해를 구하는 데 유용하게 쓰인다. 특히 상수계수 선형미분방정식 $f(D)y=g(x)$에서 $g(x)$가 단위계단함수이거나 델타함수 또는 주기함수일 경우라도 해를 구할 수 있다. 그러나 비선형미분방정식의 해를 구할 때는 라플라스 변환을 이용할 수 없음에 유의하여야 한다.

① 초기값 문제의 해

함수 $f(t)$가 점 $t=0$을 포함하는 열린구간 $(a,\ b)$에서 연속일 때, 상수계수 n계 선형미분방정식의 초기값 문제

$$y^{(n)}+a_1y^{(n-1)}+\cdots+a_ny=f(t);$$
$$y(0)=y_0,\ y'(0)=y_1,\ \cdots,\ y^{(n-1)}(0)=y_{n-1}$$

의 해를 구하는 데 라플라스 변환을 이용할 수 있다. 이러한 해법을 **연산자법**이라 한다. 선형 미분방정식의 초기값 문제의 해를 구할 때 다음과 같이 한다.

step (1) 주어진 미분방정식의 각 항에 라플라스 변환을 취한다.
step (2) 라플라스 변환식에서 $Y(s)$를 구한다.
step (3) $Y(s)$의 라플라스 역변환의 유일성을 이용하여 $y(t)$를 구한다. $y(t)$가 주어진 미분방정식의 특수해다.

이 방법은 고계 도함수의 라플라스 변환

$$\mathcal{L}\{f^{(n)}(t)\} = s^n F(s) - s^{n-1} f(0) - s^{n-2} f'(0) - \cdots - s f^{(n-2)}(0) - f^{(n-1)}(0)$$

을 이용하여 주어진 미분방정식을 $\mathcal{L}\{f(t)\}$에 대해서 풀 수 있는 간단한 대수방정식 (algebraic equation)으로 변환할 수 있는 이점이 있다.

참고 라플라스 변환에 의한 풀이는 비제차선형미분방정식의 해를 구하는 데 매우 유용하다. □

예 22 라플라스 변환을 이용하여, 초기값 문제

$$y'' - 6y' + 9y = t^2 e^{3t} \ ; \ y(0) = 2,\ y'(0) = 6$$

의 해를 구해보자. 주어진 미분방정식의 양변에 라플라스 변환을 취하면

$$\mathcal{L}\{y''\} - 6\mathcal{L}\{y'\} + 9\mathcal{L}\{y\} = \mathcal{L}\{t^2 e^{3t}\}$$

가 된다. 그런데 $y(0) = 2,\ y'(0) = 6$이므로

$$s^2 Y(s) - 2s - 6 - 6s\,Y(s) + 12 + 9\,Y(s) = \frac{2}{(s-3)^3}$$

즉

$$(s-3)^2\, Y(s) = 2(s-3) + \frac{2}{(s-3)^3}$$

를 얻는다. 따라서

$$Y(s) = \frac{2}{s-3} + \frac{2}{(s-3)^5}$$

이므로, 구하는 해는

$$y(t) = \mathcal{L}^{-1}\{Y(s)\} = 2e^{3t} + \frac{1}{12}t^4 e^{3t}$$

로 주어진다. ■

예제 14 라플라스 변환을 이용하여, 초기값 문제

$$y'' - 5y' + 4y = e^{2t} \;;\; y(0) = 1,\; y'(0) = 0$$

의 해를 구하시오.

풀이 $y(0) = 1$, $y'(0) = 0$이므로, 주어진 미분방정식의 양변에 라플라스 변환을 취하여 정리하면

$$(s^2 Y - s) - 5(sY - 1) + 4Y = \frac{1}{s-2}$$

즉

$$(s^2 - 5s + 4)Y = s - 5 + \frac{1}{s-2} = \frac{s^2 - 7s + 11}{s-2}$$

이 된다. 따라서 Y에 대하여 풀면

$$Y(s) = \frac{s^2 - 7s + 11}{(s-2)(s^2 - 5s + 4)} = -\frac{1}{2}\frac{1}{s-2} + \frac{5}{3}\frac{1}{s-1} - \frac{1}{6}\frac{1}{s-4}$$

이므로, 구하는 해는

$$y(t) = \mathcal{L}^{-1}\{Y(s)\} = -\frac{e^{2t}}{2} + \frac{5e^t}{3} - \frac{e^{4t}}{6}$$

로 주어진다. ■

예제 15 라플라스 변환을 이용하여, 초기값 문제

$$y'' + 2y' + 5y = e^{-t}\sin t \;;\; y(0) = 0,\; y'(0) = 1$$

의 해를 구하시오.

풀이 주어진 미분방정식의 양변에 라플라스 변환을 취하면

$$\mathcal{L}\{y''\}+2\mathcal{L}\{y'\}+5\mathcal{L}\{y\}=\mathcal{L}\{e^{-t}\sin t\}$$

가 된다. $y(0)=0,\ y'(0)=1$ 이므로

$$(s^2+2s+5)Y(s)=\frac{1}{s^2+2s+2}+1$$

을 얻는다. 이 방정식을 부분분수분해를 이용하여 Y에 대하여 풀면

$$Y(s)=\frac{1/3}{s^2+2s+2}+\frac{2/3}{s^2+2s+5}$$

이므로, 라플라스 역변환을 구하면 초기값 문제의 해는

$$\begin{aligned}y(t)&=\frac{1}{3}\mathcal{L}^{-1}\left\{\frac{1}{(s+1)^2+1}\right\}+\frac{1}{3}\mathcal{L}^{-1}\left\{\frac{2}{(s+1)^2+4}\right\}\\&=\frac{1}{3}e^{-t}\sin t+\frac{1}{3}e^{-t}\sin 2t=\frac{1}{3}e^{-t}(\sin t+\sin 2t)\end{aligned}$$

로 주어진다. ■

계수가 상수가 아닌 미분방정식의 어떤 초기값 문제는 라플라스 변환을 이용하여 해를 구할 수 있다.

예 23 라플라스 변환을 이용하여, 초기값 문제

$$ty''-ty'-y=0\ ;\ y(0)=0,\ y'(0)=3$$

의 해를 구해보자. 도함수의 라플라스 변환에 의해

$$\mathcal{L}\{ty''\}=-\frac{d}{ds}\mathcal{L}\{y''\}=-s^2Y'(s)-2sY(s)$$

고

$$\mathcal{L}\{ty'\}=-\frac{d}{ds}\mathcal{L}\{y'\}=-Y(s)-sY'(s)$$

이므로, 주어진 미분방정식은

$$(s^2 - s)Y'(s) + 2sY(s) = 0, \text{ 즉 } Y'(s) + \frac{2}{s-1}Y(s) = 0$$

으로 변형된다. 변수분리하면

$$\frac{dY}{Y} + \frac{2}{s-1}ds = 0$$

이므로

$$\ln y + 2\ln(s-1) = \ln c, \text{ 즉 } Y(s) = \frac{c}{(s-1)^2}$$

를 얻는다. 여기서 c는 임의상수다. 이 식의 역변환을 구하면

$$y(t) = cte^t$$

고, $y'(0) = 3$이므로 $c = 3$이 된다. 따라서 초기값 문제의 해는

$$y(t) = 3te^t$$

로 주어진다. ■

예제 16 라플라스 변환을 이용하여, 초기값 문제

$$y'' - ty' + y = 1 \ ; \ y(0) = 1, \ y'(0) = 2$$

의 해를 구하시오.

풀이 도함수의 라플라스 변환에 의해

$$\mathcal{L}\{ty'\} = -\frac{d}{ds}\mathcal{L}\{y'\} = -Y(s) - sY'(s)$$

이므로, 주어진 미분방정식은

$$s^2Y(s) - s - 2 + Y(s) + sY'(s) + Y(s) = \frac{1}{s}$$

즉

$$Y'(s) + \frac{s^2+2}{s}Y(s) = 1 + \frac{2}{s} + \frac{1}{s^2}$$

로 변형된다. 이를 풀면

$$Y(s) = \frac{1}{s} + \frac{2}{s^2} + c\frac{e^{-\frac{s^2}{2}}}{s^2}$$

을 얻는다. 여기서 c는 임의상수다. 양변에 라플라스 역변환을 취하면

$$y(t) = 1 + 2t + c\mathcal{L}^{-1}\left\{\frac{e^{-\frac{s^2}{2}}}{s^2}\right\}$$

이고, $y(0) = 1$이므로 $c = 0$이 된다. 따라서 구하는 해는

$$y(t) = 1 + 2t$$

로 주어진다. ■

② 경계값 문제의 해

라플라스 변환은 계수가 상수인 선형미분방정식의 경계값 문제를 구할 때도 사용할 수 있다.

예 24 라플라스 변환을 이용하여, 경계값 문제

$$y''' - 2y'' + 5y' = 0 \;;\; y(0) = 0,\; y'(0) = 1,\; y\left(\frac{\pi}{8}\right) = 1$$

의 해를 구해보자. 이 문제의 해는

$$y''(0) = c \text{ (단, } c\text{는 임의상수)}$$

로 놓고 라플라스 변환을 이용하여 초기값 문제의 유일해를 구한 다음, 주어진 경계조건 $y\left(\frac{\pi}{8}\right) = 1$을 이용하여 c를 결정함으로써 구해진다. 주어진 미분방정식의 양변에 라플라스 변환을 취하면

$$\{s^3 Y(s) - s - c\} - 2\{s^2 Y(s) - 1\} + 5s\,Y(s) = 0$$

즉

$$s(s^2 - 2s + 5)\,Y(s) = s + c - 2$$

를 얻는다. 이 방정식을 부분분수분해를 사용하여 Y에 대하여 풀면

$$Y(s)=\frac{s+c-2}{s(s^2-2s+5)}=\frac{1}{s}\left\{\frac{s-1}{(s-1)^2+4}+\frac{c-1}{(s-1)^2+4}\right\}$$

이므로, 라플라스 역변환을 구하면

$$y(t)=\frac{c-1}{5}+e^t\left(\frac{c+3}{10}\sin 2t-\frac{c-2}{5}\cos 2t\right)$$

가 된다. 그런데 $y\left(\frac{\pi}{8}\right)=1$이므로 $c=7$이 되고, 따라서 구하는 해는

$$y(t)=1+e^t(\sin 2t-\cos 2t)$$

로 주어진다. ■

예제 17 라플라스 변환을 이용하여, 경계값 문제

$$y''+9y=\cos 2t\ ;\ y(0)=1,\ y\left(\frac{\pi}{2}\right)=-1$$

의 해를 구하시오.

풀이 $y'(0)=c$ (단, c는 임의상수)로 놓고, 주어진 미분방정식의 양변에 라플라스 변환을 취하면

$$s^2Y(s)-s-c+9Y(s)=\frac{s}{s^2+4}$$

즉

$$(s^2+9)Y(s)=\frac{s}{s^2+4}+s+c$$

를 얻는다. 이 방정식을 부분분수분해를 사용하여 Y에 대하여 풀면

$$Y(s)=\frac{s+c}{s^2+9}+\frac{s}{(s^2+4)(s^2+9)}=\frac{4/5\,s}{s^2+9}+\frac{c}{s^2+9}+\frac{1/5\,s}{s^2+4}$$

이므로, 라플라스 역변환을 구하면

$$y(t)=\frac{4}{5}\cos 3t+\frac{c}{3}\sin 3t+\frac{1}{5}\cos 2t$$

가 된다. 그런데 $y\left(\frac{\pi}{2}\right) = -1$이므로 $c = \frac{12}{5}$가 되고, 따라서 구하는 해는

$$y(t) = \frac{4}{5}\cos 3t + \frac{4}{5}\sin 3t + \frac{1}{5}\cos 2t$$

로 주어진다. ■

(3) 적분방정식

적분방정식(integral equation)이란 미지함수에 대한 적분을 포함하고 있는 방정식이다. 라플라스 변환(합성곱 정리)은 적분방정식의 해를 구하는 데 이용할 수 있을 뿐만 아니라, 미지함수에 대한 적분과 미분이 함께 포함된 **미적분방정식**(integrodifferential equation)의 해를 구하는 데도 유용하다.

예 25 $f(t) = e^{-t} + 2\int_0^t e^{-3u} f(t-u)\,du$를 만족하는 함수 $f(t)$를 구해보자. 양변에 라플라스 변환을 취하면

$$F(s) = \frac{1}{s+1} + 2\mathcal{L}\{e^{-3t} * f(t)\} = \frac{1}{s+1} + \frac{2}{s+3}F(s)$$

이므로

$$F(s) = \frac{s+3}{(s+1)^2} = \frac{1}{s+1} + \frac{2}{(s+1)^2}$$

를 얻는다. 양변에 라플라스 역변환을 취하면

$$\begin{aligned} f(t) &= \mathcal{L}^{-1}\left\{\frac{1}{s+1}\right\} - 2\mathcal{L}^{-1}\left\{\frac{d}{ds}\frac{1}{s+1}\right\} \\ &= e^{-t} - 2(-t)\mathcal{L}^{-1}\left\{\frac{1}{s+1}\right\} \\ &= e^{-t} + 2te^{-t} = e^{-t}(1+2t) \end{aligned}$$

가 된다. ■

예제 18 초기값 문제 $\frac{dy}{dt} + y + \int_0^t y(u)\,du = 1$; $y(0) = 0$의 해를 구하시오.

풀이

$$\mathcal{L}\left\{\int_0^t y(u)\,du\right\} = \mathcal{L}\{(1*y)(t)\} = \mathcal{L}\{1\}\,\mathcal{L}\{y\} = \frac{Y(s)}{s}$$

이므로, 주어진 미분방정식의 양변에 라플라스 변환을 취하고 $y(0)=0$을 대입하면

$$s^2 Y(s) + s\,Y(s) + Y(s) = 1$$

이다. 이 방정식을 Y에 대하여 풀면

$$Y(s) = \frac{1}{s^2+s+1} = \frac{1}{\left(s+\frac{1}{2}\right)^2 + \left(\frac{\sqrt{3}}{2}\right)^2}$$

이므로, 구하는 해는

$$y(t) = \mathcal{L}^{-1}\{Y(s)\} = \frac{2}{\sqrt{3}}\, e^{-\frac{t}{2}} \sin\frac{\sqrt{3}}{2}t$$

로 주어진다. ■

연습문제 4.2

1. $s>0$일 때, 다음을 증명하시오.

   (1) $\lim\limits_{t\to\infty} e^{-st} = 0$

   (2) $\lim\limits_{t\to\infty} t^n e^{-st} = 0$ (단, n은 자연수)

2. 다음 함수의 라플라스 변환을 구하시오.

   (1) $f(t) = \begin{cases} 0, & 0 \leqq t < 1 \\ 1, & t \geqq 1 \end{cases}$

   (2) $f(t) = \begin{cases} -1, & 0 \leqq t < 4 \\ 1, & t \geqq 4 \end{cases}$

3. 다음 함수의 라플라스 변환을 구하시오. (단, $t \geqq 0$)

   (1) $\left(\frac{1}{4} + \frac{t}{2}\right)e^{-t} - \frac{1}{4}e^{-3t}$

   (2) $5e^{-3t} - 3\sin 4t$

(3) $\frac{1}{7}+3\sinh 5t-\cosh 2t$

(4) $e^{-2t}\cos t+3te^{3t}$

4. 다음이 성립함을 보이시오.

(1) $\mathcal{L}\left\{\frac{\sin at}{t}\right\}=\cot^{-1}\frac{s}{a}$

(2) $\mathcal{L}\{te^{at}\cos bt\}=\frac{(s-a)^2-b^2}{\{(s-a)^2+b^2\}^2}$

5. 주기함수 $f(t)=t$ (단, $0\leqq t<1$), $f(t+1)=f(t)$ (단, $t\geqq 1$)의 라플라스 변환을 구하시오.

6. 다음 물음에 답하시오.

(1) 매클로린 급수 $\sin t=\sum_{n=0}^{\infty}\frac{(-1)^n\, t^{2n+1}}{(2n+1)!}$을 이용하여

$$\mathcal{L}\{\sin t\}=\frac{1}{s^2+1}$$

이 성립함을 보이시오.

(2) 라플라스 변환과 역변환을 이용하여

$$\int_0^{\infty}\frac{\sin tx}{x}\,dx=\frac{\pi}{2}\quad (\text{단, } t>0)$$

가 성립함을 보이시오.

7. 감마함수 $\Gamma(x)=\int_0^{\infty}t^{x-1}e^{-t}\,dt$ (단, $a>0$)에 의하여

$$\mathcal{L}\{t^{\alpha}\}=\frac{\Gamma(\alpha+1)}{s^{\alpha+1}}\quad (\text{단, } a>-1)$$

이 성립함을 보이고, 이것을 이용하여 $\mathcal{L}\left\{t^{\frac{1}{2}}\right\}=\frac{\sqrt{\pi}}{2s^{3/2}}$임을 보이시오.

8. 다음 함수의 라플라스 역변환을 구하시오.

(1) $\frac{3}{s}+\frac{4}{s+9}$

(2) $\frac{5s-9}{s^2+25}$

(3) $\dfrac{1}{s^2(s^2+4)}$

(4) $\dfrac{s+5}{s^2+2s+5}$

9. 다음 함수의 라플라스 역변환의 존재 여부를 확인하시오.

(1) $F(s)=\dfrac{3s}{s+1}$

(2) $F(s)=\dfrac{s}{s^2+16}$

(3) $F(s)=\dfrac{1}{s(s^2-3s+2)}$

10. 다음을 증명하시오.

(1) $\mathcal{L}^{-1}\left\{\dfrac{1}{s(s+a)^2}\right\}=\dfrac{1}{a^2}\{1-(1+at)e^{-at}\}$

(2) $\mathcal{L}^{-1}\left\{\dfrac{1}{s^2(s^2+\omega^2)}\right\}=\dfrac{1}{\omega^3}(\omega t-\sin\omega t)$

11. 다음에 주어진 초기값 문제의 해를 라플라스 변환을 이용하여 구하시오.

(1) $y''-y'=e^t\cos t$; $y(0)=0,\ y'(0)=0$

(2) $y''+y=\sin t$; $y(0)=0,\ y'(0)=\dfrac{1}{2}$

(3) $y''+4ty'-8y=4$; $y(0)=0,\ y'(0)=0$

(4) $y'''+y''-6y'=\sin t$; $y(0)=0,\ y'(0)=0,\ y''(0)=0$

12. 다음에 주어진 함수의 합성곱 $f*g$를 구하시오.

(1) $f(t)=1,\ g(t)=t^2$

(2) $f(t)=t,\ g(t)=e^t$

13. 합성곱 정리를 이용하여, 적분 $\displaystyle\int_0^t e^{(t-v)}\sin v\,dv$의 라플라스 변환을 구하시오.

14. 합성곱 정리를 이용하여, 다음 적분방정식의 해를 구하시오.

(1) $f(t)=t+\displaystyle\int_0^t f(v)\sin(t-v)\,dv$

(2) $h(t)=\cos t+\displaystyle\int_0^t h(t-v)e^{-2v}\,dv$

15. 라플라스 변환을 이용하여, 다음 특이적분을 구하시오.

(1) $\int_0^\infty t^3 e^{-t} \sin t \, dt$ (2) $\int_0^\infty t^2 e^{-3t} \, dt$

(3) $\int_0^\infty \frac{\sin t^2}{t^2} \, dt$

16. 초기값 문제

$$y' - 4y + 4\int_0^t y(v)\,dv = t^3 e^{2t} \ ; \ y(0) = 0$$

의 해가 $y(t) = \left(\frac{1}{10}t^5 + \frac{1}{4}t^4\right)e^{2t}$임을 보이시오.

17. 라플라스 변환을 이용하여, 초기값 문제

$$y'' + y = \sin t \ ; \ y(0) = 0, \ y'(0) = \frac{1}{2}$$

의 해는 $y(t) = \sin t - \frac{1}{2} t \cos t$로 주어짐을 보이시오.

18. $f(t) = \cos t, \ g(t) = \sin t$에 대하여

$$h(t) = \int_0^t \cos(t - v) \sin v \, dv = (f * g)(t)$$

의 라플라스 변환은 $\mathcal{L}\{h(t)\} = \frac{s}{(s^2+1)^2}$로 주어짐을 보이시오.

19. 합성곱 정리를 이용하여, 다음이 성립함을 보이시오.

(1) $\mathcal{L}^{-1}\left\{\frac{1}{s^2(s^2+1)}\right\} = t - \sin t$

(2) $\mathcal{L}^{-1}\left\{\frac{1}{s^2(s+1)}\right\} = t^2 + t - 1$

(3) $\mathcal{L}^{-1}\left\{\frac{1}{s^2+5s+6}\right\} = e^{-2t} - e^{-3t}$

(4) $\mathcal{L}^{-1}\left\{\frac{1}{(s+4)(s-1)}\right\} = \frac{1}{5}e^{t} - \frac{1}{5}e^{-4t}$

20. 합성곱 정리를 이용하여, $f(t)=t+\int_0^t f(v)\sin(t-v)\,dv$의 해가

$$f(t)=t+\frac{1}{6}t^3$$

으로 주어짐을 보이시오.

21. 용수철 상수가 6 lb/ft인 용수철에 1파운드 물체가 달려 있을 때 제동력이 $5\frac{dx}{dt}$이면, 초기조건 $x(0)=1,\ x'(0)=0$에서 물체의 변위는 어떻게 되는가?

4.3 특수함수와 라플라스 변환

이 절에서는 비연속함수가 포함된 미분방정식의 해를 구하는 방법에 대하여 알아본다. 즉 상수계수 n계 선형미분방정식 $f(D)y = g(x)$에서 $g(x)$가 단위계단함수이거나 델타함수 또는 주기함수일 경우라도 라플라스 변환을 이용하여 해를 구할 수 있음을 보인다.

1. 단위계단함수

정의 1

$a \geqq 0$일 때 함수 $U_a(t)$를

$$U_a(t) = \begin{cases} 0, & 0 \leqq t < a \\ 1, & a \leqq t \end{cases}$$

로 정의하고, 특히 $U_0(t)$를 $U(t)$로 표시한다.

스위치를 켜면 일정 시간 후에 자동으로 꺼지는 감지 시스템의 경우, 이 스위치의 작동 원리는 일정한 시각 $t = a$가 되기 직전까지는 0으로 대응시키고 $t \geqq a$일 때는 1로 대응시키는 것이다. 이와 같은 원리를 잘 나타낸 함수에는 단위계단함수가 있다. a가 주어진 상수일 때 단위계단함수는 다음과 같이 정의한다.

정의 2 단위계단함수(unit step function)

a가 주어진 상수일 때

$$U_a(t) = U(t-a)$$

로 정의된 함수 $U(t-a)$를 **단위계단함수** 또는 **헤비사이드**(Heaviside) **함수**라고 한다.

구분적 연속함수를 단위계단함수로 표현하는 것은 단위계단함수를 포함하고 있는 초기값 문제에 대하여 라플라스 변환을 구하는 데 이용할 수 있기 때문이다. 단위계단함수는 공학문제에 많이 이용되는 함수이다. 특히 $a < b$일 때

$$U(t-a)-U(t-b)$$

형태의 함수를 맥동이라 한다.

임의의 함수 $f(t)$에 대하여, $f(t)\,U(t-a)$는

$$f(t)\,U(t-a)=\begin{cases}0 & ,\ 0\leqq t\leqq a \\ f(t), & a\leqq t\end{cases}$$

로 정의된다. 함수 $U(t)$의 라플라스 변환은

$$\mathcal{L}\{U(t)\}=\frac{1}{s}\ \ (\text{단, } s>0)$$

이다. 왜냐하면 $t\geqq 0$에서 $U(t)=1$이기 때문이다. 더욱이 임의의 양수 a에 대하여

$$\mathcal{L}\{U(t-a)\}=\int_0^\infty e^{-st}\,U(t-a)\,dt=\int_0^\infty e^{-st}\,dt$$
$$=\frac{e^{-as}}{s}\ \ (\text{단, } s>0)$$

이므로

$$\mathcal{L}\{U(t-a)\}=\frac{e^{-as}}{s}\ \ (\text{단, } s>0,\ a>0)$$

로 주어진다.

정리 3　라플라스 변환의 제2 이동성질

함수 $f(t)$가 구간 $[0,\ \infty)$에서 구분적 연속이고 지수계수 b를 가질 때, $0\leqq b<s$에 대하여 $F(s)=\mathcal{L}\{f(t)\}$라 하면, $a>0$일 때

$$\mathcal{L}\{f(t-a)\,U(t-a)\}=e^{-as}F(s)$$

가 성립한다.

증명

$$\mathcal{L}\{f(t-a)\,U(t-a)\}=\int_0^\infty e^{-st}f(t-a)\,U(t-a)\,dt$$
$$=\int_0^\infty e^{-st}f(t-a)\,dt$$

이므로, $\tau=t-a$로 변수를 치환하면

$$\mathcal{L}\{f(t-a)\,U(t-a)\} = \int_0^\infty e^{-s(\tau+a)} f(\tau)\,d\tau$$
$$= e^{-as}\int_0^\infty e^{-s\tau} f(\tau)\,d\tau$$
$$= e^{-as}F(s)$$

가 성립한다. ■

예 1 $$\mathcal{L}\{(t-2)^3 U(t-2)\} = e^{-2s}\,\mathcal{L}\{t^3\} = e^{-2s}\frac{6}{s^4} = \frac{6e^{-2s}}{s^4}$$ ■

특히 $g(t) = f(t-a)$로 놓으면, $f(t) = g(t+a)$이므로

$$\mathcal{L}\{g(t)\,U(t-a)\} = e^{-as}\,\mathcal{L}\{g(t+a)\}$$

가 성립한다.

예 2 $$\mathcal{L}\{\sin t\, U(t-2\pi)\} = \mathcal{L}\{\sin(t-2\pi)\, U(t-2\pi)\}$$
$$= e^{-2\pi s}\,\mathcal{L}\{\sin t\} = \frac{e^{-2\pi s}}{s^2+1}$$ ■

따름정리

함수 $f(t)$가 구간 $[0, \infty)$에서 연속이고 지수계수 b를 가질 때, $0 \leqq b < s$에 대하여 $F(s) = \mathcal{L}\{f(t)\}$라 하면, a가 양의 상수일 때

$$\mathcal{L}^{-1}\{e^{-as}F(s)\} = f(t-a)\,U(t-a)$$

가 성립한다.

예제 1 다음을 구하시오.

(1) $\mathcal{L}^{-1}\left\{\dfrac{e^{-\frac{\pi s}{2}}}{s^2+9}\right\}$ (2) $\mathcal{L}^{-1}\left\{\dfrac{1-e^{-\frac{\pi s}{2}}}{s^2+1}\right\}$

풀이 (1) $$\mathcal{L}^{-1}\left\{\frac{e^{-\frac{\pi s}{2}}}{s^2+9}\right\}=\mathcal{L}^{-1}\left\{e^{-\frac{\pi s}{2}}\cdot\frac{1}{s^2+9}\right\}=\frac{1}{3}\mathcal{L}^{-1}\left\{e^{-\frac{\pi s}{2}}\cdot\frac{3}{s^2+9}\right\}$$
$$=\frac{1}{3}\sin 3\left(t-\frac{\pi}{2}\right)U\left(t-\frac{\pi}{2}\right)$$
$$=\frac{1}{3}\sin 3t\, U\left(t-\frac{\pi}{2}\right)$$

(2) $$\mathcal{L}^{-1}\left\{\frac{1-e^{-\frac{\pi s}{2}}}{s^2+1}\right\}=\mathcal{L}^{-1}\left\{\frac{1}{s^2+1}\right\}-\mathcal{L}^{-1}\left\{\frac{e^{-\frac{\pi s}{2}}}{s^2+1}\right\}$$
$$=\sin t-\cos t\, U\left(t-\frac{\pi}{2}\right)$$

로 주어진다. ■

참고 단위계단함수의 라플라스 변환과 라플라스 역변환은

$$\mathcal{L}\{U(t-a)\}=\frac{e^{-as}}{s},\quad \mathcal{L}^{-1}\left\{\frac{e^{-as}}{s}\right\}=U(t-a)$$

로 주어진다. □

비제차항이 구분적 연속함수일 때, 단위계단함수를 이용하여 초기값 문제의 해를 구할 수 있다.

예 3 단위계단함수를 이용하여, 초기값 문제

$$y''+y=f(t)=\begin{cases}1, & 0<t<1\\ 0, & t>1\end{cases}\quad ;\ y(0)=0,\ y'(0)=0$$

의 해를 구해보자. $f(t)=1-U(t-1)$로 표현되므로, 주어진 미분방정식의 양변에 라플라스 변환을 취하고, $y(0)=0,\ y'(0)=0$을 대입하면

$$Y(s)=\frac{1}{s^2+4}+\frac{1}{s(s^2+4)}(1-e^{-s})$$
$$=\frac{1}{s^2+4}+\left\{\frac{1/4}{s}-\frac{1/4s}{s^2+4}\right\}(1-e^{-s})$$

가 된다. 라플라스 역변환을 이용하면, 초기값 문제의 해는

$$y(t)=\frac{1}{2}\sin 2t+\frac{1}{4}(1-\cos 2t)-\frac{1}{4}\{1-\cos 2(t-1)\}\,U(t-1)$$

로 주어진다. ■

2. 델타함수

역학계에서는 아주 짧은 순간에만 작용하는 순간충격이 존재한다. 충격이란 힘에 시간을 곱한 양이다.

임의의 $a \geqq 0$와 임의의 $\epsilon > 0$에 대하여 함수 $h(t)$가

$$h(t)=\begin{cases} 1, & a \leqq t \leqq a+\epsilon \\ 0, & t < a,\ t > a+\epsilon \end{cases}$$

으로 정의되었을 때, 충격 (impulse)은 함수 $\dfrac{h(t)}{\epsilon}$와 같은 수학적 모델로 나타낼 수 있다. 함수 $\dfrac{h(t)}{\epsilon}$의 구간 $[a, \infty)$에서의 충격은 실제로 힘이 집중된 닫힌구간 $[a, a+\epsilon]$에서의 충격과 같고, 그것은 항상 1이 된다. 즉 함수 $\dfrac{h(t)}{\epsilon}$는

$$\int_0^{\infty}\frac{h(t)}{\epsilon}\,dt=\int_a^{a+\epsilon}\frac{1}{\epsilon}\,dt=1$$

의 적분 특성을 가지므로, $\dfrac{h(t)}{\epsilon}$을 단위충격이라고 한다. 주어진 $h(t)$에 대하여 $\lim_{\epsilon\to 0}\dfrac{h(t)}{\epsilon}$는 통상적인 수학의 의미로는 존재하지 않으나 극한 $\lim_{\epsilon\to 0}\dfrac{h(t)}{\epsilon}$를 $\delta(t-a)$라 정의하고, $\delta(t-a)$를 **단위충격함수** 또는 **델타함수**라고 한다.

일반적으로 델타함수는 다음으로 정의한다.

정의 4 델타함수 (δ - function)

다음 두 성질

(1) $\delta(t-a)=0$ (단, $t \neq a$) (2) $\displaystyle\int_{-\infty}^{\infty}\delta(t-a)\,dt=1$

을 만족하는 함수 $\delta(t-a)$를 단위충격함수 또는 디랙의 델타함수 (Dirac's delta function), 간단히 **델타함수**라 한다.

고급수학이론에서는 $\delta(t-a)$를 초함수 (generalized function) 또는 분포 (distribution)라고 부른다.

정리 5 델타함수의 성질

(1) 단위계단함수 $U(t-a)$에 대하여

$$\frac{d}{dt}U(t-a)=\delta(t-a)$$

(2) 임의의 연속함수 $f(t)$에 대하여

$$\int_{-\infty}^{\infty} f(t)\delta(t-a)\,dt=f(a)$$

델타함수 $\delta(t-a)$를 극한에 의해 $\lim_{\epsilon\to 0}\frac{h(t)}{\epsilon}$로 정의하면, $\delta(t-a)$의 라플라스 변환은

$$\mathcal{L}\{\delta(t-a)\}=e^{-as}$$

가 된다. 또한 정리 5 (1)과 도함수의 라플라스 변환공식을 이용하면

$$\begin{aligned}\mathcal{L}\{\delta(t-a)\}&=\mathcal{L}\left\{\frac{d}{dt}U(t-a)\right\}\\&=s\cdot\mathcal{L}\{U(t-a)\}-U(0-a)\\&=s\cdot\frac{e^{-as}}{s}-0=e^{-as}\end{aligned}$$

며, 또한 정리 5 (2)를 이용하면

$$\mathcal{L}\{\delta(t-a)\}=\int_0^{\infty} e^{-st}\delta(t-a)\,dt=e^{-as}$$

가 됨을 알 수 있다.

예 4 $\mathcal{L}\{\delta(t)\}=1$이고, $\mathcal{L}\{\delta(t-1)\}=e^{-s}$가 된다. ■

예제 2 초기값 문제 $y''+y=\delta(t-\pi)$; $y(0)=0$, $y'(0)=0$의 해를 구하시오.

풀이 주어진 미분방정식의 양변에 라플라스 변환을 취하고, $y(0)=0$, $y'(0)=0$을 대입하면

$$(s^2+1)\,Y(s)=e^{-\pi s}$$

가 된다. 이 방정식을 Y에 대하여 풀면

$$Y(s)=\frac{e^{-\pi s}}{s^2+1}$$

이므로, 구하는 해는

$$y(t)=\mathcal{L}^{-1}\{Y(s)\}=\mathcal{L}^{-1}\left\{\frac{e^{-\pi s}}{s^2+1}\right\}=-\sin t\,U(t-\pi)$$

로 주어진다. ■

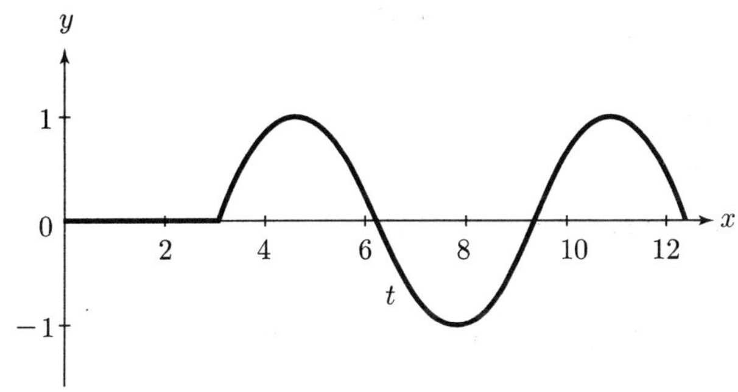

[그림 4.2]

3. 감마함수와 베타함수

(1) 감마함수

1768년 오일러에 의해 처음 정의된 감마함수는

$$\Gamma(x)=\int_0^\infty t^{x-1}e^{-t}\,dt \quad (\text{단, } x>0)$$

형태다. 감마함수는 t^n의 라플라스 변환을 구할 때와 베셀 미분방정식의 해를 구할 때 생성된다.

정의 6 감마함수(Gamma function)

감마함수 Γ는

$$\Gamma(n)=\int_0^{\infty} e^{-x}x^{n-1}\,dx \quad (\text{단, } n>0,\ n\text{은 실수})$$

로 정의한다.

참고 n이 0 또는 자연수일 때 t^n의 라플라스 변환은

$$\mathcal{L}\{t^n\}=\frac{n!}{s^{n+1}}$$

이었다. 한편 t^n의 라플라스 변환을 $n>-1$인 모든 실수로 확장하면

$$\mathcal{L}\{t^n\}=\frac{\Gamma(n+1)}{s^{n+1}}$$

이 성립한다. □

$n>0$이 실수일 때, 부분적분법을 사용하면

$$\Gamma(n+1)=\int_0^{\infty} e^{-x}x^n\,dx=[-x^n e^{-x}]_0^{\infty}+n\int_0^{\infty} x^{n-1}e^{x}\,dx$$
$$=n\int_0^{\infty} x^{n-1}e^{-x}\,dx=n\Gamma(n)$$

을 얻는다. 그런데 $\Gamma(1)=\int_0^{\infty} e^{-x}\,dx=1$이므로, n이 자연수일 때

$$\Gamma(n+1)=n\Gamma(n)=n(n-1)\Gamma(n-1)$$
$$\vdots$$
$$=n(n-1)(n-2)\cdot\cdots\cdot 2\cdot 1\cdot\Gamma(1)=n!$$

이 성립한다. 감마함수를 **계승함수**(factorial function)라고도 한다.

참고 $n>0$이 실수일 때, 임의의 양수 N에 대하여 점화식

$$\Gamma(n+N)=(n+N-1)(n+N-2)\cdot\cdots$$

$$\cdot (n+1)\, n\, \Gamma(n) \quad (\text{단, } n > 0) \tag{*}$$

이 성립한다. □

$n < 0$일 경우 $\Gamma(n)$의 값은 $\Gamma(n+1) = n\Gamma(n)$에 의해서는 정의할 수 없으나, 점화식 (*)는 n이 음수인 경우로 그 정의를 확장할 수 있다. $0 \leqq n + N \leqq 1$을 만족하는 양수 N이 존재하므로

$$\Gamma(n+N) = (n+N-1) \cdot \cdots \cdot (n+1)\, n\Gamma(n)$$

으로부터

$$\Gamma(n) = \frac{\Gamma(n+N)}{n(n+1) \cdot \cdots \cdot (n+N-1)} \quad (\text{단, } n < 0,\ 0 < n+N < 1)$$

이 성립한다. 따라서 $n < 0$에 대하여 $\Gamma(n)$을 구할 수 있다.

$n = 0$일 때

$$\Gamma(0+) = \lim_{n \to +0} \Gamma(n) = \lim_{n \to +0} \frac{\Gamma(n+1)}{n}$$

$$\Gamma(0-) = \lim_{n \to -0} \Gamma(n) = \lim_{n \to -0} \frac{\Gamma(n+1)}{n}$$

이므로, $\Gamma(n)$은 $n = 0$에서 정의되지 않는다. 또한 n이 자연수일 때 $\Gamma(-n)$의 값은

$$\Gamma(n) = \frac{\Gamma(n+N)}{n(n+1) \cdot \cdots \cdot (n+N-1)} \quad (\text{단, } n < 0,\ 0 < n+N < 1)$$

에 의하여

$$\Gamma(-n) = \frac{\Gamma(0)}{-n(-n+1) \cdot \cdots \cdot (-2)(-1)}$$

$$= (-1)^n \frac{\Gamma(0)}{n!} \to \pm\infty$$

임에 유의한다.

예제 3 $\left(-\frac{5}{2}\right)!$의 값을 구하시오.

풀이

$$\left(-\frac{5}{2}\right)! = \Gamma\left(-\frac{3}{2}\right) = \frac{\Gamma\left(\frac{1}{2}\right)}{\left(-\frac{3}{2}\right)\left(-\frac{1}{2}\right)} = \frac{4}{3}\Gamma\left(\frac{1}{2}\right) = \frac{4}{3}\sqrt{\pi}$$ ■

참고 $\Gamma(n+1) = n\Gamma(n)$ (단, $n > 0$)과

$$\Gamma(n) = \frac{\Gamma(n+N)}{n(n+1)\cdot\cdots\cdot(n+N-1)} \quad (\text{단, } n<0,\ 0<n+N<1)$$

에 의해 $\Gamma(x)$는 0 또는 음의 정수를 제외한 모든 실수 x에 대하여 정의되고, 특히 열린구간 $(0, 1)$에서 함수값 $\Gamma(x_0)$ (단, $0 < x_0 < 1$)로 귀착시킬 수 있다. □

감마함수 Γ를 이용하여 자연수에 대한 계승함수를 확장하여 임의의 실수 x에 대하여

$$x! = \Gamma(x+1)$$

로 정의하면, t^r (단, $r>-1$인 실수)의 라플라스 변환은

$$\mathcal{L}\{t^r\} = \frac{\Gamma(r+1)}{s^{r+1}} = \frac{r!}{s^{r+1}}$$

이 된다.

예 5

$$\mathcal{L}\left\{t^{-\frac{1}{2}}\right\} = \frac{\Gamma(1/2)}{s^{1/2}} = \sqrt{\frac{\pi}{s}}$$ ■

(2) 베타함수

정의 7 베타함수(Beta function)

m, n이 양수일 때

$$B(m, n) = \int_0^1 x^{m-1}(1-x)^{n-1}\,dx$$

로 정의된 함수 $B(m, n)$을 **베타함수**라고 한다.

참고 $B(m, n) = B(n, m)$이다. 왜냐하면 x 대신 $1-y$를 대입할 때

$$\begin{aligned} B(m, n) &= \int_0^1 (1-y)^{m-1} y^{n-1}\,dy \\ &= \int_0^1 (1-x)^{m-1} x^{n-1}\,dx = B(n, m) \end{aligned}$$

을 만족하기 때문이다. □

베타함수와 감마함수 사이에는 다음 관계가 성립한다.

정리 8

$B(m,\ n) = \dfrac{\Gamma(m)\Gamma(n)}{\Gamma(m+n)}$이 성립한다.

연습문제 4.3

1. 다음 함수의 라플라스 변환을 구하시오.

(1) $3U(t-8) - U(t-4)$ (2) $\delta(t-1) + \delta(t-2)$

(3) $\sin\left(t - \dfrac{2}{3}\pi\right) U\left(t - \dfrac{2}{3}\pi\right)$ (4) $t^2 U(t-1)$

2. 라플라스 변환을 이용하여, 다음 초기값 문제의 해를 구하시오.

(1) $y'' + 4y' + 13y = \delta(t-\pi) + \sin t\ ;\ y(0) = 0,\ y'(0) = 0$

(2) $y'' + y = f(t) = \begin{cases} 1, & 0 \leq t \leq 1 \\ 0, & 1 < t \end{cases}\ ;\ y(0) = 0,\ y'(0) = 0$

3. 다음 함수의 라플라스 역변환을 구하시오.

(1) $\dfrac{e^{-\frac{\pi s}{2}}}{s^2 + 16}$ (2) $\dfrac{e^{-as}}{s^3}$

4. $\displaystyle\int_0^\infty e^{-x^4} dx = \frac{1}{4}\Gamma\left(\frac{1}{4}\right)$임을 보이시오.

5. 다음을 증명하시오.

(1) $\Gamma\left(\dfrac{2k+1}{2}\right)=\dfrac{1\cdot 3\cdot 5\cdot\cdots\cdot(2k-1)}{2^{k}}\sqrt{\pi}$

(2) $\Gamma\left(\dfrac{1}{2}\right)=\displaystyle\int_0^{\infty} x^{-\frac{1}{2}} e^{-x}\,dx=\sqrt{\pi}$

6. 적절한 치환에 의하여, 다음이 성립함을 보이시오.

$$\Gamma(x)\Gamma(1-x)=\frac{\pi}{\sin\pi x}\quad (단,\ 0<x<1)$$

7. 감마함수 $\Gamma(x)=\displaystyle\int_0^{\infty} t^{x-1}e^{-t}\,dt$ (단, $x>0$)에 의하여

$$\mathcal{L}\{t^{\alpha}\}=\frac{\Gamma(\alpha+1)}{s^{\alpha+1}}\quad (단,\ \alpha>-1)$$

임을 증명하고, $\mathcal{L}\{t^{1/2}\}=\dfrac{\sqrt{\pi}}{2s^{3/2}}$ 임을 보이시오.

8. 무게가 1파운드인 물체가 용수철 상수가 13 lb/ft인 용구철에 평형위치에서부터 초기속도 없이 매달려 있다. 제동력이 $4\dfrac{dx}{dt}$ 이고 $t=2$일 때 용수철이 아래쪽으로 1 단위(unit) 충격을 받는다면, 물체의 운동 $x(t)$는 어떻게 되겠는가?

05

Differential Equation

급수해법

5.1 멱급수

5.2 급수해법

5.3 특별한 형태의 2계 선형미분방정식의 급수해

이 장에서는 미분방정식의 해를 구하기 위한 급수해법에 관하여 서술한다.

5.1 멱급수

c_n이 상수일 때, 다음과 같은 형태의 급수

$$\sum_{n=0}^{\infty} c_n (x-x_0)^n = c_0 + c_1(x-x_0) + c_2(x-x_0)^2 + \cdots \qquad (*)$$

를 x_0에 관하여 전개한 **멱급수**(power series)라 하고, $(x-x_0)^n$ 앞에 있는 c_n (단, $n=1,\ 2,\ \cdots$)을 멱급수의 계수라고 한다. 멱급수 $\sum_{n=0}^{\infty} c_n(x-x_0)^n$의 합은 주어진 급수가 수렴하는 모든 x의 집합을 정의구역으로 하는 함수다. 멱급수가 수렴하는 모든 x의 값으로 구성된 구간을 **수렴구간**(interval of convergence)이라 하고, 그 구간은 주로 비판정법으로 구한다.

예제 1 멱급수 $\sum_{n=1}^{\infty} n!x^n$은 $x=0$일 때만 수렴한다.

증명 주어진 급수의 n번째 항을 $a_n = n!x^n$으로 놓으면, $x \neq 0$일 때

$$\lim_{n\to\infty}\left|\frac{a_{n+1}}{a_n}\right| = \lim_{n\to\infty}\left|\frac{(n+1)!x^{n+1}}{n!x^n}\right| = |x|\lim_{n\to\infty}(n+1) = \infty$$

이므로 주어진 급수는 발산한다. 따라서 주어진 급수는 $x=0$일 때만 수렴한다. ■

멱급수 $\sum_{n=0}^{\infty} a_n(x-c)^n$은 반드시 다음 세 가지

(1) $x=c$에서만 수렴한다.

(2) 모든 실수 x에서 수렴한다.

(3) 적당한 양수 R이 존재해서 $|x-c|<R$이면 수렴하고, $|x-c|>R$이면 발산한다.

중 어느 하나만 만족한다. (3)의 경우에 R (단, $R>0$)을 멱급수의 **수렴반경**이라 한다. 따라서 (1)의 경우는 $R=0$이고, (2)의 경우는 $R=\infty$가 된다.

예제 2 멱급수 $\sum_{n=1}^{\infty} \frac{x^n}{n\,4^n}$의 수렴반경과 수렴구간을 구하시오.

풀이 비판정법으로부터, $u_n = \frac{x^n}{n\,4^n}$으로 놓으면

$$\lim_{n \to \infty} \left| \frac{u_{n+1}}{u_n} \right| = \frac{|x|}{4} \lim_{n \to \infty} \frac{n}{n+1} = \frac{|x|}{4} < 1$$

이므로, $|x| < 4$면 절대수렴하고, $|x| > 4$면 발산한다. 그러므로 수렴반경 R은 4가 된다. 한편 $|x| = 4$일 때는 비판정법을 사용할 수 없으므로, $x = -4$와 $x = 4$일 때는 별도로 생각해야 한다. $x = 4$일 때 주어진 멱급수는

$$\sum_{n=1}^{\infty} \frac{x^n}{n4^n} = \sum_{n=1}^{\infty} \frac{1}{n}$$

이므로 발산하고, $x = -4$일 때 주어진 멱급수는

$$\sum_{n=1}^{\infty} \frac{x^n}{n\,4^n} = \sum_{n=1}^{\infty} \frac{(-1)^n}{n}$$

이므로 수렴한다. 따라서 주어진 급수의 수렴구간은 $[-4,\ 4)$로 주어진다. ■

정리 1 멱급수의 미분과 적분

멱급수 $\sum_{n=0}^{\infty} c_n (x - x_0)^n$의 수렴반경이 $h > 0$일 때, 다음이 성립한다.

(1) $f(x) = \sum_{n=0}^{\infty} c_n (x - x_0)^n$은 열린구간 $(x_0 - h,\ x_0 + h)$에서 미분가능하며

$$f^{(k)}(x) = \sum_{n=0}^{\infty} n(n-1) \cdot \cdots \cdot (n-k+1)\, c_n (x - x_0)^{n-k}$$

이 되고, 이 무한급수의 수렴반경도 h다.

(2) 급수 $\sum_{n=0}^{\infty} \frac{c_n}{n+1} (x - x_0)^{n+1}$은 수렴반경 h를 가지며 $f(x) = \sum_{n=0}^{\infty} c_n (x - x_0)^n$이면 열린구간 $(x_0 - h,\ x_0 + h)$에 포함된 닫힌구간에서

$$\int f(x)\, dx = \sum_{n=0}^{\infty} \frac{c_n}{n+1} (x - x_0)^{n+1} + C$$

로 주어진다. 여기서 C는 임의상수다.

정리 1은 멱급수에서만 성립하고 일반적인 급수에서는 성립하지 않음에 유의한다.

예제 3 급수 $\sum_{n=0}^{\infty} \frac{1}{n^2} \sin(n^2 x)$의 수렴구간을 구하고, 항별로 미분하여 얻은 급수의 수렴 여부를 판정하시오.

풀이 $\left|\frac{1}{n^2} \sin(n^2 x)\right| \leq \frac{1}{n^2}$고 $\sum_{n=0}^{\infty} \frac{1}{n^2}$은 수렴하는 p-급수이므로 비교판정법에 의하여 주어진 급수 $\sum_{n=0}^{\infty} \frac{1}{n^2} \sin(n^2 x)$는 모든 x에 대하여 절대수렴한다. 반면에 항별로 미분한 급수

$$\sum_{n=0}^{\infty} \frac{d}{dx} \frac{1}{n^2} \sin(n^2 x) = \sum_{n=0}^{\infty} \cos(n^2 x)$$

는 발산판정법에 의해 모든 x에 대하여 발산한다. ■

함수의 멱급수전개는 특히 다항식함수가 아닌 소위 초월함수(삼각함수, 지수함수, 로그함수 등)들을 다항식함수로 접근시켜 근사값을 구하는 데 유용하게 이용된다.

$x = x_0$에서 함수 $f(x)$에 대한 n차 테일러 다항식은

$$\sum_{k=0}^{n} \frac{f^{(k)}(x_0)}{k!} (x - x_0)^k$$

으로 표현되고, $f(x)$에 대한 n차 매클로린 다항식은 $x = 0$에서 $f(x)$의 n차 테일러 다항식

$$\sum_{k=0}^{n} \frac{f^{(k)}(0)}{k!} x^k$$

을 의미한다.

정리 2 테일러 정리(Taylor's theorem)

함수 $f(x)$가 열린구간 (a, b)에서 $(n+1)$번 미분가능하고 $a < x_0 < b$면, $x \in (a, b)$ (단, $x \neq 0$)에 대하여

$$f(x)=\sum_{k=0}^{n}\frac{f^{(k)}(x_0)}{k!}(x-x_0)^k+R_n(x)$$

를 만족하는 x_1이 x_0와 x 사이에 존재한다. 여기서

$$R_n(x)=\frac{f^{(n+1)}(x_1)}{(n+1)!}(x-x_0)^{n+1}$$

으로 주어진다.

멱급수 $\sum_{k=0}^{\infty}\frac{f^{(k)}(x_0)}{k!}(x-x_0)^k$을 x_0에서 $f(x)$의 **테일러 급수**(Taylor series)라 하고, 특히 $x_0=0$일 때 $f(x)$의 테일러 급수 $\sum_{k=0}^{\infty}\frac{f^{(k)}(0)}{k!}x^k$을 **매클로린 급수**(Maclaurin series)라 한다.

참고 열린구간 (a, b)의 모든 x에 대하여, $f(x)=\sum_{k=0}^{\infty}\frac{f^{(k)}(x_0)}{k!}(x-x_0)^k$일 필요충분조건은 $\lim_{n\to\infty}R_n(x)=0$이다. □

$x=x_0$ 근방에서 정의된 실함수 $f(x)$가 모든 $n\in N$에 대하여 $f^{(n)}(x)$를 가질 때, $x=x_0$에서의 테일러 급수가 $x=x_0$ 근방의 모든 x에 대해서 $f(x)$에 수렴하면, 함수 $f(x)$를 $x=x_0$에서 **해석적**(analytic)이라고 한다. 이때 $f(x)$를 $x=x_0$ 근방에서 **실해석함수**(real analytic function)라고 한다.

참고 임의의 수 x_0에 관한 멱급수 $\sum_{n=0}^{\infty}c_n(x-x_0)^n$이 수렴반경 $h>0$를 가질 때, $x=x_0$에서 해석적이라고 한다. □

이제 지표이동을 이용하여 급수의 지표를 새로 정하는 방법을 알아보자. 예를 들어 두 급수 $\sum_{n=1}^{\infty}\frac{x^n}{n}$과 $\sum_{n=0}^{\infty}\frac{x^{n+1}}{n+1}$은 같은 급수이다. 이 두 급수의 지표를 적당히 치환함으로써 하나의 급수로 표현할 수 있다. 즉 $n-1=k$로 치환하면 $\sum_{n=1}^{\infty}\frac{x^n}{n}=\sum_{k=0}^{\infty}\frac{x^{k+1}}{k+1}$이 되어 급수 $\sum_{n=0}^{\infty}\frac{x^{n+1}}{n+1}$과 같은 형태로 만들 수 있다.

예 1 두 급수 $\sum_{n=0}^{\infty} x^{n+2}$과 $\sum_{n=2}^{\infty} x^{n}$은 같은 급수이다. 왜냐하면 급수 $\sum_{n=0}^{\infty} x^{n+2}$에서 $n+2=k$로 치환하면 $\sum_{n=0}^{\infty} x^{n+2}=\sum_{k=2}^{\infty} x^{k}$이 되어

$$\sum_{n=0}^{\infty} x^{n+2}=\sum_{n=2}^{\infty} x^{n}$$

임을 알 수 있다. ■

예 2 다음 급수

$$\sum_{n=2}^{\infty} n(n-1)x^{n-2}+\sum_{n=1}^{\infty} 3nx^{n}+\sum_{n=0}^{\infty} 5x^{n}$$

에서 x의 차수가 같도록 세 급수의 지표를 조정하여 하나의 급수로 간단히 표현해 보자. 주어진 급수는

$$2+\sum_{n=3}^{\infty} n(n-1)x^{n-2}+\sum_{n=1}^{\infty} 3nx^{n}+5+\sum_{n=1}^{\infty} 5x^{n}$$

으로 변형된다. 이때

(1) $\sum_{n=3}^{\infty} n(n-1)x^{n-2}$에서 $n-2=k$로 치환하면

$$\sum_{n=3}^{\infty} n(n-1)x^{n-2}=\sum_{k=1}^{\infty} (k+2)(k+1)x^{k}$$

(2) $\sum_{n=1}^{\infty} 3nx^{n}$, $\sum_{n=1}^{\infty} 5x^{n}$에서 $n=k$로 치환하면

$$\sum_{n=1}^{\infty} 3nx^{n}=\sum_{k=1}^{\infty} 3kx^{k},\quad \sum_{n=1}^{\infty} 5x^{n}=\sum_{k=1}^{\infty} 5x^{k}$$

이므로 처음에 주어진 급수는

$$\begin{aligned}
&2+\sum_{n=3}^{\infty} n(n-1)x^{n-2}+\sum_{n=1}^{\infty} 3nx^{n}+5+\sum_{n=1}^{\infty} 5x^{n}\\
&=7+\sum_{k=1}^{\infty} (k+2)(k+1)x^{k}+\sum_{k=1}^{\infty} 3kx^{k}+\sum_{k=1}^{\infty} 5x^{k}\\
&=7+\sum_{k=1}^{\infty} [3k+5+(k+2)(k+1)]x^{k}
\end{aligned}$$

으로 표현할 수 있다. ■

연습문제 5.1

1. 함수 $f(x)=\dfrac{x}{(1-x)^2}$의 매클로린 급수를 구하시오.

2. 주어진 값 $x_0=1$에서 함수 $f(x)=e^{-x}$의 테일러 급수를 구하시오.

3. $f(x)=\dfrac{\sin x}{x}$의 멱급수를 이용하여, $\displaystyle\lim_{x\to 0}\frac{\sin x}{x}$를 구하시오.

4. $f(x)=e^x$라 할 때, 모든 x에 대하여

$$e^x=\sum_{k=0}^{\infty}\frac{1}{k!}x^k$$

이 성립함을 보이시오.

5. 두 멱급수의 합 $\displaystyle\sum_{n=0}^{\infty}c_n x^{n+2}+\sum_{n=2}^{\infty}c_n x^n$을 하나의 급수로 표현할 때

$$\sum_{n=0}^{\infty}(c_n+c_{n+2})x^{n+2}$$

으로 주어질 수 있음을 보이시오.

5.2 급수해법

1. 보통점에서의 멱급수해

다항식이 어떤 함수를 추측할 때 매클로린 급수와 테일러 급수가 사용된다는 사실은 미분방정식의 해를 구하거나 추측할 때도 적용할 수 있다.

이제 점화식을 이용하여 보통점에서 미분방정식의 멱급수해를 구하는 방법, 즉 **멱급수해법** (power series method)에 대하여 서술한다.

정의 1 보통점과 특이점

n계 선형미분방정식의 표준형 (standard form)

$$y^{(n)}+p_1(x)y^{(n-1)}+\cdots+p_{n-1}(x)y'+p_n(x)y=g(x) \qquad (*)$$

에서, 계수함수 $p_i(x)$ (단, $i=1,\ 2,\ \cdots$)와 $g(x)$가 $x=x_0$에서 해석적이면 $x=x_0$를 미분방정식 (*)의 **보통점** (ordinary point) 또는 **정상점**이라 하고, 보통점이 아닌 $x=x_0$를 **특이점** (singular point)이라고 한다.

예 1 미분방정식 $y''-y'\cos x+e^x y=0$에서 $x=0$은 보통점이다. 한편 모든 x의 값이 미분방정식 $y''-xy'+2y=0$의 보통점이 된다. ■

예 2 $x=0$과 $x=2$는 미분방정식 $x^3(x-2)^2y''-(x^2-4)y'+x^2y=0$의 특이점이 된다. ■

주어진 미분방정식에 나타나는 함수와 그 해에 대하여 다음이 성립한다.

정리 2

$\dfrac{dy}{dx}=f(x,\ y)$에 나타나는 함수 $f(x,\ y)$가 점 $(a,\ b)$에서 해석적이면, $x=a$일 때 $y=b$를 만족하는 해석적인 유일한 해 $y=y(x)$가 존재한다.

예제 1 $x=0$에서 멱급수해법을 이용하여, $\frac{dy}{dx}=y+x^2$의 일반해를 구하시오.

풀이 $x=0$이 주어진 미분방정식의 보통점이므로, 구하는 멱급수해를 $y=\sum_{n=0}^{\infty} c_n x^n$이라 하자. 이것을 미분하면 $y'=\sum_{n=1}^{\infty} n c_n x^{n-1}$이므로, 이들을 주어진 미분방정식에 대입하면

$$c_1+2c_2x+3c_3x^2+\cdots=(c_0+c_1x+c_2x^2+\cdots)+x^2$$

을 얻는다. 이 식을 x에 관하여 정리하면

$$(c_1-c_0)+(2c_2-c_1)x+(3c_3-c_2-1)x^2+\cdots=0$$

이므로

$$c_1-c_0=0,\ 2c_2-c_1=0,\ 3c_3-c_2-1=0,\ \cdots$$

가 된다. 이로부터

$$c_1=c_0,\ c_2=\frac{c_1}{2}=\frac{c_0}{2!},\ c_3=\frac{c_2+1}{3}=\frac{c_0+2}{3!},\ \cdots$$

가 성립한다. 따라서 주어진 미분방정식의 일반해는

$$\begin{aligned} y&=c_0+c_0x+\frac{c_0}{2!}x^2+\frac{c_0+2}{3!}x^3+\cdots \\ &=(c_0+2)\left(1+x+\frac{x^2}{2!}+\frac{x^3}{3!}+\cdots\right)-2\left(1+x+\frac{x^2}{2!}\right) \end{aligned}$$

즉

$$y=(c_0+2)e^x-x^2-2x-2$$

로 주어진다. ■

예제 2 멱급수해법을 이용하여, 초기값 문제

$$(4-x^2)y'+y=0\ ;\ y(0)=1$$

의 해를 구하시오.

풀이 $x=0$이 주어진 미분방정식의 보통점이므로, 구하는 멱급수해를 $y=\sum_{n=0}^{\infty} c_n x^n$이라 하자. 이것을 미분하면 $y'=\sum_{n=1}^{\infty} n c_n x^{n-1}$이므로, 이들을 주어진 미분방정식에 대입하면

$$\begin{aligned} 0 &= (4-x^2)\sum_{n=1}^{\infty} n c_n x^{n-1} + \sum_{n=0}^{\infty} c_n x^n \\ &= \sum_{n=1}^{\infty} 4 n c_n x^{n-1} - \sum_{n=1}^{\infty} n c_n x^{n+1} + \sum_{n=0}^{\infty} c_n x^n \end{aligned}$$

을 얻는다. 이 식을 정리하면

$$(4c_1+c_0)+(8c_2+c_1)x+\sum_{n=0}^{\infty}[4(n+3)c_{n+3}-(n+1)c_{n+1}+c_{n+2}]x^{n+2}=0$$

이므로

$$c_1=-\frac{c_0}{4},\quad c_2=-\frac{c_1}{8}=\frac{c_0}{32}$$

가 된다. 또한

$$4(n+3)c_{n+3}-(n+1)c_{n+1}+c_{n+2}=0$$

으로부터 점화식

$$c_{n+3}=\frac{(n+1)\,c_{n+1}-c_{n+2}}{4(n+3)}\quad (\text{단, } n=0,\ 1,\ 2,\ \cdots)$$

를 얻는다. 따라서 주어진 미분방정식의 일반해는

$$y=c_0-\frac{1}{4}c_0 x+\frac{1}{32}c_0 x^2-\frac{3}{128}c_0 x^3+\frac{11}{2048}c_0 x^4+\cdots$$

로 주어진다. 이제 초기조건 $y(0)=1$을 적용하기 위해서 $x=0$을 일반해에 대입하면 $c_0=1$이므로 초기값 문제의 해는

$$y=1-\frac{1}{4}x+\frac{1}{32}x^2-\frac{3}{128}x^3+\frac{11}{2048}x^4-\frac{31}{8192}x^5+\cdots$$

로 주어진다. ■

참고 예제 2에서 미분방정식 $(4-x^2)y'+y=0$은 변수분리형이므로 적분을 실시하여 초기조건을 사용하면, 초기값 문제의 해는

$$y=\left|\frac{x-2}{x+2}\right|^{\frac{1}{4}}$$

으로 주어진다. □

다음 예 3은 미분방정식의 계수가 다항식이 아닐 때, 보통점에 대한 멱급수해를 구하는 방법을 보여준다.

예 3 멱급수해법을 이용하여, 초기값 문제 $y'+e^x y=x^2$; $y(0)=4$의 해를 구해보자. 각 계수는 $x=0$에서 해석적이므로, $x=0$에 대한 멱급수해를

$$\sum_{k=0}^{\infty}\frac{y^{(k)}(0)}{k!}x^k=y(0)+y'(0)x+\frac{1}{2!}y''(0)x^2+\cdots$$

로 두고

$$y'(0),\ y''(0),\ y'''(0),\ \cdots$$

를 구함으로써 해를 얻을 수 있다. 이때

$$y'(0)=-4,\ y''(0)=0,\ y'''(0)=2,\ y^{(4)}(0)=2,\ \cdots$$

이므로, 멱급수해는

$$y(x)=4-4x+x^3+\frac{1}{12}x^4+\cdots$$

로 주어진다. ■

점 $x=x_0$가 2계 미분방정식 $y''+p(x)y'+q(x)y=0$의 보통점일 때

$$p(x)=\sum_{n=0}^{\infty}a_n(x-x_0)^n,\quad q(x)=\sum_{n=0}^{\infty}b_n(x-x_0)^n$$

으로 표현할 수 있다. 여기서 $a_n=\dfrac{p^{(n)}(x_0)}{n!}$, $b_n=\dfrac{q^{(n)}(x_0)}{n!}$다. 그러므로 $p(x)$, $q(x)$의 무한급수 표현을 주어진 미분방정식에 대입하면

$$y'' + y' \sum_{n=0}^{\infty} a_n (x - x_0)^n + y \sum_{n=0}^{\infty} b_n (x - x_0)^n = 0$$

이 된다. 이때 $y(x)$가 $x = x_0$에서 해석적이면 $y(x)$는

$$y(x) = \sum_{n=0}^{\infty} c_n (x - x_0)^n$$

으로 나타낼 수 있으며, y의 1계, 2계 도함수를 계산하여 주어진 미분방정식에 대입하여 계수 c_n을 구할 수 있다.

참고 $y(x)$가 x_0에서 해석적일 때 $y(x)$는 $y(x) = \sum_{n=0}^{\infty} c_n (x - x_0)^n$으로 표현할 수 있으므로, y의 도함수를 주어진 미분방정식에 대입하여 계수 c_n을 찾을 수 있다. □

예 4 멱급수해법을 이용하여, $y'' + 4x^2 y = 0$의 일반해를 구해보자. $x = 0$이 주어진 미분방정식의 보통점이므로 $y = \sum_{n=0}^{\infty} c_n x^n$으로 두고, 이것을 미분하여

$$y' = \sum_{n=1}^{\infty} n c_n x^{n-1}, \quad y'' = \sum_{n=2}^{\infty} n(n-1) c_n x^{n-2}$$

을 얻는다. 이들을 주어진 미분방정식에 대입하면

$$\sum_{n=2}^{\infty} n(n-1) c_n x^{n-2} + \sum_{n=0}^{\infty} 4 c_n x^{n+2} = 0$$

이므로

$$2c_2 + 6c_3 x + \sum_{n=4}^{\infty} n(n-1) c_n x^{n-2} + \sum_{n=0}^{\infty} 4 c_n x^{n+2} = 0$$

이 되고

$$2c_2 + 6c_3 x + \sum_{n=4}^{\infty} \{n(n-1) c_n + 4 c_{n-4}\} x^{n-2} = 0$$

을 얻는다. 그런데 각 계수는 0이어야 하므로, $c_2 = c_3 = 0$이고

$$n(n-1) c_n + 4 c_{n-4} = 0$$

이다. 따라서 $n \geq 4$에 대하여 $c_n = \dfrac{-4\,c_{n-4}}{n(n-1)}$가 성립한다. 그러므로 주어진 미분방정식의 일반해는

$$y = c_0 + c_1 x - \frac{4\,c_0}{4 \cdot 3}\,x^4 - \frac{4\,c_1}{5 \cdot 4}\,x^5 + \frac{4^2\,c_0}{8 \cdot 7 \cdot 4 \cdot 3}\,x^8 + \frac{4^2\,c_1}{9 \cdot 8 \cdot 5 \cdot 4}\,x^9$$
$$- \frac{4^3\,c_0}{12 \cdot 11 \cdot 8 \cdot 7 \cdot 4 \cdot 3}\,x^{12} - \frac{4^3\,c_1}{13 \cdot 12 \cdot 9 \cdot 8 \cdot 5 \cdot 4}\,x^{13} + \cdots$$

즉

$$y = c_0\left(1 - \frac{4}{4 \cdot 3}\,x^4 + \frac{4^2}{8 \cdot 7 \cdot 4 \cdot 3}\,x^8 - \frac{4^3}{12 \cdot 11 \cdot 8 \cdot 7 \cdot 4 \cdot 3}\,x^{12} + \cdots\right)$$
$$+ c_1\left(x - \frac{4}{5 \cdot 4}\,x^5 + \frac{4^2}{9 \cdot 8 \cdot 5 \cdot 4}\,x^9 - \frac{4^3}{13 \cdot 12 \cdot 9 \cdot 8 \cdot 5 \cdot 4}\,x^{13} + \cdots\right)$$

로 주어진다. 여기서 c_0, c_1은 임의상수다. ■

참고 멱급수해법을 이용하여, 미분방정식의 계수가 다항식이 아닐 때, 보통점에 대한 멱급수해를 구할 수 있다(연습문제 4 참조). □

$x=0$이 모든 미분방정식의 보통점이 될 수는 없으나, 멱급수

$$y = \sum_{n=0}^{\infty} c_n (x - x_0)^n$$

에서 $y = \sum_{n=0}^{\infty} c_n x^n$을 사용할 수 있도록 변환할 수 있다. 실제로 $x = x_0$가 선형미분방정식의 보통점일 때, $t = x - x_0$로 변수변환하면 $t = 0$은 변환된 미분방정식의 보통점이 된다(연습문제 5 참조).

2. 정칙특이점에서의 급수해

점화식을 이용하여, 미분방정식의 급수해를 정칙특이점에서 구하는 방법을 서술한다. 주로 2계 제차선형미분방정식이 정칙특이점 근방에서 지수에 따라 어떠한 형태의 급수해를 갖는지를 알아본다. 이 방법이 이해되면 비제차선형미분방정식의 급수해도 쉽게 구할 수 있다.

정의 3 정칙특이점과 비정칙특이점

x_0가 제차선형미분방정식

$$y^{(n)}+p_1(x)y^{(n-1)}+\cdots+p_{n-1}(x)y'+p_n(x)y=0 \qquad (*)$$

의 특이점이라 하자. 이때

$$(x-x_0)p_1(x),\ (x-x_0)^2p_2(x),\ \cdots,\ (x-x_0)^np_n(x)$$

가 $x=x_0$에서 모두 해석적이면 $x=x_0$를 주어진 미분방정식 (*)의 **정칙특이점**(regular singular point) 또는 **정규특이점**이라 한다. 또한 $x=x_0$가 정칙특이점이 아닐 때, $x=x_0$를 주어진 미분방정식의 **비정칙특이점**(irregular singular point) 또는 **비정규특이점**이라고 한다.

예 5 $x=0$은 미분방정식

$$x^2y''+y'+2x^2y=0 \ (\text{단, } x>0)$$

의 비정칙특이점이다. 그러나 $x=0$은 미분방정식

$$(2x^2+x)y''+3y'-4y=0 \ (\text{단, } x>0)$$

의 정칙특이점이다. ■

예 6 $x=2$는 미분방정식 $(x^2-4)y''+y=0$ (단, $x>2$)의 정칙특이점이다. 주어진 미분방정식을 x^2-4로 나누어

$$y''+\frac{1}{x^2-4}y=0$$

으로 변형해 보면, $p_2(x)=\dfrac{1}{x^2-4}$은 $x=2$에서 해석적이 아니므로 $x=2$는 특이점이다. 특히 $(x-2)^2p_2(x)=\dfrac{x-2}{x+2}$가 $x=2$에서 해석적이므로, $x=2$는 정칙특이점이 된다. ■

$x=x_0$가 제차선형미분방정식의 정칙특이점이면 x_0 근방에서 멱급수해를 가질 수 없으나, 정칙특이점 근방에서 다음 정리가 성립한다.

정리 4 프로베니우스 방법 (Frobenius method)

$x = x_0$가 제차선형미분방정식

$$y^{(n)} + p_1(x) y^{(n-1)} + \cdots + p_{n-1}(x) y' + p_n(x) y = 0$$

의 정칙특이점이면, 어떤 구간 $|x - x_0| < h$ (단, $h > 0$)에서 수렴하는 급수해

$$y = (x - x_0)^{\lambda} \sum_{n=0}^{\infty} c_n (x - x_0)^n \quad (\text{단, } c_0 \neq 0, \ \lambda\text{는 상수})$$

이 적어도 하나 존재한다. 이때 λ를 해 $y(x)$의 점 x_0에서의 **지수**라 하고, 이 급수해를 **프로베니우스 급수해**라고 한다.

이제 $x = x_0$가 2계 제차선형미분방정식

$$(x - x_0)^2 y'' + (x - x_0) p(x) y' + q(x) y = 0$$

의 정칙특이점일 때, 급수해 (프로베니우스 급수해)를 구해보자. $x = x_0$가 정칙특이점이므로, 프로베니우스 방법에 의해

$$y = (x - x_0)^{\lambda} \sum_{n=0}^{\infty} c_n (x - x_0)^n \quad (\text{단, } c_0 \neq 0) \tag{*}$$

형태의 급수해가 적어도 하나 존재한다. 여기서 λ는 음이 될 수도 있고 정수가 아닐 수도 있기 때문에, 프로베니우스 급수가 멱급수이어야 할 필요는 없다. 지수 λ와 계수 c_n을 결정하기 위하여, 급수해 (*)로부터

$$y' = (x - x_0)^{\lambda} \sum_{n=0}^{\infty} (\lambda + n) c_n (x - x_0)^{n-1}$$

$$y'' = (x - x_0)^{\lambda} \sum_{n=0}^{\infty} (\lambda + n)(\lambda + n - 1) c_n (x - x_0)^{n-2}$$

을 얻는다. 또한 계수함수 $p(x)$, $q(x)$의 멱급수 전개식을

$$p(x) = \sum_{n=0}^{\infty} p_n (x - x_0)^n, \quad q(x) = \sum_{n=0}^{\infty} q_n (x - x_0)^n$$

으로 놓고, 이들을 주어진 미분방정식에 대입하여, $(x - x_0)^{\lambda + n}$의 계수를 0으로 두면

$$(\lambda+n)(\lambda+n-1)c_n+\sum_{i=0}^{n}(\lambda+i)\,p_{n-i}c_i+\sum_{i=0}^{n}q_{n-i}\,c_i=0$$

이 성립한다. 이것을 c_n, c_{n-1}, $\cdots$, c_0에 대하여 정리하면, $n>0$인 경우는

$$\{(\lambda+n)(\lambda+n-1)+(\lambda+n)p_0+q_0\}c_n+\cdots+\{\lambda p_n+q_n\}c_0=0$$

이고, $n=0$인 경우는

$$f(\lambda)=\lambda(\lambda-1)+p_0\lambda+q_0=0,\ \text{즉}\ f(\lambda)=\lambda^2+(p_0-1)\lambda+q_0=0$$

으로 주어진다. 이때 λ에 관한 이차방정식 $f(\lambda)=\lambda^2+(p_0-1)\lambda+q_0=0$을 풀면 λ의 두 개의 값 λ_1, λ_2가 얻어진다.

$$f(\lambda)=\lambda^2+(p_0-1)\lambda+q_0=0$$

은 급수해에 있어서 최초의 항 $c_0(x-x_0)^\lambda$의 지수를 결정하는 방정식이므로 **결정방정식**(indicial equation)이라 하고, 결정방정식을 만족하는 λ값을 **결정근**(indicial root)이라고 한다.

예 7 $xy''+y'+y=0$ (단, $x>0$)으로 주어진 미분방정식의 결정근을 구해보자. 주어진 미분방정식의 표준형이 $y''+\dfrac{1}{x}y'+\dfrac{1}{x}y=0$이므로

$$xp(x)=x\cdot\frac{1}{x}=1,\quad x^2q(x)=x^2\cdot\frac{1}{x}=x$$

로부터

$$p_0=1,\quad q_0=0$$

을 얻는다. 따라서 결정방정식은 $\lambda(\lambda-1)+\lambda=\lambda^2=0$이 되고, 결정근은 $\lambda_1=\lambda_2=0$으로 주어진다. ■

참고 $x=x_0$가 미분방정식 $y''+p(x)y'+q(x)=0$의 비정칙특이점이면 $x=x_0$ 근방에서 많아야 한 개의 프로베니우스 급수해를 갖는다. 따라서 비정칙특이점 근방에서는 급수해법으로 일반해를 구할 수 없다. □

예 8 $x=0$은 미분방정식 $x^2y''+(1+2x)y'=0$ (단, $x>0$)의 비정칙특이점이다. 그

런데 주어진 미분방정식은 y가 없는 경우이므로, 3.2절의 방법에 의해 일반해는

$$y = c_1 e^{\frac{1}{x}} + c_2 \quad (\text{단, } c_1,\ c_2\text{는 임의상수})$$

로 주어진다. 이때 $x = 0$에서 해석적인 해 $y = c_2$만 프로베니우스 급수로 표현할 수 있을 뿐이다. ■

결정방정식을 만족하는 λ값이 정해지면, 순차적으로 모든 c_n이 정해진다. λ의 값에 대하여 두 개의 해 $y_1,\ y_2$가 얻어지므로, 구하려는 일반해는

$$y = A y_1 + B y_2 \quad (\text{단, } A,\ B\text{는 임의상수})$$

로 주어진다.

참고 일반적으로 결정방정식 $f(\lambda) = \lambda^2 + (p_0 - 1)\lambda + q_0 = 0$으로부터 구한 λ값을

$$\{(\lambda+n)(\lambda+n-1) + (\lambda+n)p_0 + q_0\}c_n + \cdots + \{\lambda p_n + q_n\}c_0 = 0$$

에 대입하여, 보통 $c_0 = 1$로 놓고 모든 c_n (단, $n = 1,\ 2,\ \cdots$)을 순차적으로 구하는 방법을 사용한다. □

미분방정식 $y'' + p(x)y' + q(x)y = 0$ (단, $x > 0$)의 정칙특이점이 $x = 0$일 때, 결정방정식 $\lambda^2 + (p_0 - 1)\lambda + q_0 = 0$의 두 근 $\lambda_1,\ \lambda_2$에 대하여 다음 세 가지 경우를 생각한다.

(1) $\lambda_1 \neq \lambda_2$이고 $\lambda_1 - \lambda_2$가 정수가 아닌 경우는, 두 개의 1차독립인 급수해 $y_1,\ y_2$를 구할 수 있다.

(2) $\lambda_1 \neq \lambda_2$이고 $\lambda_1 - \lambda_2$가 양의 정수면, λ_1에 대해서는 항상 하나의 해를 가지며 λ_2에 대해서는 1차독립인 프로베니우스 급수해를 갖거나 아니면 전혀 갖지 않는다.

(3) $\lambda_1 = \lambda_2$인 경우는 하나의 해만이 얻어진다.

어떤 경우든지 제1의 해 $y_1(x)$를 알고 있으므로, $y_1(x)$와 1차독립인 제2의 해 $y_2(x)$는 이론적으로 계수감소법에 의해 구할 수 있다.

(1) **결정근의 차가 정수가 아닌 경우**

예제 3 $x=0$ 근방에서 프로베니우스 방법을 이용하여, 미분방정식

$$x^2 y'' + \frac{1}{2}xy' + \frac{1}{4}xy = 0 \ (\text{단, } x>0)$$

의 일반해를 구하시오.

풀이 $x=0$은 주어진 미분방정식의 정칙특이점이므로, 프로베니우스 방법에 의해

$$y = c_0 x^{\lambda} + c_1 x^{\lambda+1} + c_2 x^{\lambda+2} + \cdots$$

형태의 해가 존재한다. 따라서

$$y' = \lambda c_0 x^{\lambda-1} + (\lambda+1)c_1 x^{\lambda} + (\lambda+2)c_2 x^{\lambda+1} + \cdots$$
$$y'' = \lambda(\lambda-1)c_0 x^{\lambda-2} + (\lambda+1)\lambda c_1 x^{\lambda-1} + (\lambda+2)(\lambda+1)c_2 x^{\lambda} + \cdots$$

를 주어진 미분방정식에 대입하면

$$x^2\{\lambda(\lambda-1)c_0 x^{\lambda-2} + (\lambda+1)\lambda c_1 x^{\lambda-1} + (\lambda+2)(\lambda+1)c_2 x^{\lambda} + \cdots\}$$
$$+\frac{1}{2}x\{\lambda c_0 x^{\lambda-1} + (\lambda+1)c_1 x^{\lambda} + (\lambda+2)c_2 x^{\lambda+1} + \cdots\}$$
$$+\frac{1}{4}x\{c_0 x^{\lambda} + c_1 x^{\lambda+1} + c_2 x^{\lambda+2} + \cdots\} = 0$$

이므로

$$\lambda(2\lambda-1)c_0 = 0, \quad (\lambda+1)(2\lambda+1)c_1 + \frac{1}{2}c_0 = 0,$$
$$(\lambda+2)(2\lambda+3)c_2 + \frac{1}{2}c_0 = 0,$$
$$\vdots$$
$$(\lambda+n)(2\lambda+2n-1)c_n + \frac{1}{2}c_{n-1} = 0,$$
$$(\lambda+n+1)(2\lambda+2n+1)c_{n+1} + \frac{1}{2}c_n = 0,$$
$$\vdots$$

가 성립한다. 이제 급수의 초항이 0이 되지 않도록 $c_0 \neq 0$이라 가정하면 $\lambda(2\lambda-1)c_0 = 0$으로부터 결정방정식 $\lambda(2\lambda-1)=0$을 얻고, 결정근이 $\lambda=0$ 또

는 $\lambda=\dfrac{1}{2}$이므로 미분방정식의 해는

$$y_1=c_0+c_1x^1+c_2x^2+\cdots,\quad y_2=x^{\frac{1}{2}}(b_0+b_1x^1+b_2x^2+\cdots)$$

가 된다.

$\lambda=0$에 대하여 $y_1=c_0+c_1x^1+c_2x^2+\cdots$이면

$$1\cdot1\cdot c_1+\frac{1}{2}c_0=0,\quad 2\cdot3\cdot c_2+\frac{1}{2}c_1=0,$$

$$3\cdot5\cdot c_3+\frac{1}{2}c_2=0,\quad\cdots,\quad n(2n-1)c_n+\frac{1}{2}c_{n-1}=0,\quad\cdots$$

이므로

$$c_1=-\frac{c_0}{2\cdot1}=-\frac{c_0}{2!},\quad c_2=-\frac{c_1}{4\cdot3}=\frac{c_0}{4!},$$

$$c_3=-\frac{c_2}{6\cdot5}=-\frac{c_0}{6!},\ \cdots$$

$$c_n=-\frac{c_{n-1}}{2n(2n-1)}=(-1)^n\frac{c_0}{2n!},\ \cdots$$

를 얻는다. 따라서 $\lambda=0$에 대응하는 해는

$$y_1=c_0\left\{1-\frac{x}{2!}+\frac{x^2}{4!}-\frac{x^3}{6!}+\cdots+(-1)^n\frac{x^n}{(2n)!}+\cdots\right\}$$

로 주어진다.

$\lambda=\dfrac{1}{2}$에 대하여 $y_2=x^{\frac{1}{2}}(b_0+b_1x^1+b_2x^2+\cdots)$면

$$\frac{3}{2}\cdot2\cdot b_1+\frac{1}{2}b_0=0,\quad \frac{5}{2}\cdot4\cdot b_2+\frac{1}{2}b_1=0,$$

$$\frac{7}{2}\cdot6\cdot b_3+\frac{1}{2}b_2=0,\ \cdots$$

$$\frac{2n+1}{2}\cdot2n\cdot b_n+\frac{1}{2}b_{n-1}=0,\ \cdots$$

이므로

$$b_1=-\frac{b_0}{3\cdot2}=-\frac{b_0}{3!},\quad b_2=-\frac{b_1}{5\cdot4}=\frac{b_0}{5!},$$

$$b_3 = -\frac{b_2}{7 \cdot 6} = -\frac{b_0}{7!}, \cdots$$

$$b_n = -\frac{b_{n-1}}{(2n+1)2n} = (-1)^n \frac{b_0}{(2n+1)!},$$

$$\vdots$$

를 얻는다. 따라서 $\lambda = \frac{1}{2}$에 대응하는 해는

$$y_2 = b_0 x^{\frac{1}{2}} \left\{ 1 - \frac{x}{3!} + \frac{x^2}{5!} - \cdots + (-1)^n \frac{x^n}{(2n+1)!} + \cdots \right\}$$

가 된다. 이때 $\lambda = 0$과 $\lambda = \frac{1}{2}$에 대응하는 1차독립인 두 개의 급수해 y_1, y_2는 x의 모든 값에 대하여 각각 $c_0 \cos \sqrt{x}$과 $b_0 \sin \sqrt{x}$으로 수렴한다. 따라서 일반해는

$$y = A \cos \sqrt{x} + B \sin \sqrt{x} \quad (\text{단, } A, B\text{는 임의상수})$$

으로 주어진다. ■

(2) 결정근의 차가 정수인 경우

예제 4 $x = 0$ 근방에서 프로베니우스 방법을 이용하여, 미분방정식

$$x y'' + 3y' - y = 0 \quad (\text{단, } x > 0)$$

의 일반해를 구하시오.

풀이 정칙특이점 $x = 0$에 대한 결정방정식의 근은 $\lambda_1 = 0$, $\lambda_2 = -2$다. 먼저 $\lambda_1 = 0$에 대하여

$$y = \sum_{n=0}^{\infty} a_n x^n \quad (\text{단, } a_0 \neq 0)$$

형태의 해가 존재한다고 가정하고

$$y' = \sum_{n=1}^{\infty} n a_n x^{n-1}$$

$$y'' = \sum_{n=2}^{\infty} n(n-1) a_n x^{n-2}$$

을 y와 함께 주어진 미분방정식에 대입하면

$$\sum_{n=2}^{\infty} n(n-1)a_n x^{n-1} + \sum_{n=1}^{\infty} 3na_n x^{n-1} - \sum_{n=0}^{\infty} a_n x^n = 0$$

으로부터

$$(3a_1 - a_0) + \sum_{n=2}^{\infty} [\{n(n-1)+3n\}a_n - a_{n-1}]x^{n-1} = 0$$

이 성립한다. 따라서

$$a_1 = \frac{1}{3}a_0, \quad a_n = \frac{a_{n-1}}{n^2+2n} \quad (\text{단, } n \geqq 2)$$

이므로

$$y_1(x) = a_0\left(1 + \frac{x}{3} + \frac{x^2}{24} + \frac{x^3}{360} + \cdots\right)$$

를 얻는다. $y_1(x)$와 1차독립인 두 번째 해를 구하기 위해

$$y_2(x) = cy_1(x)\ln x + \sum_{n=0}^{\infty} b_n x^{n-2}$$

으로 놓으면

$$y_2{}'(x) = \frac{cy_1(x)}{x} + cy_1{}'(x)\ln x + \sum_{n=0}^{\infty}(n-2)b_n x^{n-3}$$

$$y_2{}''(x) = -\frac{cy_1(x)}{x^2} + \frac{2cy_1{}'(x)}{x} + cy_1{}''(x)\ln x + \sum_{n=0}^{\infty}(n-2)(n-3)b_n x^{n-4}$$

이므로, 이것을 주어진 미분방정식에 대입하면

$$\frac{2cy_1(x)}{x} + 2cy_1{}'(x) + \sum_{n=1}^{\infty}[(n-2)nb_n - b_{n-1}]x^{n-3} = 0$$

이 성립한다. 이때 $a_0 = \dfrac{1}{c}$로 택하면

$$y_1(x) = \frac{1}{c}\left(1 + \frac{x}{3} + \frac{x^2}{24} + \frac{x^3}{360} + \cdots\right)$$

$$y_1'(x) = \frac{1}{c}\left(\frac{1}{3} + \frac{x}{12} + \frac{x^2}{120} + \cdots\right)$$

이므로

$$\frac{2cy_1(x)}{x} + 2cy_1'(x) + \sum_{n=1}^{\infty}\{(n-2)nb_n - b_{n-1}\}x^{n-3} = 0$$

에 대입하면

$$\left(\frac{2}{x} + \frac{4}{3} + \frac{x}{4} + \frac{x^2}{45} + \cdots\right) + \sum_{n=1}^{\infty}\{(n-2)nb_n - b_{n-1}\}x^{n-3} = 0$$

으로부터

$$\left(\frac{2}{x} + \frac{4}{3} + \frac{x}{4} + \frac{x^2}{45} + \cdots\right) + (-b_1 - b_0)x^{-2} - b_1x^{-1}$$
$$+ (3b_3 - b_2) + (8b_4 - b_3)x + (15b_5 - b_4)x^2 = 0$$

이 된다. 그러므로

$$-b_1 - b_0 = 0,\ -b_1 + 2 = 0,\ 3b_3 - b_2 + \frac{4}{3} = 0,$$

$$8b_4 - b_3 + \frac{1}{4} = 0,\ 15b_5 - b_4 + \frac{1}{45} = 0,\ \cdots$$

가 성립한다. 따라서 $b_1 = 2$, $b_0 = -2$고, 다른 계수들은 b_2에 의해서 나타나므로 y_1과 1차독립인 두 번째 해

$$\begin{aligned} y_2(x) &= cy_1(x)\ln x + x^{-2}\sum_{n=0}^{\infty}b_nx^n \\ &= \left(1 + \frac{x}{3} + \frac{x^2}{24} + \frac{x^3}{360} + \cdots\right)\ln x + x^{-2}\left(-2 + 2x + b_2x^2\right. \\ &\quad \left. + \frac{3b_2 - 4}{9}x^3 + \frac{12b_2 - 25}{288}x^4 + \frac{60b_2 - 157}{21600}x^5 + \cdots\right) \end{aligned}$$

를 얻는다.

특히 $c = \frac{1}{a_0} = 1$, $b_2 = 0$으로 취하면 두 개의 1차독립인 해는

$$y_1(x) = 1 + \frac{x}{3} + \frac{x^2}{24} + \frac{x^3}{360} + \cdots$$

$$y_2(x) = \left(1 + \frac{x}{3} + \frac{x^2}{24} + \frac{x^3}{360} + \cdots\right)\ln x$$
$$+ x^{-2}\left(-2 + 2x - \frac{4}{9}x^3 - \frac{25}{288}x^4 - \frac{157}{21600}x^5 - \cdots\right)$$

이므로, 일반해는

$$y(x) = A\,y_1(x) + B\,y_2(x) \text{ (단, } A,\ B\text{는 임의상수)}$$

로 주어진다. ■

(3) 두 개의 결정근이 같을 경우

두 개의 결정근이 같을 경우 $y_1(x)$가 미분방정식 $y'' + p(x)y' + g(x)y = 0$의 해면, y_1과 1차독립인 다른 해 $y_2(x)$를 계수감소법으로 구할 수 있다. 즉

$$y_2(x) = y_1(x)\int \frac{e^{-\int p(x)\,dx}}{\{y_1(x)\}^2}\,dx$$

로 구할 수 있다.

예제 5 $x = 0$ 근방에서 프로베니우스 방법을 이용하여, 미분방정식

$$x^2y'' + xy' + x^2y = 0 \text{ (단, } x > 0)$$

의 일반해를 구하시오.

풀이 주어진 미분방정식의 표준형이 $y'' + \frac{1}{x}y' + y = 0$이므로, 정칙특이점 $x = 0$에 대한 결정방정식 $\lambda(\lambda - 1) = \lambda^2 = 0$으로부터 결정근은

$$\lambda_1 = \lambda_2 = 0$$

이다. 따라서

$$y = \sum_{n=0}^{\infty} a_n x^n \text{ (단, } a_0 \neq 0)$$

형태의 해가 존재하므로

$$y' = \sum_{n=1}^{\infty} n a_n x^{n-1}$$

$$y'' = \sum_{n=2}^{\infty} n(n-1) a_n x^{n-2}$$

을 y와 함께 주어진 미분방정식에 대입하면

$$\sum_{n=2}^{\infty} n(n-1) a_n x^n + \sum_{n=1}^{\infty} n a_n x^n + \sum_{n=0}^{\infty} a_n x^{n+2} = 0$$

으로부터

$$a_1 x + \sum_{n=2}^{\infty} \left[\{ n(n-1) + n \} a_n + a_{n-2} \right] x^n = 0$$

이므로

$$a_1 = 0, \quad a_n = -\frac{a_{n-2}}{n^2} \quad (\text{단}, \ n \geqq 2)$$

가 성립한다. $a_0 = 1$로 택하면 하나의 해

$$y_1(x) = 1 - \frac{x^2}{4} + \frac{x^4}{64} - \cdots$$

를 얻는다. 이제 y_1과 1차독립인 두 번째 해를 구하기 위해 계수감소법

$$y_2(x) = y_1(x) \int \frac{e^{-\int p(x)\,dx}}{\{y_1(x)\}^2}\,dx$$

를 사용하면

$$y_2(x) = y_1(x) \ln x + y_1(x) \left(\frac{x^2}{4} + \frac{5x^4}{128} + \cdots \right)$$

를 얻는다. 따라서 미분방정식의 일반해는

$$y = A y_1(x) + B y_2(x) \ (\text{단}, \ A, \ B\text{는 임의상수})$$

로 주어진다. ■

연습문제 5.2

1. 멱급수해법을 이용하여, 다음 초기값 문제의 해를 구하시오.

   (1) $\dfrac{dy}{dx} = y^2$; $y(0) = c$ (2) $x + y' = 2y + (y')^2$; $y(0) = 1$

2. 보통점 $x = 0$에 관하여 다음 미분방정식의 일반해를 멱급수해법을 이용하여 구하되, 처음 다섯 항을 나타내시오.

   (1) $y'' + y = 0$ (2) $y'' + e^x y' - y = 0$

3. 멱급수해법을 이용하여, $x = 0$에 관하여 다음 미분방정식의 일반해를 구하시오.

   (1) $y'' + xy = \sin x$ (2) $(x^2 - 1)y'' + xy' - y = 0$

   (3) $(1 - x^2)y'' - 2xy' + 2y = 0$ (4) $y'' + xy' - y = e^{3x}$

4. 미분방정식 $y'' + (\cos x)y = 0$을 보통점 $x = 0$에 관한 멱급수전개로 해를 구하면, 일반해는 c_0, c_1이 임의상수일 때

$$y = c_0\left(1 - \frac{1}{2}x^2 + \frac{1}{12}x^4 - \cdots\right) + c_1\left(x - \frac{1}{6}x^3 + \frac{1}{30}x^5 - \cdots\right)$$

   로 주어짐을 보이시오. 이때 두 멱급수는 $|x| < \infty$에서 수렴한다.

5. 미분방정식 $xy'' + y = 0$을 보통점 $x = 1$에 관한 멱급수전개로 해를 구하면, 일반해는

$$\begin{aligned} y = c_0 + c_1(x-1) - \frac{c_0}{2}(x-1)^2 + \frac{c_0 - c_1}{6}(x-1)^3 \\ + \frac{2c_0 - 5c_1}{120}(x-1)^5 + \frac{180c_1 - 7c_0}{720}(x-1)^6 + \cdots \end{aligned}$$

   로 주어짐을 보이시오. 여기서 c_0, c_1은 임의상수다.

6. 미분방정식 $4xy'' + y' = 0$을 변수변환 $x = t + 1$을 이용하여 일반해를 구하시오. 단, $t = 0$에 관한 멱급수전개를 이용하시오.

7. 미분방정식 $y'' + xy' + (2x - 1)y = 0$을 변수변환 $x = t - 1$을 이용하여 $t = 0$에 관한

멱급수전개로 해를 구하면, 일반해는

$$y = c_0\left[1 + \frac{3}{2}(x+1)^2 + \frac{1}{6}(x+1)^3 + \frac{1}{6}(x+1)^4 + \cdots\right] + c_1\left[(x+1) + \frac{1}{2}(x+1)^2 + \frac{1}{2}(x+1)^3 + \cdots\right]$$

로 주어짐을 보이시오. 여기서 c_0, c_1은 임의상수다.

8. 다음 미분방정식에서 특이점을 찾고, 정칙특이점인지 비정칙특이점인지를 판정하시오.

(1) $x^3(1-x)^2y'' - 2x^2(1-x)y' + 3y = 0$

(2) $y'' + \dfrac{y'}{x} + \left(1 - \dfrac{\mu^2}{x^2}\right)y = 0$ (단, $x > 0$)

9. 프로베니우스 방법을 이용하여, 정칙특이점에 관한 두 개의 1차독립인 급수해를 구하시오.

(1) $2x^2y'' - xy' + (1-x)y = 0$ (2) $2xy'' + y' + y = 0$ (단, $x > 0$)

10. 미분방정식

$$xy'' + \left(x - \frac{1}{2}\right)y' + y = 0 \quad (\text{단, } x > 0)$$

을 정칙특이점 $x = 0$에 관한 프로베니우스 방법을 이용하여 해를 구하면, 일반해는 A, B가 임의상수일 때

$$y = A\left\{1 + 2x - \sum_{n=2}^{\infty} \frac{(-2)^n x^n}{1 \cdot 3 \cdot \cdots \cdot (2n-3)}\right\} + Bx^{\frac{3}{2}}e^{-x}$$

로 주어짐을 보이시오.

11. 미분방정식

$$(2x^2 + x)y'' + 3y' - 4y = 0 \quad (\text{단, } x > 0)$$

을 정칙특이점 $x = 0$에 관한 프로베니우스 방법을 이용하여 해를 구하면, 일반해는

$$y = A\left(1 + \frac{4}{3}x + \frac{2}{3}x^2\right) + Bx^{-2}(1 + 8x) \quad (\text{단, } A, B\text{는 임의상수})$$

로 주어짐을 보이시오.

연습문제 5.2

1. 멱급수해법을 이용하여, 다음 초기값 문제의 해를 구하시오.

(1) $\dfrac{dy}{dx}=y^2$; $y(0)=c$　　　(2) $x+y'=2y+(y')^2$; $y(0)=1$

2. 보통점 $x=0$에 관하여 다음 미분방정식의 일반해를 멱급수해법을 이용하여 구하되, 처음 다섯 항을 나타내시오.

(1) $y''+y=0$　　　(2) $y''+e^x y'-y=0$

3. 멱급수해법을 이용하여, $x=0$에 관하여 다음 미분방정식의 일반해를 구하시오.

(1) $y''+xy=\sin x$　　　(2) $(x^2-1)y''+xy'-y=0$

(3) $(1-x^2)y''-2xy'+2y=0$　　　(4) $y''+xy'-y=e^{3x}$

4. 미분방정식 $y''+(\cos x)y=0$을 보통점 $x=0$에 관한 멱급수전개로 해를 구하면, 일반해는 c_0, c_1이 임의상수일 때

$$y=c_0\left(1-\frac{1}{2}x^2+\frac{1}{12}x^4-\cdots\right)+c_1\left(x-\frac{1}{6}x^3+\frac{1}{30}x^5-\cdots\right)$$

로 주어짐을 보이시오. 이때 두 멱급수는 $|x|<\infty$에서 수렴한다.

5. 미분방정식 $xy''+y=0$을 보통점 $x=1$에 관한 멱급수전개로 해를 구하면, 일반해는

$$y=c_0+c_1(x-1)-\frac{c_0}{2}(x-1)^2+\frac{c_0-c_1}{6}(x-1)^3$$
$$+\frac{2c_0-5c_1}{120}(x-1)^5+\frac{180c_1-7c_0}{720}(x-1)^6+\cdots$$

로 주어짐을 보이시오. 여기서 c_0, c_1은 임의상수다.

6. 미분방정식 $4xy''+y'=0$을 변수변환 $x=t+1$을 이용하여 일반해를 구하시오. 단, $t=0$에 관한 멱급수전개를 이용하시오.

7. 미분방정식 $y''+xy'+(2x-1)y=0$을 변수변환 $x=t-1$을 이용하여 $t=0$에 관한

멱급수전개로 해를 구하면, 일반해는

$$y = c_0\left[1 + \frac{3}{2}(x+1)^2 + \frac{1}{6}(x+1)^3 + \frac{1}{6}(x+1)^4 + \cdots\right]$$
$$+ c_1\left[(x+1) + \frac{1}{2}(x+1)^2 + \frac{1}{2}(x+1)^3 + \cdots\right]$$

로 주어짐을 보이시오. 여기서 c_0, c_1은 임의상수다.

8. 다음 미분방정식에서 특이점을 찾고, 정칙특이점인지 비정칙특이점인지를 판정하시오.
   (1) $x^3(1-x)^2 y'' - 2x^2(1-x)y' + 3y = 0$
   (2) $y'' + \dfrac{y'}{x} + \left(1 - \dfrac{\mu^2}{x^2}\right)y = 0$ (단, $x > 0$)

9. 프로베니우스 방법을 이용하여, 정칙특이점에 관한 두 개의 1차독립인 급수해를 구하시오.
   (1) $2x^2 y'' - xy' + (1-x)y = 0$　　(2) $2xy'' + y' + y = 0$ (단, $x > 0$)

10. 미분방정식

$$xy'' + \left(x - \frac{1}{2}\right)y' + y = 0 \quad (\text{단, } x > 0)$$

을 정칙특이점 $x = 0$에 관한 프로베니우스 방법을 이용하여 해를 구하면, 일반해는 A, B가 임의상수일 때

$$y = A\left\{1 + 2x - \sum_{n=2}^{\infty} \frac{(-2)^n x^n}{1 \cdot 3 \cdot \cdots \cdot (2n-3)}\right\} + Bx^{\frac{3}{2}} e^{-x}$$

로 주어짐을 보이시오.

11. 미분방정식

$$(2x^2 + x)y'' + 3y' - 4y = 0 \quad (\text{단, } x > 0)$$

을 정칙특이점 $x = 0$에 관한 프로베니우스 방법을 이용하여 해를 구하면, 일반해는

$$y = A\left(1 + \frac{4}{3}x + \frac{2}{3}x^2\right) + Bx^{-2}(1 + 8x) \quad (\text{단, } A, B\text{는 임의상수})$$

로 주어짐을 보이시오.

5.3 특별한 형태의 2계 선형미분방정식의 급수해

특별한 형태의 미분방정식의 해를 구하는 데 보통점과 정칙특이점에 관한 무한급수를 사용하는 방법을 이용할 수 있다. 이러한 미분방정식은 공학과 물리학의 많은 문제에서 나타나게 되므로 매우 중요한 미분방정식이다.

이 절에서는 여러 분야에서 많이 응용되는 대표적인 2계 선형미분방정식의 급수해에 대하여 서술한다.

1. 가우스 미분방정식

정의 1 가우스 미분방정식

α, β, γ가 임의상수일 때

$$x(x-1)y''+\{(\alpha+\beta+1)x-\gamma\}y'+\alpha\beta y=0 \qquad (*)$$

형태의 미분방정식을 **가우스(Gauss) 미분방정식**이라 한다.

$x=0$과 $x=1$은 가우스 미분방정식 (*)의 정칙특이점이다.

① $x=0$의 근방에서 (*)는

$$y=x^{\lambda}\sum_{n=0}^{\infty}c_n x^n \ \ (\text{단, } c_0\neq 0)$$

형태의 급수해를 가진다. y와

$$y'=x^{\lambda}\sum_{n=0}^{\infty}(\lambda+n)c_n x^{n-1}$$

$$y''=x^{\lambda}\sum_{n=0}^{\infty}(\lambda+n)(\lambda+n-1)c_n x^{n-2}$$

을 미분방정식 (*)에 대입하고, $x^{\lambda+n}$의 계수를 0으로 두면

$$(\lambda+n)(\lambda+n+\gamma-1)c_n-(\lambda+n-1+\alpha)(\lambda+n-1+\beta)c_{n-1}=0 \ \ (\text{단, } c_{-1}=0)$$

이 된다. 그러므로 $n=0$일 때, 결정방정식 $\lambda(\lambda+\gamma-1)=0$으로부터 두 근

$$\lambda=0, \quad \lambda=1-\gamma$$

를 얻는다. 따라서 두 근의 차 $1-\gamma$가 정수가 아니면, 즉 γ가 정수가 아닐 때

(i) $\lambda=0$에 대해서는

$$\begin{aligned} c_1 &= \frac{\alpha\beta}{1\cdot\gamma}\, c_0, \\ c_2 &= \frac{(\alpha+1)(\beta+1)}{2\cdot(\gamma+1)}\, c_1, \\ &\vdots \\ c_n &= \frac{(\alpha+n-1)(\beta+n-1)}{n\cdot(\gamma+n-1)}\, c_{n-1}, \\ &\vdots \end{aligned}$$

로부터

$$c_n = \frac{\alpha(\alpha+1)\cdot\cdots\cdot(\alpha+n-1)\beta(\beta+1)\cdot\cdots\cdot(\beta+n-1)}{n!\,\gamma(\gamma+1)\cdot\cdots\cdot(\gamma+n-1)}\, c_0$$

를 얻는다. 따라서

$$\begin{aligned} y = c_0\Big\{1 &+ \frac{\alpha\beta}{1!\,\gamma}x + \frac{\alpha(\alpha+1)\beta(\beta+1)}{2!\,\gamma(\gamma+1)}x^2 + \cdots \\ &+ \frac{\alpha(\alpha+1)\cdot\cdots\cdot(\alpha+n-1)\beta(\beta+1)\cdot\cdots\cdot(\beta+n-1)}{n!\,\gamma(\gamma+1)\cdot\cdots\cdot(\gamma+n-1)}x^n + \cdots\Big\} \end{aligned}$$

인 해를 얻는다. 이 괄호 내의 급수를 **초기하급수**(hypergeometric series)라 하고, 이것으로 정의되는 함수를 **초기하함수**(hypergeometric function)라 하며, 보통 기호 $F(\alpha, \beta, \gamma; x)$로 표시한다. 이 급수는 $|x|<1$에서 수렴하고, $|x|>1$에서 발산한다.

(ii) $\lambda=1-\gamma$에 대해서는

$$\begin{aligned} c_1 &= \frac{(\alpha+1-\gamma)(\beta+1-\gamma)}{1\cdot(2-\gamma)}\, c_0, \\ c_2 &= \frac{(\alpha+2-\gamma)(\beta+2-\gamma)}{2\cdot(3-\gamma)}\, c_1, \\ &\vdots \\ c_n &= \frac{(\alpha+n-\gamma)(\beta+n-\gamma)}{n(n+1-\gamma)}\, c_{n-1}, \end{aligned}$$

$$\vdots$$

로부터

$$c_n = \frac{(\alpha+1-\gamma)\cdot\cdots\cdot(\alpha+n-\gamma)(\beta+1-\gamma)\cdot\cdots\cdot(\beta+n-\gamma)}{n!\,(2-\gamma)(3-\gamma)\cdot\cdots\cdot(n+1-\gamma)}$$

를 얻는다. 따라서

$$y = c_0 x^{1-\gamma}\left\{1 + \frac{(\alpha+1-\gamma)(\beta+1-\gamma)}{1!\,(2-\gamma)}x \right.$$
$$+ \frac{(\alpha+1-\gamma)(\alpha+2-\gamma)(\beta+1-\gamma)(\beta+2-\gamma)}{2!(2-\gamma)(3-\gamma)}x^2 + \cdots$$
$$\left. + \frac{(\alpha+1-\gamma)\cdot\cdots\cdot(\alpha+n-\gamma)(\beta+1-\gamma)\cdot\cdots\cdot(\beta+n-\gamma)}{n!(2-\gamma)(3-\gamma)\cdot\cdots\cdot(n+1-\gamma)}x^n + \cdots\right\}$$

인 해를 얻는다. 이때 괄호내의 급수는

$$F(\alpha+1-\gamma,\ \beta+1-\gamma,\ 2-\gamma\,;x)$$

로 표시된다.

(i)과 (ii)로부터 γ가 정수가 아닐 때, 가우스 미분방정식 (*)의 일반해는

$$y = AF(\alpha,\ \beta,\ \gamma,\ x) + Bx^{1-\gamma}F(\alpha+1-\gamma,\ \beta+1-\gamma,\ 2-\gamma\,;x)$$

인 초기하급수로 주어진다. 여기서 A, B는 임의상수다.

γ가 정수인 경우는 위에서 주어진 방법으로는 단 하나의 해만 얻게 된다. 따라서 1차독립인 제2의 해를 구하려면 다른 방법을 사용하여야 한다.

② $x=1$의 근방에서 (*)는

$$y = (x-1)^{\lambda}\sum_{n=0}^{\infty} c_n (x-1)^n \quad (\text{단, } c_0 \neq 0)$$

형태의 급수해를 가진다. $t = 1-x$로 치환하면

$$\frac{dy}{dx} = -\frac{dy}{dt},\quad \frac{d^2y}{dx^2} = \frac{d^2y}{dt^2}$$

이므로, 가우스 미분방정식 (*)는

$$t(t-1)\frac{d^2y}{dt^2}+\{(\alpha+\beta+1)t-(\alpha+\beta+1-\gamma)\}\frac{dy}{dt}+\alpha\beta y=0$$

이 된다. 이것은 주어진 가우스 미분방정식 (*)에서 γ 대신 $(\alpha+\beta+1-\gamma)$를 대입한 것과 같은 형태이므로, $\alpha+\beta-\gamma$가 정수가 아닌 경우는

$$F(\alpha,\ \beta,\ \alpha+\beta+1-\gamma\,;1-x),$$
$$(1-x)^{\gamma-\alpha-\beta}F(\gamma-\beta,\ \gamma-\alpha,\ \gamma+1-\alpha-\beta\,;1-x)$$

인 두 개의 해를 얻는다. 따라서 가우스 미분방정식 (*)의 일반해는

$$\begin{aligned} y=&\,AF(\alpha,\ \beta,\ \alpha+\beta+1-\gamma\,;1-x)\\ &+B(1-x)^{\gamma-\alpha-\beta}F(\gamma-\beta,\ \gamma-\alpha,\ \gamma+1-\alpha-\beta\,;1-x)\end{aligned}$$

인 초기하급수로 주어진다. 여기서 A, B는 임의상수다.

일반적으로 초등함수 (elementary function)는 α, β, γ의 특별한 값을 갖는 초기하급수 $F(\alpha,\ \beta,\ \gamma\,;x)$로 나타낼 수 있다.

예 1

$$\begin{aligned}\ln(1+x)&=x-\frac{x^2}{2}+\frac{x^3}{3}-\frac{x^4}{4}+\frac{x^5}{5}-\cdots\\ &=x\left(1-\frac{1}{2}+\frac{1}{3}x^2-\frac{1}{4}x^3+\frac{1}{5}x^4-\cdots\right)\\ &=x\left(1-\frac{1\cdot1}{1!\,2}x+\frac{1\cdot2\cdot1\cdot2}{2!\,2\cdot3}x^2-\frac{1\cdot2\cdot3\cdot1\cdot2\cdot3}{3!\,2\cdot3\cdot4}x^3\right.\\ &\qquad\left.+\frac{1\cdot2\cdot3\cdot4\cdot1\cdot2\cdot3\cdot4}{4!\,2\cdot3\cdot4\cdot5}x^4+\cdots\right)\\ &=xF(1,\ 1,\ 2\,;-x)\end{aligned}$$

■

2. 르장드르 미분방정식

정의 2 르장드르 미분방정식

α가 임의상수일 때

$$(x^2-1)y''+2xy'-\alpha(\alpha+1)y=0 \qquad (*)$$

형태의 미분방정식을 위수 α의 **르장드르 (Legendre) 미분방정식**이라고 한다.

이 책에서는 $\alpha = n$ (단, n은 0 또는 양의 정수)일 때

$$(x^2-1)y''+2xy'-n(n+1)y=0$$

형태의 르장드르 미분방정식에 대하여 서술하기로 한다. 르장드르 미분방정식은 변수변환에 의해 가우스 미분방정식으로 변형된다.

$x-1=2t$로 치환하면

$$y'=-\frac{1}{2}\frac{dy}{dt},\quad y''=\frac{1}{4}\frac{d^2y}{dt^2}$$

이므로, 주어진 르장드르 미분방정식 (*)는

$$t(t-1)\frac{d^2y}{dt^2}+(2t-1)\frac{dy}{dt}-n(n+1)y=0$$

이 된다. 이것은 가우스 미분방정식에서 α, β, γ 대신에 각각 $n+1$, $-n$, 1을 대입하였을 경우다. 따라서

$$y_1(x)=F\left(n+1,\ -n,\ 1\ ;\ \frac{1}{2}(1-x)\right)$$

가 주어진 미분방정식의 하나의 해다. 그러나 이 경우 결정방정식의 근 0, $1-\gamma$는 모두 0이 되므로, $y_1(x)$와 다른 1차독립인 제2의 해를 구해야 한다. 지금 $y=y_1v$로 놓고 이것을

$$t(t-1)\frac{d^2y}{dt^2}+(2t-1)\frac{dy}{dt}-n(n+1)y=0$$

에 대입하여 $y_1(x)$가 해인 것에 유의하면

$$t(t-1)\left(2\frac{dy_1}{dt}\frac{dv}{dt}+y_1\frac{d^2v}{dt^2}\right)+(2t-1)y_1\frac{dv}{dt}=0$$

으로부터

$$\frac{d^2v/dt^2}{dv/dt}=-2\frac{dy_1/dt}{y_1}-\frac{2t-1}{t^2-t}$$

을 얻는다. 양변을 적분하면 $\ln\frac{dv}{dt}=-2\ln y_1-\ln t(t-1)$, 즉

$$\frac{dv}{dt}=\frac{1}{{y_1}^2t(t-1)}=\frac{1}{\{1-2n(n+1)t+\cdots\}t(t-1)}$$

$$= -\frac{1}{t} - (2n^2+2n+1) + \cdots$$

이다. 따라서 v는 $v = -\ln t + v_0 + v_1 t + v_2 t^2 + \cdots$ 형태의 급수로 주어진다. 그러므로 제2의 해는

$$y_2 = y_1\{-\ln(1-x) + c_0 + c_1(1-x) + \cdots\}$$

형태임을 알 수 있다. 그러므로 일반해는 A와 B가 임의상수일 때

$$\begin{aligned} y &= A y_1(x) + B y_2(x) \\ &= [A + B\{-\ln(1-x) + c_0 + c_1(1-x) + \cdots\}] \\ &\quad \cdot F\left(n+1, -n, 1; \frac{1}{2}(1-x)\right) \end{aligned}$$

로 주어진다. 그러나 y_2는 $x=1$에서 해석적이 아니다.

참고 르장드르 미분방정식의 급수해는 α가 정수일 때 끝이 있음에 유의한다. 함수 $F\left(n+1, -n; \frac{1}{2}(1-x)\right)$에 대하여, n이 0 또는 양의 정수면

$$\begin{aligned} F\left(n+1, -n, 1; \frac{1}{2}(1-x)\right) &= 1 + \frac{n(n+1)}{2}(x-1) \\ &+ \frac{(n+2)(n+1)n(n-1)}{(2!)^2 2^n}(x-1)^2 + \cdots \\ &+ \frac{2n(2n-1)(2n-2)\cdot\cdots\cdot 3\cdot 2\cdot 1}{(n!)^2 2^n}(x-1)^n \end{aligned}$$

이 된다. $n+1$번째 항에서 끝이 되는 이 다항식을 **르장드르 다항식**(Legendre polynomial)이라 하고, $P_n(x)$로 표시한다. □

정리 3 로드리게스 공식(formula of Rodrigues)

르장드르 다항식 $P_n(x)$는 다음과 같이 표현할 수 있다.

$$P_n(x) = \frac{1}{2^n n!}\frac{d^n}{dx^n}(x^2-1)^n$$

이 관계식을 로드리게스 공식이라 한다.

예 2 n에 대한 르장드르 다항식 $P_n(x)$를 계산하면

$$P_0(x)=1,\ P_1(x)=x,\ P_2(x)=\frac{1}{2}(3x^2-1),$$

$$P_3(x)=\frac{1}{2}(5x^3-3x),\ P_4(x)=\frac{1}{8}(35x^4-30x^2+3),$$

$$P_5(x)=\frac{1}{8}(63x^5-70x^3+15x),\ \cdots$$

가 된다. ■

3. 베셀 미분방정식

베셀 미분방정식은 1703년 매달린 줄의 주기적인 움직임에 대하여 베르누이에 의해 연구되었고, 그후 행성의 움직임에 관한 천문학자 베셀의 연구에서 논의되었다.

베셀 미분방정식은 탄성의 연구, 유체의 움직임, 파동의 진행, 열전도 문제에서 자주 등장한다.

정의 4 베셀 미분방정식

상수 $\alpha \geqq 0$에 대하여

$$x^2y''+xy'+(x^2-\alpha^2)y=0 \qquad (*)$$

형태의 미분방정식을 위수 α의 **베셀(Bessel) 미분방정식**이라 한다. 베셀 미분방정식의 해를 **베셀함수**라고 한다.

베셀 미분방정식 (*)의 급수해를 구하기 위해 표준형으로 변형하면

$$y''+\frac{1}{x}y'+\frac{x^2-\alpha^2}{x^2}y=0$$

이므로 $x=0$은 정칙특이점이고, $x=0$의 근방에서 주어진 미분방정식은

$$y=x^{\lambda}\sum_{n=0}^{\infty}c_nx^n\ \ (\text{단, } c_0\neq 0)$$

형태의 프로베니우스 급수해를 가진다.

$$y = x^{\lambda} \sum_{n=0}^{\infty} c_n x^n, \quad y' = x^{\lambda} \sum_{n=0}^{\infty} (\lambda + n) c_n x^{n-1},$$

$$y'' = x^{\lambda} \sum_{n=0}^{\infty} (\lambda + n)(\lambda + n - 1) c_n x^{n-2}$$

을 주어진 미분방정식에 대입하면

$$\begin{aligned} & x^2 \Big\{ \lambda(\lambda-1) c_0 x^{\lambda-2} + (\lambda+1)\lambda c_1 x^{\lambda-1} + (\lambda+2)(\lambda+1) c_2 x^{\lambda} + \cdots \\ & \qquad + (\lambda+n)(\lambda+n-1) c_n x^{\lambda+n-2} + \cdots \Big\} \\ & + x \Big\{ \lambda c_0 x^{\lambda-1} + (\lambda+1) c_1 x^{\lambda} + (\lambda+2) c_2 x^{\lambda+1} + \cdots \\ & \qquad + (\lambda+n) c_n x^{\lambda+n-1} + \cdots \Big\} \\ & + (x^2 - \alpha^2) \Big\{ c_0 x^{\lambda} + c_1 x^{\lambda+1} + \cdots + c_n x^{\lambda+n} + \cdots \Big\} = 0 \end{aligned}$$

이다. 여기서 x^{λ}, $x^{\lambda+1}$, $\cdots$, $x^{\lambda+n}$, $\cdots$의 계수를 0으로 놓으면

$$\begin{aligned} & \lambda(\lambda-1)c_0 + \lambda c_0 - \alpha^2 c_0 = 0, \\ & (\lambda+1)\lambda c_1 + (\lambda+1) c_1 - \alpha^2 c_1 = 0, \\ & \qquad \vdots \\ & (\lambda+n)(\lambda+n-1) c_n + (\lambda+n) c_n + c_{n-2} - \alpha^2 c_n = 0, \\ & \qquad \vdots \end{aligned}$$

이므로, 제1식으로부터 $\lambda = \alpha$ 또는 $\lambda = -\alpha$를 얻는다.

먼저 $\alpha > 0$로 가정하고, 우선 $\lambda = \alpha$에 대응하는 해를 구하자. $\lambda = \alpha$일 때

$$\begin{gathered} c_1 = 0, \ c_2 = -\frac{c_0}{2(2\alpha+2)}, \ c_3 = -\frac{c_1}{3(2\alpha+3)}, \\ \vdots \\ c_n = -\frac{c_{n-2}}{n(2\alpha+n)}, \\ \vdots \end{gathered}$$

가 성립한다. 이때 c_n은 n의 홀수, 짝수에 따라서

$$c_{2k-1} = 0 \ \ (\text{단, } k = 0, 1, 2, \cdots)$$

$$c_{2k} = (-1)^k \frac{c_0 \alpha!}{2^{2k} k! (\alpha+k)!} \ \ (\text{단, } k = 1, 2, \cdots)$$

로 주어진다. 따라서 $\lambda=\alpha$에 대응하는 급수해

$$
\begin{aligned}
y_1(x) &= \sum_{k=0}^{\infty} c_{2k} x^{2k+\alpha} = c_0\, p! \sum_{k=0}^{\infty} \frac{(-1)^k x^{2k+\alpha}}{2^{2k} k!(\alpha+k)!} \\
&= 2^p c_0\, p! \sum_{k=0}^{\infty} \frac{(-1)^k \left(\dfrac{x}{2}\right)^{2k+\alpha}}{k!(\alpha+k)!} = 2^p p!\, c_0 J_\alpha(x)
\end{aligned}
$$

를 얻는다. 여기서 구한 $J_\alpha(x)$를 위수 α의 **제1종 베셀함수**(Bessel function of the first kind)라고 한다.

① $\alpha>0$고 α가 정수가 아니면, 결정방정식의 결정근 $\lambda=-\alpha$를 택하여 1차독립인 제2의 해를 얻는다. 제2의 해는 제1의 해에서 α를 $-\alpha$로 대치함으로써 다음과 같이 간단히 구할 수 있다.

$$
J_{-\alpha}(x) = \sum_{k=0}^{\infty} \frac{(-1)^k \left(\dfrac{x}{2}\right)^{2k-\alpha}}{k!(-\alpha+k)!}
$$

결과적으로 $\alpha>0$고 α가 정수가 아닌 경우는 프로베니우스 방법에 의하여 구한 두 개의 해 $J_\alpha(x)$와 $J_{-\alpha}(x)$가 1차독립이므로, 일반해는

$$
y = c_1 J_\alpha(x) + c_2 J_{-\alpha}(x) \quad (\text{단, } c_1,\ c_2\text{는 임의상수})
$$

로 주어진다.

② α가 양의 정수 또는 0일 때, $J_\alpha(x)$와 $J_{-\alpha}(x)$는 1차독립이 아니다. 왜냐하면

$$
J_{-\alpha}(x) = (-1)^\alpha J_\alpha(x) \ (\text{단, } \alpha=0,\ 1,\ 2,\ \cdots)
$$

가 성립하기 때문이다. 따라서 α가 양의 정수 또는 0일 때, 1차독립인 제2의 해를 구하려면 다른 방법을 사용해야 한다.

제2의 해를 $y=J_\alpha(x)u(x)$로 두고 y와 y', y''을 주어진 베셀 미분방정식 (*)에 대입하고, $J_\alpha(x)$가 해인 것을 이용하면

$$
u(x) = c_1 \int \frac{dx}{x\{J_\alpha(x)\}^2} + c_2 \ (\text{단, } c_1,\ c_2\text{는 임의상수})
$$

이므로, $J_\alpha(x)$와 1차독립인 또 다른 하나의 해로써

$$c_1 J_\alpha(x) \int \frac{dx}{x\{J_\alpha(x)\}^2} + c_2 J_\alpha(x)$$

를 얻는다. 여기서 $c_0 = 0$, $c_1 = 1$로 놓으면, $J_\alpha(x)$와 1차독립인 또 다른 하나의 해는

$$J_\alpha(x) \int \frac{dx}{x\{J_\alpha(x)\}^2}$$

로 주어진다. 이때 $Y_\alpha(x)$를 위수 α의 **제2종 베셀함수**(Bessel function of the second kind)라 한다.

결과적으로 α가 양의 정수 또는 0일 때, 주어진 베셀 미분방정식 (*)의 일반해는

$$y = A\,J_\alpha(x) + B\,Y_\alpha(x) \quad (\text{단, } c_1,\ c_2\text{는 임의상수})$$

가 된다.

예 3 베셀 미분방정식 $x^2 y'' + xy' + (x^2 - 16)y = 0$에서 $\alpha = 4$이므로, 일반해는

$$y = c_1 J_4(x) + c_2 Y_4(x) \quad (\text{단, } c_1,\ c_2\text{는 임의상수})$$

로 주어진다. ■

예제 1 위수가 $\frac{1}{2}$인 베셀 미분방정식 $x^2 y'' + xy' + \left[x^2 - \left(\frac{1}{2}\right)^2\right] y = 0$의 일반해를 구하시오.

풀이 주어진 베셀 미분방정식의 급수해를 구하기 위해 표준형으로 변형하면

$$y'' + \frac{1}{x}y' + \left[1 - \left(\frac{1}{4x^2}\right)\right] y = 0$$

이므로 $x = 0$은 정칙특이점이고, $x = 0$의 근방에서 주어진 미분방정식은

$$y = x^\lambda \sum_{n=0}^{\infty} c_n x^n \quad (\text{단, } c_0 \neq 0)$$

형태의 프로베니우스 급수해를 가진다.

$$y = x^\lambda \sum_{n=0}^{\infty} c_n x^n, \quad y' = x^\lambda \sum_{n=0}^{\infty} (\lambda + n) c_n x^{n-1},$$

$$y'' = x^{\lambda} \sum_{n=0}^{\infty} (\lambda+n)(\lambda+n-1) c_n x^{n-2}$$

을 주어진 미분방정식에 대입하면

$$\sum_{n=0}^{\infty} (\lambda+n)(\lambda+n-1) c_n x^{\lambda+n-2} + \sum_{n=0}^{\infty} (\lambda+n) c_n x^{\lambda+n-2} + \sum_{n=0}^{\infty} \left(-\frac{1}{4}\right) c_n x^{\lambda+n-2} + \sum_{n=0}^{\infty} c_n x^{\lambda+n} = 0$$

이고, 마지막 합 $\sum_{n=0}^{\infty} c_n x^{\lambda+n}$은 $\sum_{n=2}^{\infty} c_{n-2} x^{\lambda+n-2}$이 된다. 이때 처음 세 개의 합에서 $n=0$, $n=1$일 경우를 따로 떼어내어 정리하면

$$\begin{aligned} & c_0 \left[\lambda(\lambda-1) + \lambda - \frac{1}{4}\right] x^{\lambda-1} \qquad (*) \\ & + c_1 \left[\lambda(\lambda+1) + (\lambda+1) - \frac{1}{4}\right] x^{\lambda-1} \\ & + \sum_{n=2}^{\infty} \left[c_n \left\{(\lambda+n)(\lambda+n-1) + (\lambda+n) - \frac{1}{4}\right\} + c_{n-2}\right] x^{\lambda+n-2} = 0 \end{aligned}$$

이 된다. 따라서

$$\lambda(\lambda-1) + \lambda - \frac{1}{4} = \lambda^2 - \frac{1}{4} = \left(\lambda - \frac{1}{2}\right)\left(\lambda - \frac{1}{2}\right) = 0$$

이 되므로, 차이가 1인 두 근을 갖는다. 먼저 식 (*)에 $\lambda = \frac{1}{2}$을 대입하면

$$2c_1 x^{-\frac{1}{2}} + \sum_{n=2}^{\infty} [c_n(n^2+n) + c_{n-2}] x^{n-\frac{3}{2}} = 0$$

이고, 따라서

$$c_1 = 0, \quad c_n = -\frac{c_{n-2}}{n(n+1)} \quad (\text{단, } n = 2, 3, 4, \cdots)$$

이다. 그러므로

$$\begin{aligned} y_1(x) &= x^{\frac{1}{2}} \left(c_0 - \frac{c_0}{3!} x^2 + \frac{c_0}{5!} x^4 - \cdots\right) \\ &= c_0 \frac{1}{\sqrt{x}} \left(x - \frac{x^3}{3!} + \frac{x^5}{5!} - \cdots\right) = c_0 \frac{\sin x}{\sqrt{x}} \end{aligned}$$

를 얻는다. 이제 식 (*)에 $\lambda = -\dfrac{1}{2}$를 대입하면

$$2c_1 x^{-\frac{1}{2}} + \sum_{n=2}^{\infty} [c_n(n^2+n) + c_{n-2}] x^{n-\frac{3}{2}} = 0$$

이고, 따라서

$$c_n = -\frac{c_{n-2}}{n(n-1)} \quad (\text{단, } n = 2,\ 3,\ 4,\ \cdots)$$

이다. 그러므로

$$\begin{aligned} y_2(x) &= x^{-\frac{1}{2}}\left(c_0 + c_1 x - \frac{c_0}{2!}x^2 - \frac{c_1}{3!}x^3 + \frac{c_0}{4!}x^4 + \cdots\right) \\ &= \frac{1}{\sqrt{x}}(c_0 \cos x + c_1 \sin x) \end{aligned}$$

를 얻는다. 그런데 y_2의 마지막 항이 y_1의 배수며, 또한 1차독립인 해를 구해야 하므로 구하는 일반해는 A와 B가 임의상수일 때

$$y = \frac{1}{\sqrt{x}}(A \cos x + B \sin x) \quad (\text{단, } x > 0)$$

로 주어진다. ■

연습문제 5.3

1. 미분방정식 $x(x-1)y'' + 4(x-1)y' + 2y = 0$의 일반해를 구하시오.

2. 미분방정식 $(x-a)(x-b)y'' + (cx+d)y' + ey = 0$ (단, $a < b$)은 변수변환 $t = \dfrac{x-a}{b-a}$에 의해 가우스 미분방정식으로 변형됨을 보이시오.

3. 함수 $y = \dfrac{\ln(1+x)}{x}$를 특수해로 갖는 가우스 미분방정식을 구하시오.

4. 르장드르 미분방정식 $(x^2-1)y''+2xy'-\alpha(\alpha+1)y=0$의 일반해는 A와 B가 임의 상수일 때

$$y=A\left(1-\frac{\alpha(\alpha+1)}{2!}x^2-\frac{(2-\alpha)(3+\alpha)\alpha(\alpha+1)}{4!}x^4-\cdots\right)$$
$$+B\left(x-\frac{(\alpha-1)(\alpha+2)}{3!}x^3-\frac{(3-\alpha)(4+\alpha)(\alpha-1)(\alpha+2)}{5!}x^5-\cdots\right)$$

로 주어짐을 보이시오.

5. $P_n(x)$가 르장드르 다항식일 때, 다음이 성립함을 보이시오.

$$P_{2n}(0)=(-1)^n\frac{(2n)!}{2^{2n}(n!)^2}\ (\text{단, } n=0,\ 1,\ \cdots)$$
$$P_{2n-1}(0)=0\ (\text{단, } n=1,\ 2,\ \cdots)$$

6. $\alpha \geqq 0$일 때, 다음이 성립함을 보이시오.

(1) $J_{\alpha-1}(x)-J_{\alpha+1}(x)=2J_\alpha{}'(x)$　　(2) $J_{\alpha-1}(x)+J_{\alpha+1}(x)=\dfrac{2\alpha}{x}J_\alpha(x)$

7. 다음을 증명하시오.

(1) $\dfrac{d}{dx}[x^\alpha J_\alpha(x)]=x^\alpha J_{\alpha-1}(x)$　　(2) $J_{\alpha-1}(x)+J_{\alpha+1}(x)=\dfrac{2\alpha}{x}J_\alpha(x)$

8. 함수 $x^nJ_n(x)$는 미분방정식 $xy''+(1-2n)y'+xy=0$의 해임을 보이시오.

06

Differential Equation

연립미분방정식

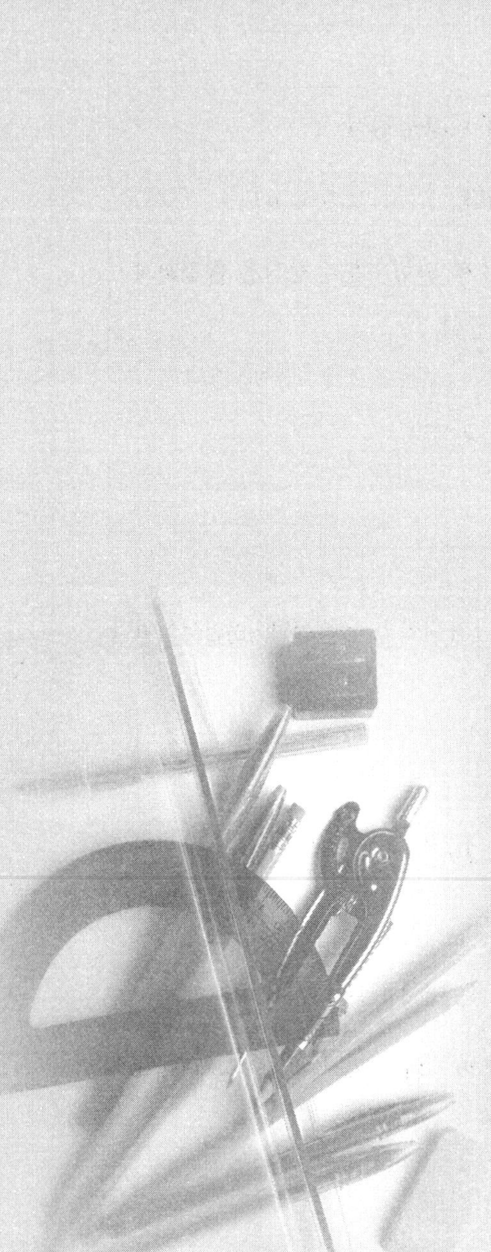

6.1 연립미분방정식
6.2 계수가 상수인 연립선형미분방정식

6.1 연립미분방정식

1. 연립미분방정식

n개의 미지함수에 대한 n개 미분방정식을 한 조로 한 미분방정식을 **연립미분방정식**이라 한다. 고계 연립미분방정식은 1계 연립미분방정식으로 귀착시킬 수 있기 때문에, 1계 연립미분방정식의 해법을 생각하면 충분하다.

정의 1 1계 연립미분방정식

x의 함수 $y_1, y_2, \cdots, y_n$과 그 도함수를 포함하는 n개 미분방정식

$$f_j(x, y_1, y_2, \cdots, y_n, y_1', y_2', \cdots, y_n') = 0 \ (\text{단, } j = 1, 2, \cdots, n)$$

을 $y_1, y_2, \cdots, y_n$에 관한 1계 **연립미분방정식**이라 한다. 1계 연립미분방정식을 **동력학계**라 하고, $\dfrac{dx}{dt}$, $\dfrac{dy}{dt}$에 관하여 풀어 쓴 1계 연립미분방정식

$$\frac{dx}{dt} = f(x, y, t), \quad \frac{dy}{dt} = g(x, y, t)$$

를 동력계(dynamical system)라 한다.

특히 각 미분방정식이 미지함수와 그 도함수에 관하여 1차식이면 **연립선형미분방정식**이라 한다.

예 1 연립선형미분방정식

$$2y_1'' + y_2'' + y_1' = x, \quad 3y_1'' + 2y_2'' + y_2 = x^2$$

으로부터

$$y_1'' = y_2 - 2y_1' + 2x - x^2, \quad y_2'' = -2y_2 + 3y_1' + 2x^2 - 3x$$

를 얻는다. 이제 새로운 미지함수 y_3, y_4를 $y_3 = y_1'$, $y_4 = y_2'$으로 놓고, 동력학계 형태로 고치면

$$y_1{}' = y_3,\quad y_2{}' = y_4,\quad y_3{}' = y_2 - 2y_3 + 2x - x^2,$$
$$y_4{}' = -2y_2 + 3y_3 + 2x^2 - 3x$$

가 된다. ■

한 개의 미지함수에 대한 n계 미분방정식 $f(x, y, y', y'', \cdots, y^{(n)}) = 0$은 n계 도함수에 관해 풀어 쓸 수 있을 때는 항상 n개의 1계 미분방정식들의 연립방정식 형태로 만들 수 있고, $y_1, y_2{}', \cdots, y_n{}'$에 관하여 풀 수 있으면

$$y_j{}' = f_j(x, y_1, \cdots, y_n) \text{ (단, } j = 1, 2, \cdots, n)$$

으로 쓰여진다. 이와 같은 형태를 **1계 연립미분방정식의 정규형**이라 한다.

예 2 고계 미분방정식 $y''' = x - y - 3y' - 2y''$에 세 개의 변수를 도입하여

$$y_1 = y,\quad y_2 = y',\quad y_3 = y''$$

으로 놓으면, 1계 연립미분방정식

$$y_1{}' = y_2,\quad y_2{}' = y_3,\quad y_3{}' = x - y_1 - 3y_2 - 2y_3$$

로 변형된다. ■

2. 연립미분방정식의 해

(1) 한 개의 독립변수를 갖는 연립미분방정식

1계 연립미분방정식

$$\frac{dy_1}{dx} = \phi_1(x, y_1, y_2, \cdots, y_m)$$
$$\vdots$$
$$\frac{dy_m}{dx} = \phi_m(x, y_1, y_2, \cdots, y_m)$$

은 m개의 미분방정식에서 $y_2, y_3, \cdots, y_m$을 소거시킴으로써

$$f\left(x, y_1, \frac{dy_1}{dx}, \frac{d^2y_1}{dx^2}, \cdots, \frac{d^m y_1}{dx^m}\right) = 0$$

형태인 미분방정식으로 변환할 수 있다.

(2) 두 개의 종속변수 y, z를 갖는 연립미분방정식

$$\frac{dy}{dx} = f(x, y, z), \quad \frac{dz}{dx} = g(x, y, z)$$

를 생각해 보자. 제1식을 x에 관하여 미분하면

$$\frac{d^2y}{dx^2} = \frac{\partial f}{\partial x} + \frac{\partial f}{\partial y}\frac{dy}{dx} + \frac{\partial f}{\partial z}\frac{dz}{dx}$$

즉

$$\frac{d^2y}{dx^2} = \frac{\partial f}{\partial x} + \frac{\partial f}{\partial y}f + \frac{\partial f}{\partial z}g \tag{*}$$

가 된다. 따라서 주어진 연립미분방정식의 제1식과 (*)에서 z를 소거하면

$$F\left(x, y, \frac{dy}{dx}, \frac{d^2y}{dx^2}\right) = 0$$

형태인 x, y에 관한 2계 상미분방정식을 얻는다. 이 미분방정식을 풀어서 해

$$y = \varphi_1(x, c_1, c_2) \ \ (\text{단, } c_1, c_2\text{는 임의상수})$$

를 구한 후, 주어진 연립방정식의 제2식에 대입하여 $z = \varphi_2(x, c_1, c_2)$를 구한다.

(3) $\dfrac{dx}{P} = \dfrac{dy}{Q} = \dfrac{dz}{R}$ 형태로 표시할 수 있는 연립미분방정식

$$\begin{cases} P_1\,dx + Q_1\,dy + R_1\,dz = 0 \\ P_2\,dx + Q_2\,dy + R_2\,dz = 0 \end{cases}$$

형태인 연립미분방정식으로 표시되었을 경우, 이것을

$$\frac{dx}{Q_1R_2 - Q_2R_1} = \frac{dy}{R_1P_2 - R_2P_1} = \frac{dz}{P_1Q_2 - P_2Q_1}$$

형태의 연립미분방정식으로 변형시킬 수 있다.

6.2 계수가 상수인 연립선형미분방정식

두 개 이상의 1계 미분방정식으로 구성된 연립미분방정식은 한 개의 미지함수에 관한 미분방정식으로 변형하면 2계 이상이 되기 때문에, 계수가 상수인 선형일 경우를 제외하고는 일반적으로 해를 구할 수 없다.

계수가 상수인 연립선형미분방정식의 해를 구하는 방법으로는, 소거법을 이용하여 한 개의 미지함수에 관한 상수계수 선형미분방정식으로 변형하는 방법, 동력계 형태로 고쳐 행렬을 이용하는 방법, 라플라스 변환을 이용하는 방법 등이 있다.

1. 소거법에 의한 해법

대수적 연립방정식의 해를 구할 때와 마찬가지로 연립미분방정식에도 소거법은 종속변수를 소거하여 하나의 종속변수로 이루어진 미분방정식을 얻는 과정을 말한다.

1계 연립미분방정식

$$y_j' = f_j(x, y_1, \cdots, y_n) \ (\text{단}, \ j = 1, 2, \cdots, n)$$

은 소거법을 이용하여 한 개의 미지함수에 대한 n계 미분방정식

$$f(x, y, y', y'', \cdots, y^{(n)}) = 0$$

으로 고칠 수 있다. 그러나 고계 미분방정식은 특별한 경우 외에는 해를 구할 수 없기 때문에, 연립미분방정식도 계수가 상수인 연립선형미분방정식과 같은 특별한 경우를 제외하고는 해를 구할 수 없게 된다. 주어진 고계 미분방정식이 계수가 상수인 선형미분방정식일 때는, 동력학계도 계수가 상수인 선형이 되기 때문에 행렬을 이용하여 해를 쉽게 구할 수 있다. 소거법으로 해를 구하는 과정을 몇 개의 예로부터 설명한다.

예 1 다음 연립미분방정식

$$\begin{cases} x' = 4x - 3y \\ y' = 5x - 4y \end{cases}$$

의 일반해를 구해보자. 제1식을 t에 관하여 미분하면

$$x'' = 4x' - 3y' \qquad ①$$

이므로, ①에 제2식을 대입하면

$$x'' = 4x' - 15x + 12y \qquad ②$$

를 얻는다. 다시 제1식을 y에 대하여 정리한 식

$$y = -\frac{1}{3}x' + \frac{4}{3}x \qquad ③$$

를 ②에 대입하면

$$\begin{aligned} x'' &= 4x' - 3y' = 4x' - 15x + 12y \\ &= 4x' - 15x - 4x' + 16x \end{aligned}$$

가 되어, 2계 제차선형미분방정식

$$x'' = x$$

를 얻는다. 이 경우의 일반해는 c_1, c_2가 임의상수일 때

$$x = c_1 e^t + c_2 e^{-t} \qquad ④$$

가 된다. 한편 ④를 미분하면 $x' = c_1 e^t - c_2 e^{-t}$가 되고, 이 값을 ③에 대입하면

$$y(t) = c_1 e^t + \frac{5}{3} c_2 e^{-t}$$

를 얻는다. 따라서 구하는 일반해는 c_1, c_2가 임의상수일 때

$$x(t) = c_1 e^t + c_2 e^{-t}, \quad y(t) = c_1 e^t + \frac{5}{3} c_2 e^{-t}$$

로 주어진다. ■

예제 1 다음 연립미분방정식의 일반해를 구하시오. $\left(단, D = \frac{d}{dt}\right)$

$$\begin{cases} (D^2+4)x - 3Dy = 0 \\ 3Dx + (D^2+4)y = 0 \end{cases}$$

풀이 제1식에 (D^2+4)를, 제2식에 $3D$를 각각 곱하여 변변끼리 합하면 y가 소거되어 $(D^2+16)(D^2+1)x = 0$이 된다. 이 미분방정식의 특성방정식 $(m^2+16)(m^2+1) = 0$의 근이 $m = \pm 4i$, $\pm i$이므로

$$x = c_1 \cos 4t + c_2 \sin 4t + c_3 \cos t + c_4 \sin t \ (\text{단, } c_i\text{는 임의상수})$$

를 얻는다. 한편 제1식에 $3D$를, 제2식에 (D^2+4)를 곱하여 변변끼리 빼면 x가 소거되어 $(D^2+16)(D^2+1)y=0$이 된다. 이것은 위에서 구한 x만의 미분방정식과 같으므로

$$y=b_1\cos 4t+b_2\sin 4t+b_3\cos t+b_4\sin t \text{ (단, } b_i\text{는 임의상수)}$$

를 얻는다. 이제 x와 y를 주어진 연립미분방정식의 제1식에 대입하면

$$b_1=c_2,\ b_2=-c_1,\ b_3=-c_4,\ b_4=c_3$$

가 된다. 따라서 구하는 일반해는

$$x=c_1\cos 4t+c_2\sin 4t+c_3\cos t+c_4\sin t$$
$$y=c_2\cos 4t-c_1\sin 4t-c_4\cos t+c_3\sin t$$

로 주어진다. 여기서 $c_1,\ c_2,\ c_3,\ c_4$는 임의상수다. ■

예제 2 다음 연립미분방정식의 일반해를 구하시오.

$$\begin{cases} x'=2x+y+t \\ y'=x+2y+t^2 \end{cases}$$

풀이 제1식을 t에 관하여 미분하면

$$x''=2x'+y'+1=2x'+x+2(x'-2x-t)+t^2+1$$

즉

$$x''-4x'+3x=t^2-2t+1=(t-1)^2 \qquad (*)$$

이므로, (*)의 제차 부분에 대한 해는

$$x_h(t)=c_1e^t+c_2e^{3t} \text{ (단, } c_1,\ c_2\text{는 임의상수)}$$

다. 한편 미정계수법을 사용하여 특수해를 구하면

$$x_p(t)=\frac{1}{3}t^2+\frac{2}{9}t+\frac{11}{27}$$

로 주어지므로, (*)의 일반해는

$$x(t)=c_1e^t+c_2e^{3t}+\frac{1}{3}t^2+\frac{2}{9}t+\frac{11}{27} \text{ (단, } c_1,\ c_2\text{는 임의상수)}$$

이다. 또한 제1식에서 $y=x'-2x-t$이기 때문에

$$y(t)=-c_1 e^{t}+c_2 e^{3t}-\frac{2}{3}t^2-\frac{7}{9}t-\frac{16}{27}$$

을 얻는다. 따라서 구하는 일반해는 c_1, c_2가 임의상수일 때

$$x(t)=c_1 e^{t}+c_2 e^{3t}+\frac{1}{3}t^2+\frac{2}{9}t+\frac{11}{27}$$

$$y(t)=-c_1 e^{t}+c_2 e^{3t}-\frac{2}{3}t^2-\frac{7}{9}t-\frac{16}{27}$$

으로 주어진다. ■

2. 라플라스 변환에 의한 해법

계수가 상수인 연립미분방정식도 라플라스 변환을 이용한 연산자법을 사용하여, 주어진 초기조건을 만족하는 해를 구할 수 있다.

예 2 라플라스 변환을 이용하여, 다음 연립미분방정식의 초기값 문제

$$\begin{cases} x'=2x-3y \\ y'=y-2x \end{cases} \;;\; x(0)=8,\ y(0)=3$$

의 해를 구해보자. 양변에 라플라스 변환을 취하고, 초기조건을 대입하면

$$sX-8=2X-3Y$$

$$sY-3=Y-2X$$

가 되므로, 이를 풀면

$$X=\frac{8s-17}{s^2-3s-4}=\frac{5}{s+1}+\frac{3}{s-4}$$

$$Y=\frac{3s-22}{s^2-3s-4}=\frac{5}{s+1}-\frac{2}{s-4}$$

를 얻는다. 양변에 라플라스 역변환을 취하면, 구하는 해는

$$x(t)=5e^{-t}+3e^{4t},\quad y(t)=5e^{-t}-2e^{4t}$$

로 주어진다. ■

예 3 라플라스 변환을 이용하여, 다음 연립미분방정식의 초기값 문제

$$\begin{cases} x' = x - y - e^{-t} \\ y' = 2x + 3y + e^{-t} \end{cases} ; x(0) = 1,\ y(0) = 0$$

의 해를 구해보자. 제1식에 라플라스 변환을 취하면

$$\mathcal{L}\{x'\} = \mathcal{L}\{x\} - \mathcal{L}\{y\} - \mathcal{L}\{e^{-t}\}$$

로부터

$$(s-1)X + Y = 1 - \frac{1}{s+1} = \frac{1}{s+1} \qquad ①$$

을 얻는다. 마찬가지로 제2식에 라플라스 변환을 취하면

$$\mathcal{L}\{y'\} = \mathcal{L}\{2x\} - \mathcal{L}\{3y\} + \mathcal{L}\{e^{-t}\}$$

로부터

$$(s-3)Y - 2X = \frac{1}{s+1} \qquad ②$$

을 얻는다. ①에 2를, ②에 $(s-1)$를 각각 곱하여 변변끼리 더하면

$$\{2 + (s-1)(s-3)\}Y = \frac{2s}{s+1} + \frac{s-1}{s+1}$$

즉

$$Y = \frac{3s-1}{(s+1)\{(s-2)^2+1\}}$$

이 된다. 부분분수분해하여 다시 쓰면

$$Y = -\frac{2}{5}\left(\frac{1}{s+1}\right) + \frac{2}{5}\left\{\frac{s-2}{(s-2)^2+1}\right\} + \frac{9}{5}\left\{\frac{1}{(s-2)^2+1}\right\}$$

이므로, 이 식에 라플라스 역변환을 취하면

$$y(t) = -\frac{2}{5}e^{-t} + \frac{2}{5}e^{2t}\cos t + \frac{9}{5}e^{2t}\sin t$$

를 얻는다. 이제 $x(t)$를 구하기 위하여 ①에 $(s-3)$을 곱하여 ②를 변변끼리 빼면

$$\{(s-1)(s-3)+2\}X = \frac{s^2-3s+1}{s+1}$$

즉

$$X = \frac{s^2-3s+1}{(s+1)\{(s-2)^2+1\}}$$

이 된다. 부분분수분해하여 다시 쓰면

$$X = \frac{1}{2}\left(\frac{1}{s+1}\right) + \frac{1}{2}\left\{\frac{s-2}{(s-2)^2+1}\right\} - \frac{1}{2}\left\{\frac{1}{(s-2)^2+1}\right\}$$

이므로, 이 식에 라플라스 역변환을 취하면

$$x(t) = \frac{1}{2}e^{-t} + \frac{1}{2}e^{2t}\cos t - \frac{1}{2}e^{2t}\sin t$$

를 얻는다. 따라서 구하는 해는

$$x(t) = \frac{1}{2}e^{-t} + \frac{1}{2}e^{2t}\cos t - \frac{1}{2}e^{2t}\sin t$$

$$y(t) = -\frac{2}{5}e^{-t} + \frac{2}{5}e^{2t}\cos t + \frac{9}{5}e^{2t}\sin t$$

로 주어진다. ■

예제 3 라플라스 변환을 이용하여, 초기조건

$$x(0) = x'(0) = y(0) = y'(0) = 0$$

이 주어진 다음 연립미분방정식의 해를 구하시오.

$$\begin{cases} \dfrac{d^2x}{dt^2} - \dfrac{d^2y}{dt^2} + \dfrac{dy}{dt} - x = e^t - 2 \\ 2\dfrac{d^2x}{dt^2} - \dfrac{d^2y}{dt^2} - 2\dfrac{dx}{dt} + y = -t \end{cases}$$

풀이 제1식에 라플라스 변환을 취하면

$$\mathcal{L}\left\{\frac{d^2x}{dt^2}\right\} - \mathcal{L}\left\{\frac{d^2y}{dt^2}\right\} + \mathcal{L}\left\{\frac{dy}{dt}\right\} - \mathcal{L}\{x\} = \mathcal{L}\{e^t\} - \mathcal{L}\{2\}$$

가 된다. 그런데 $x(0)=x'(0)=y(0)=y'(0)=0$이므로

$$(s+1)\mathcal{L}\{x\}-s\mathcal{L}\{y\}=-\frac{s-2}{s(s-1)^2}$$

를 얻는다. 같은 방법으로 주어진 연립미분방정식의 제2식에 라플라스 변환을 취하면

$$2s\mathcal{L}\{x\}-(s+1)\mathcal{L}\{y\}=-\frac{1}{s^2(s-1)}$$

을 얻는다. 위에서 구한 두 식을 연립하여 풀면

$$\mathcal{L}\{x\}=\frac{1}{s(s-1)^2},\quad \mathcal{L}\{y\}=\frac{1}{s^2(s-1)^2}$$

이므로

$$\mathcal{L}^{-1}\left\{\frac{1}{s(s-1)^2}\right\}=1-e^t+te^t,\quad \mathcal{L}^{-1}\left\{\frac{1}{s^2(s-1)^2}\right\}=-t+te^t$$

가 성립한다. 따라서 구하는 해는

$$x=1-e^t+te^t,\quad y=-t+te^t$$

로 주어진다. ■

3. 행렬에 의한 해법

대수학에서 연립방정식의 해가 행렬을 이용하여 구할 수 있었듯이, 연립미분방정식에서도 행렬을 이용하여 해를 구할 수 있다.

(1) 행렬에 의한 연립선형미분방정식의 기초개념

정의 1 고유값과 고유벡터

n차 행렬 A에 대하여 $AK=\lambda K$를 만족하는 O이 아닌 벡터 K가 존재하면, 수 λ를 A의 **고유값**(eigenvalue)이라 하고, K를 고유값 λ에 대한 **고유벡터**(eigenvector)라고 한다.

$AK=\lambda K$는 $(A-\lambda I)K=O$이므로 O이 아닌 해 K를 구하기 위해서는

$$\det(A-\lambda I)=0$$

이 성립하여야 한다.

정의 2 특성방정식과 고유값

$A-\lambda I$의 행렬식 $\det(A-\lambda I)=0$을 정사각행렬 A의 **특성방정식**(characteristic equation)이라 하고, k번 중복되는 특성방정식의 근을 중복도 k인 고유값(eigenvalue of multiplicity k)이라 한다.

A가 n차의 행렬일 때, $P^{-1}AP$가 대각행렬이 되는 n차 정칙행렬 P가 존재하면 P가 행렬 A를 대각화한다고 한다.

참고 n개의 1차독립인 고유벡터를 갖는 n차의 행렬 A는 대각화가 가능하다. 더욱이 P가 그 열에 고유벡터를 형성하는 n차의 행렬이면, $P^{-1}AP$는 주대각선상에 그에 대응하는 고유값을 갖는 대각행렬이 된다. □

예 4 행렬 $A=\begin{pmatrix}-1 & 4\\ 0 & 3\end{pmatrix}$의 고유값은 -1, 3이고 각 고유값에 대한 고유벡터는 각각 $\begin{pmatrix}1\\0\end{pmatrix}$과 $\begin{pmatrix}1\\1\end{pmatrix}$이다. $P=\begin{pmatrix}1 & 1\\ 0 & 1\end{pmatrix}$은 정칙이고 $P^{-1}=\begin{pmatrix}1 & -1\\ 0 & 1\end{pmatrix}$이므로

$$P^{-1}AP=\begin{pmatrix}-1 & 0\\ 0 & 3\end{pmatrix}$$

이 되고, 고유벡터가 P의 열로 쓰였던 것과 같은 순서대로 주대각선 위에 고유값을 갖는다. ■

연립미분방정식

$$\frac{dx_1}{dt}=g_1(t,\ x_1,\ x_2,\ \cdots,\ x_n)$$

$$\vdots$$

$$\frac{dx_n}{dt}=g_n(t,\ x_1,\ x_2,\ \cdots,\ x_n)$$

을 생각한다. 이 경우 함수 $g_1, \cdots, g_n$이 종속변수 $x_1, \cdots, x_n$에 관하여 선형이고, 계수 $a_{ij}(t)$와 $f_i(t)$가 구간 I에서 연속이면, 표준형인 연립선형미분방정식

$$\frac{dx_1}{dt} = a_{11}(t)x_1 + a_{12}(t)x_2 + \cdots + a_{1n}(t) + f_1(t)$$
$$\vdots$$
$$\frac{dx_n}{dt} = a_{n1}(t)x_1 + a_{n2}(t)x_2 + \cdots + a_{nn}(t) + f_n(t)$$

를 얻는다. 이때 $f_i(t) = 0$ (단, $i = 1, 2, \cdots, n$)이면 연립선형미분방정식은 제차라 하고, 그렇지 않으면 비제차라고 한다.

$$X = \begin{pmatrix} x_1(t) \\ x_2(t) \\ \vdots \\ x_n(t) \end{pmatrix}, \ A(t) = \begin{pmatrix} a_{11}(t) & a_{12}(t) & \cdots & a_{1n}(t) \\ a_{21}(t) & a_{22}(t) & \cdots & a_{2n}(t) \\ \vdots & & & \vdots \\ a_{n1}(t) & a_{n2}(t) & \cdots & a_{nn}(t) \end{pmatrix}, \ F(t) = \begin{pmatrix} x_1(t) \\ x_2(t) \\ \vdots \\ x_n(t) \end{pmatrix}$$

로 놓으면, 연립선형미분방정식은

$$\frac{d}{dt}\begin{pmatrix} x_1(t) \\ x_2(t) \\ \vdots \\ x_n(t) \end{pmatrix} = \begin{pmatrix} a_{11}(t) & a_{12}(t) & \cdots & a_{1n}(t) \\ a_{21}(t) & a_{22}(t) & \cdots & a_{2n}(t) \\ \vdots & & & \vdots \\ a_{n1}(t) & a_{n2}(t) & \cdots & a_{nn}(t) \end{pmatrix}\begin{pmatrix} x_1(t) \\ x_2(t) \\ \vdots \\ x_n(t) \end{pmatrix} + \begin{pmatrix} f_1(t) \\ f_2(t) \\ \vdots \\ f_n(t) \end{pmatrix}$$

또는 간단히 $X' = AX + F$로 표현된다. 특히 연립선형미분방정식이 제차면 $X' = AX$로 주어진다. 이때 행렬 A를 **계수행렬**(coefficient matrix)이라 한다.

정의 3 해벡터

구간 I에서 해벡터는 성분들이 구간에서 연립선형미분방정식 $X' = AX + F$를 만족하는 미분가능한 함수들로 이루어진 임의의 열행렬 $X = \begin{pmatrix} x_1(t) \\ \vdots \\ x_n(t) \end{pmatrix}$다.

예 5 $X_1 = \begin{pmatrix} e^{-2t} \\ -e^{-2t} \end{pmatrix}$와 $X_2 = \begin{pmatrix} 3e^{6t} \\ 5e^{6t} \end{pmatrix}$는 $(-\infty, \infty)$에서 연립선형미분방정식

$$X' = \begin{pmatrix} 1 & 3 \\ 5 & 3 \end{pmatrix} X$$

의 해가 된다. ■

정리 4

행렬 $A(t)$의 모든 성분과 $F(t)$가 점 t_0를 포함하는 구간 I에서 연속일 때, 초기값 문제

$$X' = AX + F \ ; \ X(t_0) = X_0$$

는 구간 I의 모든 t에 대하여 정의되는 유일한 해를 갖는다.

참고 $X_1, X_2, \cdots, X_n$이 구간 I에서 제차연립선형미분방정식

$$X' = AX$$

의 해집합일 때, 그들의 1차결합

$$X = c_1 X_1 + c_2 X_2 + \cdots + c_n X_n$$

도 구간 I에서 해가 된다. 여기서 $c_1, c_2, \cdots, c_n$은 임의상수다. □

구간 I에서 제차연립선형미분방정식 $X' = AX$를 만족하는 n개의 1차독립인 해벡터 $X_1, X_2, \cdots, X_n$의 집합을 기본해집합이라 한다. 기본해집합은 I에서 언제나 존재하고, 제차연립선형미분방정식 $X' = AX$의 일반해는 $c_1, c_2, \cdots, c_n$이 임의상수일 때

$$X = c_1 X_1 + c_2 X_2 + \cdots + c_n X_n$$

으로 주어진다.

예 6 제차연립선형미분방정식 $X' = \begin{pmatrix} 1 & 3 \\ 5 & 3 \end{pmatrix} X$의 일반해는 c_1, c_2가 임의상수일 때 $(-\infty, \infty)$에서

$$X = c_1 X_1 + c_2 X_2 = c_1 \begin{pmatrix} 1 \\ -1 \end{pmatrix} e^{-2t} + c_2 \begin{pmatrix} 3 \\ 5 \end{pmatrix} e^{6t}$$

로 주어진다. ■

구간 I에서 비제차연립선형미분방정식의 특수해 X_p는 $X' = AX + F$를 만족하는 함수들로 이루어진 벡터다. 구간 I에서 X_h가 대응하는 제차연립선형미분방정식 $X' = AX$의 일반해를 나타낼 때, 비제차연립선형미분방정식의 일반해는 $X = X_h + X_p$가 된다. 제차연립선형미분방정식 $X' = AX$의 일반해 X_h를 비제차연립선형미분방정식 $X' = AX + F$의 여함

수라 한다.

(2) 행렬에 의한 제차연립선형미분방정식의 해법

본 교재에서는 행렬에 의한 제차연립선형미분방정식의 해법을 다음 두 가지 제시한다.

방법 ① 고유값에 의한 방법
방법 ② 고유벡터에 의한 방법

① 고유값에 의한 방법

주어진 계수가 상수인 제차연립선형미분방정식의 계수행렬을 A라 하고, 그 특성방정식으로부터 근(고유값)을 구한다. 이때 얻어진 고유값에 따라 다음과 같은 해를 갖는다.

정리 5

계수가 상수인 제차연립선형미분방정식의 일반해는 2차 계수행렬에 대한 고유값이 λ_1, λ_2일 때

(1) λ_1, λ_2가 서로 다른 두 실수일 경우

$$x(t) = c_1 e^{\lambda_1 t} + c_2 e^{\lambda_2 t}$$

(2) $\lambda_1 = \lambda_2 = \lambda$일 경우

$$x(t) = c_1 e^{\lambda t} + c_2 t e^{\lambda t}$$

(3) λ_1, λ_2가 복소수 $\alpha \pm \beta i$일 경우

$$x(t) = e^{\alpha t}(c_1 \cos \beta t + c_2 \sin \beta t)$$

로 주어진다.

예제 4 다음 연립미분방정식의 일반해를 구하시오.

$$\begin{cases} x' = 4x - 3y \\ y' = 5x - 4y \end{cases}$$

풀이 계수행렬 $A = \begin{pmatrix} 4 & -3 \\ 5 & -4 \end{pmatrix}$의 특성방정식

$$\det(A-\lambda I)=\begin{vmatrix} 4-\lambda & -3 \\ 5 & -4-\lambda \end{vmatrix}=\lambda^2-1=0$$

으로부터 고유값이 $\lambda=1$과 $\lambda=-1$이므로

$$x(t)=c_1e^t+c_2e^{-t} \quad (\text{단, } c_1,\ c_2\text{는 임의상수})$$

가 된다. 한편

$$x'(t)=c_1e^t-c_2e^{-t}$$

이므로

$$3y=4x-x'=3c_1e^t+5c_2e^{-t}$$

즉

$$y(t)=c_1e^t+\frac{5}{3}c_2e^{-t}$$

를 얻는다. 따라서 구하는 일반해는 c_1, c_2가 임의상수일 때

$$x(t)=c_1e^t+c_2e^{-t}$$

$$y(t)=c_1e^t+\frac{5}{3}c_2e^{-t}$$

로 주어진다. ■

예제 5 다음 연립미분방정식의 일반해를 구하시오.

$$\begin{cases} x'=-4x-y \\ y'=x-2y \end{cases}$$

풀이 계수행렬 $A=\begin{pmatrix} -4 & -1 \\ 1 & -2 \end{pmatrix}$의 특성방정식

$$\det(A-\lambda I)=\begin{vmatrix} -4-\lambda & -1 \\ 1 & -2-\lambda \end{vmatrix}=(\lambda+3)^2=0$$

으로부터 고유값이 $\lambda=-3$ (중근)이므로

$$x(t)=c_1e^{-3t}+c_2te^{-3t} \quad (\text{단, } c_1,\ c_2\text{는 임의상수})$$

가 된다. 한편

$$x'(t) = -3c_1 e^{-3t} + c_2 e^{-3t} - 3c_2 t e^{-3t}$$

이므로

$$y(t) = (c_1 - c_2 - c_2 t) e^{-3t}$$

를 얻는다. 따라서 구하는 일반해는 c_1, c_2가 임의상수일 때

$$x(t) = c_1 e^{-3t} + c_2 t e^{-3t}$$
$$y(t) = (c_1 - c_2 - c_2 t) e^{-3t}$$

로 주어진다. ■

예제 6 다음 연립미분방정식의 일반해를 구하시오.

$$\begin{cases} x' = 4x + y \\ y' = -8x + 8y \end{cases}$$

풀이 계수행렬 $A = \begin{pmatrix} 4 & 1 \\ -8 & 8 \end{pmatrix}$의 특성방정식

$$\det(A - \lambda I) = \begin{vmatrix} 4-\lambda & 1 \\ -8 & 8-\lambda \end{vmatrix} = \lambda^2 - 12\lambda + 40 = 0$$

으로부터 고유값이 $\lambda = 6 \pm 2i$이므로

$$x(t) = e^{6t}(c_1 \cos 2t + c_2 \sin 2t) \quad (\text{단, } c_1,\ c_2\text{는 임의상수})$$

가 된다. 한편

$$x'(t) = 2e^{6t}\{(3c_1 + c_2)\cos 2t + (3c_2 - c_1)\sin 2t\}$$

이므로

$$y(t) = 2e^{6t}\{(c_1 + c_2)\cos 2t + (c_2 - c_1)\sin 2t\}$$

를 얻는다. 따라서 구하는 일반해는 c_1, c_2가 임의상수일 때

$$x(t) = e^{6t}(c_1 \cos 2t + c_2 \sin 2t)$$
$$y(t) = 2e^{6t}\{(c_1 + c_2)\cos 2t + (c_2 - c_1)\sin 2t\}$$

로 주어진다. ■

② 고유벡터에 의한 방법

먼저 계수행렬 A가 상수들의 n차 행렬일 때, 제차연립선형미분방정식 $X' = AX$의 해

$$X = \begin{pmatrix} k_1 \\ \vdots \\ k_n \end{pmatrix} e^{\lambda t} = Ke^{\lambda t}$$

를 구해보자. $X = Ke^{\lambda t}$가 $X' = AX$의 해벡터면, $X' = K\lambda e^{\lambda t}$를 만족해야 하므로 $(A - \lambda I)K = O$이 성립하여야 한다. 즉 제차연립선형미분방정식 $X' = AX$의 자명하지 않은 해를 구하기 위해서는 $(A - \lambda I)K = O$을 만족하는 A의 고유값 λ에 관한 자명하지 않은 A의 고유벡터 $K(\neq O)$를 구해야 한다. 따라서 $\det(A - \lambda I) = 0$이 성립하여야 하고, 제차연립선형미분방정식 $X' = AX$의 해는 $X = Ke^{\lambda t}$가 된다.

이제 고유값들이 서로 다른 실수일 경우, 중복될 경우, 그리고 복소수일 경우로 나누어 계수가 상수인 제차연립선형미분방정식의 일반해를 구하는 방법을 살펴본다.

정리 6 서로 다른 실수 고유값

제차연립선형미분방정식 $X' = AX$의 n차 계수행렬 A의 서로 다른 실수 고유값을 $\lambda_1, \lambda_2, \cdots, \lambda_n$이라 하고, $K_1, K_2, \cdots, K_n$을 이에 대응하는 고유벡터라 할 때, 구간 $(-\infty, \infty)$에서 $X' = AX$의 일반해는

$$X = c_1 K_1 e^{\lambda_1 t} + c_2 K_2 e^{\lambda_2 t} + \cdots + c_n K_n e^{\lambda_n t}$$

로 주어진다. 여기서 $c_1, c_2, \cdots, c_n$은 임의상수다.

예제 7 다음 연립미분방정식의 일반해를 구하시오.

$$\begin{cases} x' = 2x + 3y \\ y' = 2x + y \end{cases}$$

풀이 계수행렬 A의 특성방정식

$$\det(A - \lambda I) = \lambda^2 - 3\lambda - 4 = 0$$

으로부터 고유값은 $\lambda_1 = -1$, $\lambda_2 = 4$가 된다. $\lambda_1 = -1$에 대응하는 고유벡터는 $K_1 = \begin{pmatrix} 1 \\ -1 \end{pmatrix}$이고 $\lambda_2 = 4$에 대응하는 고유벡터는 $K_2 = \begin{pmatrix} 3 \\ 2 \end{pmatrix}$ 이므로, 두 개의 1차독

립인 해는 $X_1 = \begin{pmatrix} 1 \\ -1 \end{pmatrix} e^{-t}$와 $X_2 = \begin{pmatrix} 3 \\ 2 \end{pmatrix} e^{4t}$다. 따라서 구하는 일반해는 c_1, c_2가 임의상수일 때

$$X = c_1 X_1 + c_2 X_2 = c_1 \begin{pmatrix} 1 \\ -1 \end{pmatrix} e^{-t} + c_2 \begin{pmatrix} 3 \\ 2 \end{pmatrix} e^{4t}$$

즉

$$x(t) = c_1 e^{-t} + 3c_2 e^{4t}, \quad y(t) = -c_1 e^{-t} + 2c_2 e^{4t}$$

로 주어진다. ■

정리 7 중복되는 고유값 I

제차연립선형미분방정식 $X' = AX$의 n차 계수행렬 A가 중복도 n인 고유값 λ를 가질 때 λ에 대응하는 고유벡터가 $K_1, K_2, \cdots, K_n$이면, 일반해는 $c_1, c_2, \cdots, c_n$이 임의상수일 때

$$X = c_1 K_1 e^{\lambda t} + c_2 K_2 e^{\lambda t} + \cdots + c_n K_n e^{\lambda t}$$

로 주어진다.

예제 8 $X' = \begin{pmatrix} 1 & -2 & 2 \\ -2 & 1 & -2 \\ 2 & -2 & 1 \end{pmatrix} X$의 일반해를 구하시오.

풀이 계수행렬의 특성방정식

$$\det(A - \lambda I) = (\lambda + 1)^2 (\lambda - 5) = 0$$

으로부터 고유값은 $\lambda_1 = \lambda_2 = -1$, $\lambda_3 = 5$다. 이때 $\lambda_1 = -1$에 대응하는 고유벡터는 $K_1 = \begin{pmatrix} 1 \\ 1 \\ 0 \end{pmatrix}$과 $K_2 = \begin{pmatrix} 0 \\ 1 \\ 1 \end{pmatrix}$이고 $\lambda_3 = 5$에 대응하는 고유벡터는 $K_3 = \begin{pmatrix} 1 \\ -1 \\ 1 \end{pmatrix}$이므로, 구하는 일반해는 c_1, c_2, c_3가 임의상수일 때

$$X = c_1 \begin{pmatrix} 1 \\ 1 \\ 0 \end{pmatrix} e^{-t} + c_2 \begin{pmatrix} 0 \\ 1 \\ 1 \end{pmatrix} e^{-t} + c_3 \begin{pmatrix} 1 \\ -1 \\ 1 \end{pmatrix} e^{5t}$$

즉

$$x(t) = c_1 e^{-t} + c_3 e^{5t}$$
$$y(t) = c_1 e^{-t} + c_2 e^{-t} - c_3 e^{5t}$$
$$z(t) = c_2 e^{-t} + c_3 e^{5t}$$

로 주어진다. ■

정리 8 중복되는 고유값 II

제차연립선형미분방정식 $X' = AX$ 의 n차 계수행렬 A가 중복도 m (단, $m \leqq n$)인 고유값 λ를 가질 때 λ에 대응하는 고유벡터가 오직 하나만 존재하면, 열벡터 K_{ij}에 대하여

$$X_1 = K_{11} e^{\lambda t}, \quad X_2 = K_{21} t e^{\lambda t} + K_{22} e^{\lambda t}$$
$$\vdots$$
$$X_m = K_{m1} \frac{t^{m-1}}{(m-1)!} e^{\lambda t} + K_{m2} \frac{t^{m-2}}{(m-2)!} e^{\lambda t} + \cdots + K_{mm} e^{\lambda t}$$

인 m개의 1차독립인 해를 구할 수 있다.

참고 [중복도 2인 고유값] 계수행렬 A가 중복도 2인 고유값 λ를 가질 때, 두 번째 해를 구하기 위해

$$K = \begin{pmatrix} k_1 \\ \vdots \\ k_n \end{pmatrix}, \quad P = \begin{pmatrix} p_1 \\ \vdots \\ p_n \end{pmatrix}$$

으로 놓고 $X_2 = Kte^{\lambda t} + Pe^{\lambda t}$를 구하자. 이것을 $X' = AX$ 에 대입하고 정리하면

$$(A - \lambda I)K = O, \quad (A - \lambda I)P = K$$

를 얻는다. 이때 $(A - \lambda I)K = O$으로부터 하나의 해 $X_1 = Ke^{\lambda t}$를 구한다. 두 번째 해 X_2를 구하기 위해서는 방정식 $(A - \lambda I)P = K$를 만족하는 P를 구하면 된다. □

예제 9 $X' = \begin{pmatrix} 3 & -18 \\ 2 & -9 \end{pmatrix} X$의 일반해를 구하시오.

풀이 계수행렬의 특성방정식은 $(\lambda + 3)^2 = 0$이므로 중복도 2인 근 $\lambda = -3$을 갖는다.

따라서 하나의 해는 $X_1 = \begin{pmatrix} 3 \\ 1 \end{pmatrix} e^{-3t}$다. 이제 $A = \begin{pmatrix} 3 & -18 \\ 2 & -9 \end{pmatrix}$, $K = \begin{pmatrix} 3 \\ 1 \end{pmatrix}$, $\lambda = -3$이므로

$$(A - \lambda I)P = K$$

로부터, $2p_1 - 6p_2 = 1$을 만족하는 해를 구한다. $p_1 = 1/2$를 택하면 $p_2 = 0$이므로 $P = \begin{pmatrix} 1/2 \\ 0 \end{pmatrix}$이다. 따라서 두 번째 해

$$X_2 = \begin{pmatrix} 3 \\ 1 \end{pmatrix} te^{-3t} + \begin{pmatrix} 1/2 \\ 0 \end{pmatrix} e^{-3t}$$

를 얻는다. 그러므로 주어진 미분방정식의 일반해는 c_1, c_2가 임의상수일 때

$$X = c_1 \begin{pmatrix} 3 \\ 1 \end{pmatrix} e^{-3t} + c_2 \left\{ \begin{pmatrix} 3 \\ 1 \end{pmatrix} te^{-3t} + \begin{pmatrix} 1/2 \\ 0 \end{pmatrix} e^{-3t} \right\}$$

로 주어진다. ■

참고 **[중복도 3인 고유값]** 계수행렬 A가 중복도 3인 고유값 λ를 가질 때, $X_2 = Kte^{\lambda t} + Pe^{\lambda t}$ 형태의 해와

$$K = \begin{pmatrix} k_1 \\ \vdots \\ k_n \end{pmatrix}, \quad P = \begin{pmatrix} p_1 \\ \vdots \\ p_n \end{pmatrix}, \quad Q = \begin{pmatrix} q_1 \\ \vdots \\ q_n \end{pmatrix}$$

일 때 $X_3 = K\frac{t^2}{2}e^{\lambda t} + Pte^{\lambda t} + Qe^{\lambda t}$ 형태의 제3의 해를 구할 수 있다. 이때 열벡터 K, P 그리고 Q가

$$(A - \lambda I)K = O, \quad (A - \lambda I)P = K, \quad (A - \lambda I)Q = P$$

를 만족해야 한다. □

예제 10 $X' = \begin{pmatrix} 2 & 1 & 6 \\ 0 & 2 & 5 \\ 0 & 0 & 2 \end{pmatrix} X$의 일반해를 구하시오.

풀이 계수행렬의 특성방정식은 $(\lambda - 2)^3 = 0$이므로 중복도 3인 근 $\lambda = 2$를 갖는다. $(A - \lambda I)K = O$을 풀어서 고유벡터 $K = \begin{pmatrix} 1 \\ 0 \\ 0 \end{pmatrix}$을 구한다. 계속하여 $(A - \lambda I)P = K$와 $(A - \lambda I)Q = P$를 풀어서 $P = \begin{pmatrix} 0 \\ 1 \\ 0 \end{pmatrix}$ 그리고 $Q = \begin{pmatrix} 0 \\ -6/5 \\ 1/5 \end{pmatrix}$을 구한다. 따라서

일반해는 c_1, c_2, c_3가 임의상수일 때

$$X = c_1\begin{pmatrix}1\\0\\0\end{pmatrix}e^{2t} + c_2\left\{\begin{pmatrix}1\\0\\0\end{pmatrix}te^{2t} + \begin{pmatrix}0\\1\\0\end{pmatrix}e^{2t}\right\}$$

$$+ c_3\left\{\begin{pmatrix}1\\0\\0\end{pmatrix}\frac{t^2}{2}e^{2t} + \begin{pmatrix}0\\1\\0\end{pmatrix}te^{2t} + \begin{pmatrix}0\\-6/5\\1/5\end{pmatrix}e^{2t}\right\}$$

로 주어진다. ■

정리 9 복소 고유값

제차연립선형미분방정식 $X' = AX$의 2차 계수행렬 A에 대한 고유값이 복소수

$$\lambda = \alpha + i\beta,\ \ \overline{\lambda} = \alpha - i\beta \ \ (\text{단, } \alpha\text{와 } \beta\text{는 실수})$$

일 때 K를 λ의 고유벡터라 하면, $X' = AX$의 일반해는 c_1, c_2가 임의상수일 때

$$X = c_1 K e^{\lambda t} + c_2 \overline{K} e^{\overline{\lambda} t}$$

로 주어진다.

오일러 공식으로부터 복소 고유값 $\lambda = \alpha + i\beta$에 대응하는 계수행렬 A의 고유벡터 K에 대하여, B_1과 B_2를 열벡터

$$B_1 = \frac{1}{2}(K + \overline{K}),\ \ B_2 = \frac{i}{2}(-K + \overline{K})$$

로 정의할 때, 복소 고유값에 대응하는 실함수

$$X_1 = (B_1 \cos\beta t - B_2 \sin\beta t)e^{\alpha t},\ \ X_2 = (B_2 \cos\beta t + B_1 \sin\beta t)e^{\alpha t}$$

는 $(-\infty, \infty)$에서 $X = Ke^{\lambda t}$의 1차독립인 해가 된다. B_1과 B_2는 고유벡터 K의 실수부와 허수부이므로

$$B_1 = \mathrm{Re}(K),\ \ B_2 = \mathrm{Im}(K)$$

로 나타낸다 (연습문제 10 참조).

참고 [계수가 상수인 비제차연립선형미분방정식의 해법] $X_1, X_2, \cdots, X_n$이 구간 I에서 제차연립선형미분방정식 $X' = AX$를 만족하는 기본해집합이면 구간 I에서 일반해

$$X = c_1X_1 + c_2X_2 + \cdots + c_nX_n \quad (\text{단, } c_i\text{는 임의상수})$$

은 n차 행렬과 $n\times 1$행렬의 곱 $X = \Phi(t)C$가 된다. 이때 $X' = AX + F(t)$의 특수해 X_p는

$$X_p = \Phi(t)\int \Phi^{-1}(t)F(t)\,dt$$

로 주어지므로, $X' = AX + F(t)$의 일반해는

$$X = \Phi(t)C + \Phi(t)\int \Phi^{-1}(t)\,F(t)\,dt$$

가 된다. □

예제 11 구간 $(-\infty, \infty)$에서

$$X' = \begin{pmatrix} -3 & 1 \\ 2 & -4 \end{pmatrix}X + \begin{pmatrix} 3t \\ e^{-t} \end{pmatrix}$$

의 일반해를 구하시오.

풀이 계수행렬 A의 특성방정식 $\det(A - \lambda I) = (\lambda+2)(\lambda+5) = 0$으로부터 고유값을 구하면 $\lambda_1 = -2$, $\lambda_2 = -5$고, λ_1과 λ_2에 대응하는 고유벡터들은 각각 $\begin{pmatrix} 1 \\ 1 \end{pmatrix}$, $\begin{pmatrix} 1 \\ -2 \end{pmatrix}$이므로 $X' = \begin{pmatrix} -3 & 1 \\ 2 & -4 \end{pmatrix}X$의 해벡터는

$$X_1 = \begin{pmatrix} 1 \\ 1 \end{pmatrix}e^{-2t} = \begin{pmatrix} e^{-2t} \\ e^{-2t} \end{pmatrix}, \quad X_2 = \begin{pmatrix} 1 \\ -2 \end{pmatrix}e^{-5t} = \begin{pmatrix} e^{-5t} \\ -2e^{-5t} \end{pmatrix}$$

가 된다. 그러므로

$$\Phi(t) = \begin{pmatrix} e^{-2t} & e^{-5t} \\ e^{-2t} & -2e^{-5t} \end{pmatrix}, \quad \Phi^{-1}(t) = \begin{pmatrix} \frac{2}{3}e^{2t} & \frac{1}{3}e^{2t} \\ \frac{1}{3}e^{5t} & -\frac{1}{3}e^{5t} \end{pmatrix}$$

를 얻는다. 따라서

$$X_p = \Phi(t)\int \Phi^{-1}(t)F(t)\,dt = \begin{pmatrix} \frac{6}{5}t - \frac{27}{50} + \frac{1}{4}e^{-t} \\ \frac{3}{5}t - \frac{21}{50} + \frac{1}{2}e^{-t} \end{pmatrix}$$

이므로, 구간 $(-\infty, \infty)$에서 일반해는 c_1, c_2가 임의상수일 때

$$X = \begin{pmatrix} e^{-2t} & e^{-5t} \\ e^{-2t} & -2e^{-5t} \end{pmatrix}\begin{pmatrix} c_1 \\ c_2 \end{pmatrix} + \begin{pmatrix} \frac{6}{5}t - \frac{27}{50} + \frac{1}{4}e^{-t} \\ \frac{3}{5}t - \frac{21}{50} + \frac{1}{2}e^{-t} \end{pmatrix}$$

$$= c_1\begin{pmatrix} 1 \\ 1 \end{pmatrix}e^{-2t} + c_2\begin{pmatrix} 1 \\ -2 \end{pmatrix}e^{-5t} + \begin{pmatrix} 6/5 \\ 3/5 \end{pmatrix}t - \begin{pmatrix} 27/50 \\ 21/50 \end{pmatrix} + \begin{pmatrix} 1/4 \\ 1/2 \end{pmatrix}e^{-t}$$

로 주어진다. ■

참고 n계 선형미분방정식의 초기값 문제

$$\frac{d^n x}{dt^n} + a_n(t)\frac{d^{n-1}x}{dt^{n-1}} + \cdots + a_1(t)\frac{dx}{dt} + a_0(t)x = f(t);$$

$$x(t_0) = c_0,\ x'(t_0) = c_1,\ \cdots,\ x^{(n-1)}(t_0) = c_{n-1}$$

는 행렬을 이용하여

$$X'(t) = A(t)X(t) + F(t)\ ;\ X(t_0) = C$$

로 변환할 수 있다. □

연습문제 6.2

1. 다음 연립미분방정식의 일반해를 구하시오. $\left(\text{단, } D = \frac{d}{dt}\right)$

(1) $\begin{cases} (D-3)x + y = 0 \\ x - (D-1)y = 0 \end{cases}$

(2) $\begin{cases} (D+2)x - 2y = 1 \\ x + (D+5)y = 2 \end{cases}$

(3) $\begin{cases} Dx + 2y = \cos t \\ -x + Dy = -\sin t \end{cases}$

2. 다음 연립미분방정식의 일반해를 구하시오.

(1) $\dfrac{dx}{y+z}=\dfrac{dy}{x+z}=\dfrac{dz}{x+y}$ (2) $\dfrac{dx}{x^2-y^2-z^2}=\dfrac{dy}{2xy}=\dfrac{dz}{2xz}$

3. $t>0$일 때, 다음 비제차연립미분방정식

$$\begin{cases} x'=\dfrac{3}{t}x+\dfrac{1}{t}y \\ y'=-\dfrac{4}{t}-\dfrac{1}{t}y \end{cases}$$

의 일반해는

$$x(t)=\left(-\frac{c_1}{2}-\frac{c_2}{4}\right)t-\frac{c_2}{2}t\ln t,\quad y(t)=c_1t+c_2t\ln t$$

로 주어짐을 보이시오. 여기서 c_1, c_2는 임의상수다.

4. 소거법을 이용하여, 다음 연립미분방정식의 일반해를 구하시오.

(1) $\begin{cases} x'=4x-3y \\ y'=6x-7y \end{cases}$ (2) $\begin{cases} x'=3x-y \\ y'=5x-3y \end{cases}$

(3) $\begin{cases} x'+y'=2x+2y+1 \\ x'+2y'=y+3 \end{cases}$ (4) $\begin{cases} x''=4y+e^t \\ y''=4x-e^t \end{cases}$

5. 라플라스 변환을 이용하여, 다음 연립미분방정식의 초기값 문제의 해를 구하시오.

(1) $\begin{cases} x'=x-2y \\ y'=5x-y \end{cases}$; $x(0)=1,\ y(0)=2$

(2) $\begin{cases} x''+y'+3x=5e^{-t} \\ y''-4x'+3y=15\sin 2t \end{cases}$; $x(0)=5,\ x'(0)=-4,\ y(0)=1,\ y'(0)=-1$

6. A가 n차 행렬일 때, At의 고유값은 A의 고유값의 t배임을 보이시오.

7. 행렬을 이용하여, 다음 연립미분방정식의 일반해를 구하시오.

(1) $\begin{cases} x'=4x-2y \\ y'=x+y \end{cases}$ (2) $\begin{cases} \dfrac{dx}{dt}=-y+t \\ \dfrac{dy}{dt}=x-t \end{cases}$

8. 다음 연립미분방정식의 일반해를 구하시오.

(1) $X' = \begin{pmatrix} -1 & 1 & 0 \\ 1 & 2 & 1 \\ 0 & 3 & -1 \end{pmatrix} X$ (2) $X' = \begin{pmatrix} 1 & -1 & 2 \\ -1 & 1 & 0 \\ -1 & 0 & 1 \end{pmatrix} X$

9. 다음 연립미분방정식

$$\begin{cases} x' = 6x - y \\ y' = 5x + 4y \end{cases}$$

의 일반해는 c_1, c_2가 임의상수일 때

$$X = c_1\left\{\begin{pmatrix} 1 \\ 1 \end{pmatrix}\cos 2t + \begin{pmatrix} 0 \\ 2 \end{pmatrix}\sin 2t\right\}e^{5t} + c_2\left\{\begin{pmatrix} 0 \\ 2 \end{pmatrix}\cos 2t - \begin{pmatrix} 1 \\ 1 \end{pmatrix}\sin 2t\right\}e^{5t}$$

로 주어짐을 보이시오.

10. 다음 연립미분방정식

$$\begin{cases} x' = 2x + 8y \\ y' = -x - 2y \end{cases}$$

의 일반해는 c_1, c_2가 임의상수일 때

$$X = c_1\begin{pmatrix} 2\cos 2t - 2\sin 2t \\ -\cos 2t \end{pmatrix} + c_2\begin{pmatrix} 2\cos 2t + 2\sin 2t \\ -\sin 2t \end{pmatrix}$$

로 주어짐을 보이시오.

Differential Equation

부록

Ⅰ. 적분표

Ⅱ. 라플라스 변환표

I. 적분표

기본형

1. $\int du = u + C$

2. $\int c\,du = c\int du$

3. $\int (f + g + \cdots)du = \int f du + \int g du + \cdots$

4. $\int u\,dv = uv - \int v\,du$

5. $\int u^n du = \dfrac{u^{n+1}}{n+1} + C$ (단, $n \neq -1$)

6. $\int \dfrac{du}{u} = \ln|u| + C$

$a+bu$를 포함하는 형

7. $\int (a+bu)^n du = \dfrac{(a+bu)^{n+1}}{b(n+1)} + C$ (단, $n \neq -1$)

8. $\int \dfrac{du}{a+bu} = \dfrac{1}{b}\ln|a+bu| + C$

9. $\int \dfrac{u\,du}{a+bu} = \dfrac{1}{b^2}[(a+bu) - a\ln|a+bu|] + C$

10. $\int \dfrac{u^2 du}{a+bu} = \dfrac{1}{b^3}\left[\dfrac{1}{2}(a+bu)^2 - 2a(a+bu) + a^2\ln|a+bu|\right] + C$

11. $\int \dfrac{du}{u(a+bu)} = \dfrac{1}{a}\ln\left|\dfrac{u}{a+bu}\right| + C$

12. $\int \dfrac{du}{u^2(a+bu)} = -\dfrac{1}{au} + \dfrac{b}{a^2}\ln\left|\dfrac{a+bu}{u}\right| + C$

13. $\int \dfrac{u\,du}{(a+bu)^2} = \dfrac{1}{b^2}\left[\dfrac{a}{a+bu} + \ln|a+bu|\right] + C$

14. $\int \dfrac{u^2 du}{(a+bu)^2} = \dfrac{1}{b^3}\left[(a+bu) - \dfrac{a^2}{a+bu} - 2a\ln|a+bu|\right] + C$

15. $\int \dfrac{du}{u(a+bu)^2} = \dfrac{1}{a(a+bu)} + \dfrac{1}{a^2}\ln\left|\dfrac{u}{a+bu}\right| + C$

16. $\int \dfrac{du}{u^2(a+bu)^2} = \dfrac{a+2bu}{a^2u(a+bu)} + \dfrac{2b}{a^3}\ln\left|\dfrac{a+bu}{u}\right| + C$

$\sqrt{a+bu}$ 를 포함하는 형

17. $\int u\sqrt{a+bu}\,du = -\dfrac{2(2a-3bu)(a+bu)^{3/2}}{15b^2} + C$

18. $\int u^n\sqrt{a+bu}\,du = \dfrac{2u^n(a+bu)^{3/2}}{b(2n+3)} - \dfrac{2an}{b(2n+3)}\int u^{n-1}\sqrt{a+bu}\,du$

19. $\int \frac{u\,du}{\sqrt{a+bu}} = -\frac{2(2a-bu)}{3b^2}\sqrt{a+bu}+C$

20. $\int \frac{u^n\,du}{\sqrt{a+bu}} = \frac{2u^n}{b(2n+1)}\sqrt{a+bu} - \frac{2an}{b(2n+1)}\int \frac{u^{n-1}}{\sqrt{a+bu}}\,du$

21. $\int \frac{du}{u\sqrt{a+bu}} = \begin{cases} \frac{1}{\sqrt{a}}\ln\left|\frac{\sqrt{a+bu}-\sqrt{a}}{\sqrt{a+bu}+\sqrt{a}}\right| + C & (\text{단, } a>0) \\ \frac{2}{\sqrt{-a}}\tan^{-1}\sqrt{\frac{a+bu}{-a}} + C & (\text{단, } a<0) \end{cases}$

22. $\int \frac{du}{u^n\sqrt{a+bu}} = -\frac{\sqrt{a+bu}}{a(n-1)u^{n-1}} - \frac{b(2n-3)}{2a(n-1)}\int \frac{du}{u^{n-1}\sqrt{a+bu}}$

23. $\int \frac{\sqrt{a+bu}}{u}\,du = 2\sqrt{a+bu} + a\int \frac{du}{u\sqrt{a+bu}}$

24. $\int \frac{\sqrt{a+bu}}{u^n}\,du = -\frac{(a+bu)^{3/2}}{a(n-1)u^{n-1}} - \frac{b(2n-5)}{2a(n-1)}\int \frac{\sqrt{a+bu}}{u^{n-1}}\,du$

$a^2 \pm u^2$ 과 $u^2 - a^2$을 포함하는 형

25. $\int \frac{du}{a^2+u^2} = \frac{1}{a}\tan^{-1}\frac{u}{a} + C = \frac{1}{a}\sin^{-1}\frac{u}{\sqrt{a^2+u^2}} + C$ (단, $a>0$)

26. $\int \frac{du}{a^2-u^2} = \frac{1}{2a}\ln\left|\frac{a+u}{a-u}\right| + C = \frac{1}{a}\tanh^{-1}\frac{u}{a} + C$ (단, $u^2<a^2$)

27. $\int \frac{du}{u^2-a^2} = \frac{1}{2a}\ln\left|\frac{u-a}{u+a}\right| + C = -\frac{1}{a}\coth^{-1}\frac{u}{a} + C$ (단, $u^2>a^2$)

$\sqrt{a^2-u^2}$ 을 포함하는 형

28. $\int \sqrt{a^2-u^2}\,du = \frac{u}{2}\sqrt{a^2-u^2} + \frac{a^2}{2}\sin^{-1}\frac{u}{a} + C$ (단, $u^2<a^2$, $a>0$)

29. $\int (a^2-u^2)^{3/2}\,du = -\frac{u}{8}(2u^2-5a^2)\sqrt{a^2-u^2} + \frac{3a^4}{8}\sin^{-1}\frac{u}{a} + C$

30. $\int u\sqrt{a^2-u^2}\,du = -\frac{1}{3}(a^2-u^2)^{3/2} + C$

31. $\int u^2\sqrt{a^2-u^2}\,du = -\frac{u}{4}(a^2-u^2)^{3/2} + \frac{a^2u}{8}\sqrt{a^2-u^2} + \frac{a^4}{8}\sin^{-1}\frac{u}{a} + C$

32. $\int \frac{\sqrt{a^2-u^2}}{u}\,du = \sqrt{a^2-u^2} - a\ln\left|\frac{a+\sqrt{a^2-u^2}}{u}\right| + C$

33. $\int \frac{\sqrt{a^2-u^2}}{u^2}\,du = -\frac{\sqrt{a^2-u^2}}{u} - \sin^{-1}\frac{u}{a} + C$

34. $\int \frac{du}{\sqrt{a^2-u^2}} = \sin^{-1}\frac{u}{a} + C$ ($u^2<a^2$, $a>0$)

35. $\displaystyle\int \frac{u^2 du}{\sqrt{a^2-u^2}} = -\frac{u}{2}\sqrt{a^2-u^2} + \frac{a^2}{2}\sin^{-1}\frac{u}{a} + C$

36. $\displaystyle\int \frac{du}{u\sqrt{a^2-u^2}} = -\frac{1}{a}\ln\left|\frac{a+\sqrt{a^2-u^2}}{u}\right| + C$

37. $\displaystyle\int \frac{du}{u^2\sqrt{a^2-u^2}} = -\frac{\sqrt{a^2-u^2}}{a^2 u} + C$

38. $\displaystyle\int \frac{du}{(a^2-u^2)^{3/2}} = \frac{u}{a^2\sqrt{a^2-u^2}} + C$

39. $\displaystyle\int \frac{u^2 du}{(a^2-u^2)^{3/2}} = \frac{u}{\sqrt{a^2-u^2}} - \sin^{-1}\frac{u}{a} + C$

40. $\displaystyle\int \frac{du}{u(a^2-u^2)^{3/2}} = \frac{1}{a^2\sqrt{a^2-u^2}} - \frac{1}{a^3}\ln\left|\frac{a+\sqrt{a^2-u^2}}{u}\right| + C$

41. $\displaystyle\int \frac{du}{u^2(a^2-u^2)^{3/2}} = -\frac{\sqrt{a^2-u^2}}{a^4 u} + \frac{u}{a^4\sqrt{a^2-u^2}} + C$

$\sqrt{a^2+u^2}$ 을 포함하는 형

42. $\displaystyle\int \frac{du}{\sqrt{a^2+u^2}} = \ln\left|u+\sqrt{a^2+u^2}\right| + C = \sinh^{-1}\frac{u}{a} + C$

43. $\displaystyle\int \sqrt{a^2+u^2}\,du = \frac{u}{2}\sqrt{a^2+u^2} + \frac{a^2}{2}\ln\left|u+\sqrt{a^2+u^2}\right| + C$

44. $\displaystyle\int u^2\sqrt{a^2+u^2}\,du = \frac{u}{8}(2u^2+a^2)\sqrt{a^2+u^2} - \frac{a^4}{8}\ln\left|u+\sqrt{a^2+u^2}\right| + C$

45. $\displaystyle\int \frac{\sqrt{a^2+u^2}}{u}\,du = \sqrt{a^2+u^2} - a\ln\left|\frac{a+\sqrt{a^2+u^2}}{u}\right| + C$

46. $\displaystyle\int \frac{\sqrt{a^2+u^2}}{u^2}\,du = -\frac{\sqrt{a^2+u^2}}{u} + \ln\left|u+\sqrt{a^2+u^2}\right| + C$

47. $\displaystyle\int \frac{u^2 du}{\sqrt{a^2+u^2}} = \frac{u}{2}\sqrt{a^2+u^2} - \frac{a^2}{2}\ln\left|u+\sqrt{a^2+u^2}\right| + C$

48. $\displaystyle\int \frac{du}{u\sqrt{a^2+u^2}} = -\frac{1}{a}\ln\left|\frac{a+\sqrt{a^2+u^2}}{u}\right| + C$

49. $\displaystyle\int \frac{du}{u^2\sqrt{a^2+u^2}} = -\frac{\sqrt{a^2+u^2}}{a^2 u} + C$

50. $\displaystyle\int (a^2+u^2)^{3/2} du = \frac{u}{8}(2u^2+5a^2)\sqrt{a^2+u^2} + \frac{3a^4}{8}\ln\left|u+\sqrt{a^2+u^2}\right| + C$

51. $\displaystyle\int \frac{du}{(a^2+u^2)^{3/2}} = \frac{u}{a^2\sqrt{a^2+u^2}} + C$

$\sqrt{u^2-a^2}$ 을 포함하는 형

52. $\displaystyle\int \frac{du}{\sqrt{u^2-a^2}} = \ln\left|u+\sqrt{u^2-a^2}\right| + C = \cosh^{-1}\frac{u}{a} + C$

53. $\displaystyle\int \sqrt{u^2 \pm a^2}\,du = \frac{u}{2}\sqrt{u^2 \pm a^2} \pm \frac{a^2}{2}\ln\left|u+\sqrt{u^2 \pm a^2}\right| + C$ (단, $a \neq 0$)

54. $\displaystyle\int u^2\sqrt{u^2-a^2}\,du = \frac{u}{8}(2u^2-a^2)\sqrt{u^2-a^2} - \frac{a^4}{8}\ln\left|u+\sqrt{u^2-a^2}\right| + C$

55. $\displaystyle\int \frac{\sqrt{u^2-a^2}}{u}\,du = \sqrt{u^2-a^2} - a\cos^{-1}\left|\frac{a}{u}\right| + C = \sqrt{u^2-a^2} - a\sec^{-1}\left|\frac{u}{a}\right| + C$

56. $\displaystyle\int \frac{\sqrt{u^2-a^2}}{u^2}\,du = -\frac{\sqrt{u^2-a^2}}{u} + \ln\left|u+\sqrt{u^2-a^2}\right| + C$

57. $\displaystyle\int \frac{u^2\,du}{\sqrt{u^2-a^2}} = \frac{u}{2}\sqrt{u^2-a^2} + \frac{a^2}{2}\ln\left|u+\sqrt{u^2-a^2}\right| + C$

58. $\displaystyle\int \frac{du}{u\sqrt{u^2-a^2}} = \frac{1}{a}\cos^{-1}\left|\frac{a}{u}\right| + C = \frac{1}{a}\sec^{-1}\left|\frac{u}{a}\right| + C$

59. $\displaystyle\int \frac{du}{u^2\sqrt{u^2-a^2}} = \frac{\sqrt{u^2-a^2}}{a^2 u} + C$

60. $\displaystyle\int (u^2-a^2)^{3/2}\,du = \frac{u}{8}(2u^2-5a^2)\sqrt{u^2-a^2} + \frac{3a^4}{8}\ln\left|u+\sqrt{u^2-a^2}\right| + C$

61. $\displaystyle\int \frac{du}{(u^2-a^2)^{3/2}} = -\frac{u}{a^2\sqrt{u^2-a^2}} + C$

$\sqrt{2au-u^2}$ 을 포함하는 형

62. $\displaystyle\int \sqrt{2au-u^2}\,du = \frac{u-a}{2}\sqrt{2au-u^2} + \frac{a^2}{2}\cos^{-1}\left(1-\frac{u}{a}\right) + C$

63. $\displaystyle\int u\sqrt{2au-u^2}\,du = \frac{2u^2-au-3a^2}{6}\sqrt{2au-u^2} + \frac{a^3}{2}\cos^{-1}\left(1-\frac{u}{a}\right) + C$

64. $\displaystyle\int \frac{\sqrt{2au-u^2}}{u}\,du = \sqrt{2au-u^2} + a\cos^{-1}\left(1-\frac{u}{a}\right) + C$

65. $\displaystyle\int \frac{\sqrt{2au-u^2}}{u^2}\,du = -\frac{2\sqrt{2au-u^2}}{u} - \cos^{-1}\left(1-\frac{u}{a}\right) + C$

66. $\displaystyle\int \frac{du}{\sqrt{2au-u^2}} = 2\sin^{-1}\sqrt{\frac{u}{2a}} + C = \cos^{-1}\left(1-\frac{u}{a}\right) + C$

67. $\displaystyle\int \frac{du}{(2au-u^2)^{3/2}} = \frac{u-a}{a^2\sqrt{2au-u^2}} + C$

68. $\displaystyle\int \frac{u\,du}{\sqrt{2au-u^2}} = -\sqrt{2au-u^2} + a\cos^{-1}\left(1-\frac{u}{a}\right) + C$

69. $\int \frac{u^2 du}{\sqrt{2au-u^2}} = -\frac{u+3a}{2}\sqrt{2au-u^2} + \frac{3a^2}{2}\cos^{-1}\left(1-\frac{u}{a}\right) + C$

70. $\int \frac{du}{u\sqrt{2au-u^2}} = -\frac{\sqrt{2au-u^2}}{au} + C$

삼각함수형

71. $\int \sin u\, du = -\cos u + C$

72. $\int \cos u\, du = \sin u + C$

73. $\int \tan u\, du = \ln|\sec u| + C$

74. $\int \cot u\, du = \ln|\sin u| + C$

75. $\int \sec u\, du = \ln|\sec u + \tan u| + C$

76. $\int \csc u\, du = \ln|\csc u - \cot u| + C$

77. $\int \sec^2 u\, du = \tan u + C$

78. $\int \csc^2 u\, du = -\cot u + C$

79. $\int \sec u \tan u\, du = \sec u + C$

80. $\int \csc u \cot u\, du = -\csc u + C$

81. $\int \sin^2 u\, du = \frac{u}{2} - \frac{1}{4}\sin 2u + C$

82. $\int \cos^2 u\, du = \frac{u}{2} + \frac{1}{4}\sin 2u + C$

83. $\int \tan^2 u\, du = \tan u - u + C$

84. $\int \sec^3 u\, du = \frac{1}{2}\sec u \tan u + \frac{1}{2}\ln|\sec u + \tan u| + C$

85. $\int \sin^n u\, du = -\frac{1}{n}\sin^{n-1} u \cos u + \frac{n-1}{n}\int \sin^{n-2} u\, du$

86. $\int \cos^n u\, du = \frac{1}{n}\cos^{n-1} u \sin u + \frac{n-1}{n}\int \cos^{n-2} u\, du$

87. $\int \tan^n u\, du = \frac{\tan^{n-1} u}{n-1} - \int \tan^{n-2} u\, du$ (단, $n \neq 1$)

88. $\int \cot^n u\, du = -\frac{\cot^{n-1} u}{n-1} - \int \cot^{n-2} u\, du$ (단, $n \neq 1$)

89. $\int \sec^n u\, du = \frac{\sec^{n-2} u \tan u}{n-1} + \frac{n-2}{n-1}\int \sec^{n-2} u\, du$ (단, $n \neq 1$)

90. $\int \csc^n u\, du = -\frac{\csc^{n-2} u \cot u}{n-1} + \frac{n-2}{n-1}\int \csc^{n-2} u\, du$ (단, $n \neq 1$)

91. $\int \sin mu \sin nu\, du = \frac{\sin(m-n)u}{2(m-n)} - \frac{\sin(m+n)u}{2(m+n)} + C$ (단, $m^2 \neq n^2$)

92. $\int \sin mu \cos nu\, du = -\frac{\cos(m-n)u}{2(m-n)} - \frac{\cos(m+n)u}{2(m+n)} + C$ (단, $m^2 \neq n^2$)

93. $\int \cos mu \cos nu\, du = \frac{\sin(m-n)u}{2(m-n)} + \frac{\sin(m+n)u}{2(m+n)} + C$ (단, $m^2 \neq n^2$)

94. $\int u \sin u\, du = \sin u - u\cos u + C$

95. $\int u\cos u\,du = \cos u + u\sin u + C$

96. $\int u^2\sin u\,du = (2-u^2)\cos u + 2u\sin u + C$

97. $\int u^2\cos u\,du = (u^2-2)\sin u + 2u\cos u + C$

98. $\int u^n\sin u\,du = -u^n\cos u + n\int u^{n-1}\cos u\,du$

99. $\int u^n\cos u\,du = u^n\sin u - n\int u^{n-1}\sin u\,du$

100. $\int \sin^m u\cos^n u\,du = -\dfrac{\sin^{m-1}u\cos^{n+1}u}{m+n} + \dfrac{m-1}{m+n}\int \sin^{m-2}u\cos^n u\,du$

$= \dfrac{\sin^{m+1}u\cos^{n-1}u}{m+n} + \dfrac{n-1}{m+n}\int \sin^m u\cos^{n-2}u\,du$ (단, $m \neq -n$)

역삼각함수형

101. $\int \sin^{-1}u\,du = u\sin^{-1}u + \sqrt{1-u^2} + C$

102. $\int \cos^{-1}u\,du = u\cos^{-1}u - \sqrt{1-u^2} + C$

103. $\int \tan^{-1}u\,du = u\tan^{-1}u - \dfrac{1}{2}\ln(1+u^2) + C$

104. $\int \cot^{-1}u\,du = u\cot^{-1}u + \dfrac{1}{2}\ln(1+u^2) + C$

105. $\int \sec^{-1}u\,du = u\sec^{-1}u - \ln\left|u+\sqrt{u^2-1}\right| + C$

106. $\int \csc^{-1}u\,du = u\csc^{-1}u + \ln\left|u+\sqrt{u^2-1}\right| + C$

지수 및 로그함수형

107. $\int e^u\,du = e^u + C$

108. $\int a^u\,du = \dfrac{a^u}{\ln a} + C$ (단, $a \neq 1,\ a>0$)

109. $\int ue^u\,du = e^u(u-1) + C$

110. $\int u^n e^u\,du = u^n e^u - n\int u^{n-1}e^u\,du$

111. $\int u^n a^u\,du = \dfrac{u^n a^u}{\ln a} - \dfrac{n}{\ln a}\int u^{n-1}a^u\,du + C$ (단, $a \neq 1,\ a>0$)

112. $\int \dfrac{e^u}{u^n}\,du = -\dfrac{e^u}{(n-1)u^{n-1}} + \dfrac{1}{n-1}\int \dfrac{e^u}{u^{n-1}}\,du$ (단, $n \neq 1$)

113. $\int \ln u\,du = u\ln u - u + C$

114. $\int (\ln u)^n\,du = u(\ln u)^n - n\int (\ln u)^{n-1}\,du$

115. $\int u^n\ln u\,du = u^{n+1}\left[\dfrac{\ln u}{n+1} - \dfrac{1}{(n+1)^2}\right] + C$ (단, $n \neq -1$)

116. $\int \frac{du}{u \ln u} = \ln|\ln u| + C$

117. $\int e^{au} \sin nu \, du = \frac{e^{au}(a \sin nu - n \cos nu)}{a^2 + n^2} + C$

118. $\int e^{au} \cos nu \, du = \frac{e^{au}(a \cos nu + n \sin nu)}{a^2 + n^2} + C$

쌍곡선 함수형

119. $\int \sinh u \, du = \cosh u + C$

120. $\int \cosh u \, du = \sinh u + C$

121. $\int \tanh u \, du = \ln \cosh u + C$

122. $\int \coth u \, du = \ln|\sinh u| + C$

123. $\int \operatorname{sech} u \, du = \tan^{-1}(\sinh u) + C$

124. $\int \operatorname{csch} u \, du = \ln\left|\tanh \frac{u}{2}\right| + C$

125. $\int \operatorname{sech}^2 u \, du = \tanh u + C$

126. $\int \operatorname{csch}^2 u \, du = -\coth u + C$

127. $\int \operatorname{sech} u \tanh u \, du = -\operatorname{sech} u + C$

128. $\int \operatorname{csch} u \coth u \, du = -\operatorname{csch} u + C$

129. $\int \sinh^2 u \, du = \frac{1}{4} \sinh 2u - \frac{u}{2} + C$

130. $\int \cosh^2 u \, du = \frac{1}{4} \sinh 2u + \frac{u}{2} + C$

131. $\int u \sinh u \, du = u \cosh u - \sinh u + C$

132. $\int u \cosh u \, du = u \sinh u - \cosh u + C$

133. $\int e^{au} \sinh nu \, du = \frac{e^{au}(a \sinh nu - n \cosh nu)}{a^2 - n^2} + C$ (단, $a^2 \neq n^2$)

134. $\int e^{au} \cosh nu \, du = \frac{e^{au}(a \cosh nu - n \sinh nu)}{a^2 - n^2} + C$ (단, $a^2 \neq n^2$)

왈리스 (Wallis)의 공식

135. $$\int_0^{\frac{\pi}{2}} \sin^n u \, du = \int_0^{\frac{\pi}{2}} \cos^n u \, du = \begin{cases} \dfrac{(n-1)\cdot(n-3)\cdot \cdots \cdot 4 \cdot 2}{n \cdot (n-2) \cdot \cdots \cdot 5 \cdot 3 \cdot 1} & \text{(단, } n\text{은 양의 홀수)} \\[2ex] \dfrac{(n-1)\cdot(n-3)\cdot \cdots \cdot 3 \cdot 1}{n \cdot (n-2) \cdot \cdots \cdot 4 \cdot 2} \cdot \dfrac{\pi}{2} & \text{(단, } n\text{은 양의 짝수)} \end{cases}$$

136. $$\int_0^{\frac{\pi}{2}} \sin^m u \cos^n u \, du$$

$$= \begin{cases} \dfrac{(n-1)\cdot(n-3)\cdot \cdots \cdot 4 \cdot 2}{(m+n)\cdot(m+n-2)\cdot \cdots \cdot (m+5)\cdot(m+3)\cdot(m+1)} & \text{(단, } n\text{은 양의 홀수)} \\[2ex] \dfrac{(m-1)\cdot(m-3)\cdot \cdots \cdot 4 \cdot 2}{(m+n)\cdot(m+n-2)\cdot \cdots \cdot (n+5)\cdot(n+3)\cdot(n+1)} & \text{(단, } m\text{은 양의 홀수)} \\[2ex] \dfrac{(m-1)\cdot(m-3)\cdot \cdots \cdot 3 \cdot 1 \cdot (n-1)\cdot(n-3)\cdot \cdots \cdot 3 \cdot 1}{(m+n)\cdot(m+n-2)\cdot \cdots \cdot 4 \cdot 2} \cdot \dfrac{\pi}{2} & \text{(단, } m\text{과 } n\text{은 양의 짝수)} \end{cases}$$

II. 라플라스 변환표

	$f(x)$	$F(s)=\mathcal{L}\{f(x)\}$
1	x^n (단, $n=0, 1, 2, \cdots$)	$\dfrac{n!}{s^{n+1}}$
2	$\sqrt{x}$	$\dfrac{\sqrt{\pi}}{2s^{3/2}}$
3	$\dfrac{1}{\sqrt{x}}$	$\sqrt{\dfrac{\pi}{s}}$
4	x^α (단, $\alpha>-1$)	$\dfrac{\Gamma(\alpha+1)}{s^{\alpha+1}}$
5	e^{ax}	$\dfrac{1}{s-a}$
6	$\dfrac{1}{a}e^{-\frac{x}{a}}$	$\dfrac{1}{1+as}$
7	$\dfrac{1}{a}(e^{ax}-1)$	$\dfrac{1}{s(s-a)}$
8	$1-e^{-\frac{x}{a}}$	$\dfrac{1}{s(1+as)}$
9	$\dfrac{1}{a^2}xe^{-\frac{x}{a}}$	$\dfrac{1}{(1+as)^2}$
10	$(1+ax)e^{ax}$	$\dfrac{s}{(s-a)^2}$
11	$\dfrac{1}{a^3}(a-x)e^{-\frac{x}{a}}$	$\dfrac{s}{(1+as)^2}$
12	$\sin ax$	$\dfrac{a}{s^2+a^2}$
13	$\cos ax$	$\dfrac{s}{s^2+a^2}$
14	$\sinh ax$	$\dfrac{a}{s^2-a^2}$
15	$\cosh ax$	$\dfrac{s}{s^2-a^2}$
16	$x\sin ax$	$\dfrac{2as}{(s^2+a^2)^2}$
17	$x\cos ax$	$\dfrac{s^2-a^2}{(s^2+a^2)^2}$
18	$e^{bx}\sin ax$	$\dfrac{a}{(s-b)^2+a^2}$
19	$e^{bx}\cos ax$	$\dfrac{s-b}{(s-b)^2+a^2}$
20	$\sin ax-ax\cos ax$	$\dfrac{2a^3}{(s^2+a^2)^2}$

	$f(x)$	$F(s)=\mathcal{L}\{f(x)\}$
21	$\sin ax+ax\cos ax$	$\dfrac{2as^2}{(s^2+a^2)^2}$
22	$\sin^2 ax$	$\dfrac{2a^2}{s(s^2+4a^2)}$
23	$\cos^2 ax$	$\dfrac{s^2+2a^2}{s(s^2+4a^2)}$
24	$\sinh^2 ax$	$\dfrac{2a^2}{s(s^2-4a^2)}$
25	$\cosh^2 ax$	$\dfrac{s^2-2a^2}{s(s^2-4a^2)}$
26	$x^n e^{ax}$ (단, $n=1, 2, \cdots$)	$\dfrac{n!}{(s-a)^{n+1}}$
27	$e^{bx}\sinh ax$	$\dfrac{a}{(s-b)^2-a^2}$
28	$e^{bx}\cosh ax$	$\dfrac{s-b}{(s-b)^2-a^2}$
29	$x\sinh ax$	$\dfrac{2as}{(s^2-a^2)^2}$
30	$x\cosh ax$	$\dfrac{s^2+a^2}{(s^2-a^2)^2}$
31	$\dfrac{e^{ax}-e^{bx}}{a-b}$	$\dfrac{1}{(s-a)(s-b)}$
32	$\dfrac{ae^{ax}-be^{bx}}{a-b}$	$\dfrac{s}{(s-a)(s-b)}$
33	$\dfrac{e^{-\frac{x}{a}}-e^{-\frac{x}{b}}}{a-b}$	$\dfrac{1}{(1+as)(1+bs)}$
34	$\dfrac{ae^{-\frac{x}{b}}-be^{-\frac{x}{a}}}{a-b}$	$\dfrac{s}{(1+as)(1+bs)}$
35	$\dfrac{1}{a^2}(e^{ax}-1-ax)$	$\dfrac{1}{s^2(s-a)}$
36	$1-\cos ax$	$\dfrac{a^2}{s(s^2+a^2)}$
37	$ax-\sin ax$	$\dfrac{a^3}{s^2(s^2+a^2)}$
38	$\cos ax-\cos bx$	$\dfrac{s(b^2-a^2)}{(s^2+a^2)(s^2+b^2)}$
39	$\sin ax\sinh ax$	$\dfrac{2a^2 s}{s^4+4a^4}$
40	$\sin ax\cosh ax$	$\dfrac{a(s^2+2a^2)}{s^4+4a^4}$

	$f(x)$	$F(s)=\mathcal{L}\{f(x)\}$
41	$\cos ax \sinh ax$	$\dfrac{a(s^2-2a^2)}{s^4+4a^4}$
42	$\cos ax \cosh ax$	$\dfrac{s^3}{s^4+4a^4}$
43	$\dfrac{1}{\sqrt{2}}\left(\cosh\dfrac{ax}{\sqrt{2}}\sin\dfrac{ax}{\sqrt{2}}-\sinh\dfrac{ax}{\sqrt{2}}\cos\dfrac{ax}{\sqrt{2}}\right)$	$\dfrac{a^3}{s^4+a^4}$
44	$\sin\dfrac{ax}{\sqrt{2}}\sinh\dfrac{ax}{\sqrt{2}}$	$\dfrac{a^2x}{s^4+a^4}$
45	$\cos\dfrac{ax}{\sqrt{2}}\cosh\dfrac{ax}{\sqrt{2}}$	$\dfrac{s^3}{s^4+a^4}$
46	$\dfrac{1}{\sqrt{2}}\left(\cos\dfrac{ax}{\sqrt{2}}\sinh\dfrac{ax}{\sqrt{2}}+\sin\dfrac{ax}{\sqrt{2}}\cosh\dfrac{ax}{\sqrt{2}}\right)$	$\dfrac{as^2}{s^4+a^4}$
47	$\dfrac{1}{2}(\sinh ax-\sin ax)$	$\dfrac{a^3}{s^4-a^4}$
48	$\dfrac{1}{2}(\cosh ax-\cos ax)$	$\dfrac{a^2s}{s^4-a^4}$
49	$\dfrac{1}{2}(\sinh ax+\sin ax)$	$\dfrac{as^2}{s^4-a^4}$
50	$\dfrac{1}{2}(\cosh ax+\cos ax)$	$\dfrac{s^3}{s^4-a^4}$
51	$\dfrac{1}{2}(\sin ax+ax\cos ax)$	$\dfrac{as^2}{(s^2+a^2)^2}$
52	$\cos ax-\dfrac{ax}{2}\sin ax$	$\dfrac{s^3}{(s^2+a^2)^2}$
53	$\dfrac{1}{2}(ax\cosh ax-\sinh ax)$	$\dfrac{a^3}{(s^2+a^2)^2}$
54	$\dfrac{x}{2}\sinh ax$	$\dfrac{as}{(s^2-a^2)^2}$
55	$\dfrac{1}{2}(\sinh ax+ax\cosh ax)$	$\dfrac{as^2}{(s^2-a^2)^2}$
56	$\cosh ax+\dfrac{ax}{2}\sinh ax$	$\dfrac{s^3}{(s^2-a^2)^2}$
57	$\dfrac{a\sin bx-b\sin ax}{a^2-b^2}$	$\dfrac{ab}{(s^2+a^2)(s^2+b^2)}$
58	$\dfrac{\cos bx-\cos ax}{a^2-b^2}$	$\dfrac{s}{(s^2+a^2)(s^2+b^2)}$
59	$\dfrac{a\sin ax-b\sin bx}{a^2-b^2}$	$\dfrac{s^2}{(s^2+a^2)(s^2+b^2)}$
60	$\dfrac{a^2\cos ax-b^2\cos bx}{a^2-b^2}$	$\dfrac{s^3}{(s^2+a^2)(s^2+b^2)}$

	$f(x)$	$F(s)=\mathcal{L}\{f(x)\}$
61	$\dfrac{b\sin ax-a\sinh bx}{a^2-b^2}$	$\dfrac{ab}{(s^2-a^2)(s^2-b^2)}$
62	$\dfrac{\cosh ax-\cosh bx}{a^2-b^2}$	$\dfrac{s}{(s^2-a^2)(s^2-b^2)}$
63	$\dfrac{a\sin ax-b^2\cosh bx}{a^2-b^2}$	$\dfrac{s^2}{(s^2-a^2)(s^2-b^2)}$
64	$\dfrac{a^2\cosh ax-b^2\cosh bx}{a^2-b^2}$	$\dfrac{s^3}{(s^2-a^2)(s^2-b^2)}$
65	$x-\dfrac{1}{a}\sin ax$	$\dfrac{a^2}{s^2(s^2+a^2)}$
66	$\dfrac{1}{a}\sinh ax-x$	$\dfrac{a^2}{s^2(s^2-a^2)}$
67	$1-\cos ax-\dfrac{ax}{2}\sin ax$	$\dfrac{a^4}{s(s^2+a^2)^2}$
68	$1-\cosh ax+\dfrac{ax}{2}\sinh ax$	$\dfrac{a^4}{s(s^2-a^2)^2}$
69	$1+\dfrac{b^2\cos ax-a^2\cos bx}{a^2-b^2}$	$\dfrac{a^2b^2}{s(s^2+a^2)(s^2+b^2)}$
70	$1+\dfrac{b^2\cosh ax-a^2\cosh bx}{a^2-b^2}$	$\dfrac{a^2b^2}{s(s^2-a^2)(s^2-b^2)}$
71	$\dfrac{1}{8}[(3-a^2x^2)\sin ax-3ax\cos ax]$	$\dfrac{a^5}{(s^2+a^2)^3}$
72	$\dfrac{x}{8}[\sin ax-ax\cos ax]$	$\dfrac{a^3s}{(s^2+a^2)^3}$
73	$\dfrac{1}{8}[(1+a^2x^2)\sin ax-ax\cos ax]$	$\dfrac{a^3s^2}{(s^2+a^2)^3}$
74	$\dfrac{1}{8}[(3+a^2x^2)\sinh ax-3ax\cosh ax]$	$\dfrac{a^5}{(s^2-a^2)^3}$
75	$\dfrac{x}{8}(ax\cosh ax-\sinh ax)$	$\dfrac{a^3s}{(s^2-a^2)^3}$
76	$\dfrac{1}{8}[ax\cosh ax-(1-a^2x^2)\sinh ax]$	$\dfrac{a^3s^2}{(s^2-a^2)^3}$
77	$\dfrac{1}{n!}\left(1-e^{-\frac{x}{a}}\right)^n$	$\dfrac{1}{s(as+1)(as+2)\cdot\cdots\cdot(as+n)}$
78	$\sin(ax+b)$	$\dfrac{s\sin b+a\cos b}{s^2+a^2}$
79	$\cos(ax+b)$	$\dfrac{s\cos b-a\sin b}{s^2+a^2}$
80	$\dfrac{1+2ax}{\sqrt{\pi x}}$	$\dfrac{s+a}{s\sqrt{s}}$

	$f(x)$	$F(s)=\mathcal{L}\{f(x)\}$
81	$e^{-\frac{ax}{\sqrt{\pi x}}}$	$\dfrac{1}{\sqrt{s+a}}$
82	$\dfrac{1}{2x\sqrt{\pi x}}(e^{bx}-e^{ax})$	$\sqrt{s-a}-\sqrt{s-b}$
83	$\dfrac{1}{\sqrt{\pi x}}\cos 2\sqrt{ax}$	$\dfrac{1}{\sqrt{s}}e^{-\frac{a}{s}}$
84	$\dfrac{1}{\sqrt{\pi x}}\cosh 2\sqrt{ax}$	$\dfrac{1}{\sqrt{s}}e^{\frac{a}{s}}$
85	$\dfrac{1}{\sqrt{a\pi}}\sin 2\sqrt{ax}$	$s^{-\frac{3}{2}}e^{-\frac{a}{s}}$
86	$\dfrac{1}{\sqrt{a\pi}}\sinh 2\sqrt{ax}$	$s^{-\frac{3}{2}}e^{\frac{a}{s}}$
87	$J_0(2\sqrt{ax})$	$\dfrac{1}{s}e^{-\frac{a}{s}}$
88	$\left(\dfrac{x}{a}\right)^{\frac{p-1}{2}}J_{p-1}(2\sqrt{ax})$ (단, $p>0$)	$s^{-p}e^{-\frac{a}{s}}$
89	$J_p(x)$ (단, $p>-1$)	$\dfrac{(\sqrt{s^2+1}-s)^p}{\sqrt{s^2+1}}$
90	$x^pJ_p(ax)$ $\left(단,\ p>-\dfrac{1}{2}\right)$	$\dfrac{(2a)^p\Gamma\left(p+\frac{1}{2}\right)}{\sqrt{\pi}(s^2+a^2)^{p+\frac{1}{2}}}$
91	$\dfrac{x^{p-1}}{\Gamma(p)}$ (단, $p>0$)	$\dfrac{1}{s^p}$
92	$\dfrac{x^{p-1}}{\Gamma(p)}e^{-ax}$ (단, $p>0$)	$\dfrac{1}{(s+a)^p}$
93	$\dfrac{1-e^{ax}}{x}$	$\ln\left\|\dfrac{s-a}{s}\right\|$
94	$\dfrac{e^{bx}-e^{ax}}{x}$	$\ln\left\|\dfrac{s-a}{s-b}\right\|$
95	$\dfrac{2}{x}\sinh ax$	$\ln\left\|\dfrac{s+a}{s-a}\right\|$
96	$\dfrac{2}{x}(1-\cos ax)$	$\ln\left(\dfrac{s^2+a^2}{s^2}\right)$
97	$\dfrac{2}{x}(\cos bx-\sin ax)$	$\ln\left(\dfrac{s^2+a^2}{s^2+b^2}\right)$
98	$\dfrac{\sin ax}{x}$	$\tan^{-1}\dfrac{a}{s}$
99	$\dfrac{2}{x}\sin ax\cos bx$	$\tan^{-1}\dfrac{a+b}{s}+\tan^{-1}\dfrac{a-b}{s}$
100	$\delta(x)$	1

	$f(x)$	$F(s)=\mathscr{L}\{f(x)\}$
101	$\delta(x-a)$	e^{-as}
102	$U(x-a)$	$\dfrac{e^{-as}}{s}$
103	$J_0(ax)$	$\dfrac{1}{\sqrt{s^2+a^2}}$
104	$\dfrac{2(1-\cosh ax)}{x}$	$\ln\left\|\dfrac{s^2-a^2}{s^2}\right\|$
105	$\dfrac{1}{\sqrt{\pi x}}e^{-\frac{a^2}{4x}}$	$\dfrac{e^{-a\sqrt{s}}}{\sqrt{s}}$
106	$\dfrac{a}{2\sqrt{\pi x^3}}e^{-\frac{a^2}{4x}}$	$e^{-a\sqrt{s}}$
107	$e^{ax}f(x)$	$F(s-a)$
108	$f(x-a)\,U(x-a)$	$e^{-as}F(s)$
109	$g(x)\,U(x-a)$	$e^{-as}\mathscr{L}\{g(x+a)\}$
110	$f^{(n)}(x)$	$s^nF(s)-s^{n-1}f(0)-\cdots-f^{(n-1)}(0)$
111	$x^nf(x)$	$(-1)^n\dfrac{d^n}{ds^n}F(s)$
112	$\int_0^x f(\gamma)\,g(x-\gamma)\,d\gamma$	$F(s)\,G(s)$

연습문제 해답

제 1 장 미분방정식의 기초개념

1.1절

1. (1) 1계 1차 선형
   (2) 2계 3차 비선형
   (3) 2계 1차 비선형
   (4) 1계 1차 비선형
   (5) 2계 1차 선형
   (6) 2계 비선형

3. $m=-1,\ m=5$

4. (1) $y'=2y^{\frac{1}{2}}$
   (2) $y=xy'+(y')^3$
   (3) $(y'')^2=\{1+(y')^2\}^3$

1.2절

1. (1) $y=\cos x+2\sin x$
   (2) $y=\dfrac{2}{\sqrt{3}-1}(\sin 2x-\cos 2x)$

제 2 장 1계 미분방정식

2.2절

1. (1) 유일한 해를 가짐
   (2) 두 개의 해를 가짐
   (3) 유일한 해를 가짐
   (4) 유일한 해를 가짐

3. (1) $y=e^x\cos x-e^x\sin x$
   (2) $y=\dfrac{3}{2}e^x-\dfrac{1}{2}e^{-x}$

2.3절

1. (1) $2x^3+6x+2y^3+3y^2=c$
   (2) $x+y=\tan(x+c)$
   (3) $\dfrac{1}{y}-\dfrac{1}{2}x^2=c$
   (4) $y=-1+ce^{-\frac{1}{x}}$

4. (1) $y=-\sqrt{2+2\cos x}$
   (2) $y=\dfrac{1-x}{1+x}$
   (3) $y^3=4(1+x^3)$

7. $u(t)=\dfrac{10}{9+\pi^2}\left(63+7\pi^2-9\cos\dfrac{\pi t}{12}-3\pi\sin\dfrac{\pi t}{12}\right)+\dfrac{10\pi^2}{9+\pi^2}e^{-\frac{t}{4}}$

8. 대략 55.85분

9. (1) $x=ce^{\frac{y}{x}}$ (2) $x^2+y^2=cy$

(3) $y=\dfrac{x(1+cx^2)}{1-cx^2}$ (4) $x^2+2xy-y^2=c$

11. $3x^2+2xy=6$

12. (1) $x^2y+y=c$ (2) $4x+\dfrac{1}{2}x^2y^2=c$

(3) $x^2+xy+y^2+y=c$ (4) $\dfrac{1}{2}x^2+x\sin y-y^2=c$

13. $a=10$

14. (1) $\lambda(x, y)=\dfrac{1}{x}$ (2) $\lambda(x, y)=x$

15. (1) $\lambda(x, y)=\dfrac{1}{x^2y^2}$, $3x^3y+2xy^4+cxy=-6$

(2) $\lambda(x, y)=\dfrac{1}{x^2}$, $\sin x+\dfrac{y}{x}=c$

16. (1) $x^2y+y=-25$ (2) $xe^y-x^2y=0$

18. (1) $y=\dfrac{1}{4}e^{3x}+ce^{-x}$ (2) $y=\dfrac{-x\cos x+\sin x+c}{x}$

(3) $y=c\sqrt{x^2-1}+x^2-2$ (4) $y=\dfrac{1}{2}x^2e^{-x}+x^2-2$

20. (1) $y^{\frac{2}{3}}=cx^2+\dfrac{2}{9}x^5$ (2) $\dfrac{1}{y^3}+\dfrac{3}{7}x=cx^{-6}$

(3) $-6x^3y^2+cx^2y^2=1$ (4) $y=\dfrac{x}{c-\ln x}$

21. (1) $y=\dfrac{1}{4}(-x^{-2}+x^2)$ (2) $y=\dfrac{1}{2}\sin x+\dfrac{1}{2}\cos x+\dfrac{3}{2}$

24. $y=\dfrac{2}{x}+\left(-\dfrac{1}{4}x+cx^{-3}\right)^{-1}$

26. (1) $y=x+\dfrac{2x}{-2\ln|x|+1}$

27. 70.5℃

28. 7,062명

29. 694마리

2.4절

1. (1) $(y-c)(y-x-c)=0$ (2) $(x^2y-c)(xy-c)=0$

2. (1) $y=\dfrac{1}{2}\left(cx+\dfrac{1}{cx}\right)$ (2) $y=cx+(c^2+1)x^2$

3. $x+ce^{y}=c^2e^{2y}$

제 3 장 고계 미분방정식

3.1절

1. 용수철 상수는 $k=64$ lb/ft. 물체의 질량은 $m=\frac{1}{2}$ slug.

4. $\frac{5}{6}$피트, $\frac{\pi}{5}$

5. $m=2$ slug

6. $x(t)=\frac{35}{141}\cos(4\sqrt{3}\,t)+\frac{4}{47}\cos t$

7. $x(t)=-e^{-4t}\left(\frac{1}{20}\cos 3t+\frac{7}{120}\sin 3t\right)+\frac{1}{40}(2\cos t-\sin t)$

8. $\theta(t)=e^{-2t}(\cos 4t+\sin 4t)$

3.2절

1. (1) $x^2+(y-c_1)^2=c_2$ (2) $4(c_1y-1)=(c_1x+c_2)^2$

2. (1) $y=x^2+c_1\ln|x|+c_2$ (2) $(x+c_1)^2+y^2=c_2{}^2$

3. (1) $y=\frac{4c_1^2}{c_2-x}+c_3$ (2) $(x-a)^2+(y-b)^2=c^2$

3.3절

1. $\left(-\frac{\pi}{2}, \frac{\pi}{2}\right)$에서 유일한 해를 갖는다.

2. (1) 1차독립 (2) 1차독립
   (3) 1차종속

3. (1) $(-\infty, 0)$

4. (1) $y_2=xe^{2x}$ (2) $y_2=x^4\ln x$

6. (1) $y=e^{-\frac{1}{2}x}\left(c_1\cos\frac{\sqrt{3}}{2}x+c_2\cos\frac{\sqrt{3}}{2}x\right)$ (2) $y=(c_1+c_2x)e^{x}+c_3e^{-x}$

7. (1) $y=c_1+c_2e^{x}+c_3e^{2x}+\frac{1}{6}x^3+\frac{3}{4}x^2+\frac{7}{4}x$

(2) $y=c_1e^{x}+e^{-x}(c_2\cos x+c_3\sin x)-\frac{1}{2}x+\left(\frac{1}{10}x^2-\frac{4}{25}x\right)e^{x}$

(3) $y=c_1\cos x+c_2\sin x+\frac{1}{6}\sin 4x$

(4) $y=c_1e^{x}+c_2e^{-x}-5-2\cos 2x$

8. (1) $y=\frac{8}{3}\cos x-\frac{11}{3}\sin x-\frac{8}{3}\cos 2x-\frac{4}{3}\sin 2x$

(2) $y=\frac{7}{12}e^{-x}+\frac{3}{4}e^{x}-\frac{1}{2}\sin x-\frac{1}{3}e^{2x}$

9. (1) $y=c_1\cos x+c_2\sin x-(\cos x)\ln|\sec x+\tan x|+3x-1$

(2) $y=c_1e^{-x}+c_2e^{2x}+c_3xe^{2x}+\frac{1}{18}(x^3-x^2)e^{2x}$

(3) $y=c_1+c_2\cos x+c_3\sin x+\ln|\sec x|-(\sin x)\ln|\sec x+\tan x|$

(4) $y=(c_1+c_2x)e^{-x}+x^2e^{-x}(2\ln x-3)$

12. (1) $y=\frac{1}{7}(8e^{2x}-e^{-5x})$

(2) $y=(3-3\sqrt{3})\cos x+(3-3\sqrt{3})\sin x$

15. $y=c_1x+c_2x^{-1}+c_3x^2-\frac{1}{2}\cos x+\frac{1}{2x}\sin x$

3.4절

1. $y=c_1(x+2)^3+c_2(x+2)^{-1}$

2. (1) $y=c_1\cos(2\ln x)+c_2\sin(2\ln x)$

(2) $y=c_1x^2+c_2x^{-3}+\frac{1}{5}x^{-2}+\frac{2}{5}x$

3. (1) $y=\cos(\ln x)+2\sin(\ln x)$

(2) $y=\cos(2\ln x)$

제 4 장 라플라스 변환

4.2절

2. (1) $\frac{e^{-s}}{s}$

(2) $\frac{1}{s}(2e^{-4s}-1)$

3. (1) $\frac{1}{4}\frac{1}{s+1}+\frac{1}{2}\frac{1}{(s+1)^2}-\frac{1}{4}\frac{1}{s+3}$

(2) $\frac{5}{s+3}-\frac{12}{s^2+16}$

(3) $\frac{1}{7s}+\frac{15}{s^2-25}-\frac{s}{s^2-4}$

(4) $\frac{s}{s^2+1}+\frac{3}{(s-3)^2}$

5. $\dfrac{1-(s+1)e^{-s}}{s^2(1-e^{-s})}$

8. (1) $3+4e^{-3t}$ (2) $5\cos 5t-\dfrac{9}{5}\sin 5t$

(3) $\dfrac{1}{4}t-\dfrac{1}{8}\sin 2t$ (4) $e^{-t}\cos 2t+2e^{-t}\sin 2t$

9. (1) 라플라스 역변환이 존재하지 않는다. (2) $\cos 4t$

(3) $\dfrac{1}{2}-e^t+\dfrac{1}{2}e^{2t}$

11. (1) $y(t)=\dfrac{1}{2}(1-e^t\cos t+e^t\sin t)$ (2) $y(t)=\sin t-\dfrac{1}{2}t\cos t$

(3) $y(t)=2t^2$

(4) $y(t)=\dfrac{7}{50}\cos t-\dfrac{1}{50}\sin t-\dfrac{1}{6}+\dfrac{1}{150}e^{-3t}+\dfrac{1}{50}e^{2t}$

12. (1) $\dfrac{1}{3}t^3$ (2) e^t-t-1

13. $\dfrac{1}{(s^2+1)(s+1)}$

14. (1) $f(t)=t+\dfrac{1}{6}t^3$ (2) $f(t)=-\dfrac{1}{2}e^{-2t}+\dfrac{3}{2}\cos t+\dfrac{1}{2}\sin t$

15. (1) 0 (2) $\dfrac{2}{27}$

(3) $\dfrac{\pi}{2}$

21. $x(t)=-2e^{-3t}+3e^{-2t}$

4.3절

1. (1) $\dfrac{3-e^{4s}}{se^{8s}}$ (2) $e^{-s}+e^{-2s}$

(3) $\dfrac{e^{-\frac{2}{3}\pi s}}{s^2+1}$ (4) $e^{-s}\left(\dfrac{2}{s^3}+\dfrac{2}{s^2}+\dfrac{1}{s}\right)$

2. (1) $y(t)=-\dfrac{1}{3}e^{2\pi-2t}U(t-\pi)\sin 3t+\dfrac{3}{40}\sin t-\dfrac{1}{40}\cos t-\dfrac{1}{120}e^{-2t}\sin 3t+\dfrac{1}{40}e^{-2t}\cos 3t$

(2) $y(t)=\dfrac{1}{9}-\dfrac{1}{9}\cos 3t-\left\{\dfrac{1}{9}-\dfrac{1}{9}\cos 3t\right\}U(t-\pi)$

3. (1) $\dfrac{1}{4}\sin 4\left(t-\dfrac{\pi}{2}\right)U\left(t-\dfrac{\pi}{2}\right)$ (2) $\dfrac{(t-a)^2}{2!}U(t-a)$

8. $x(t)=-\dfrac{1}{3}e^{4-2t}\sin(6-3t)\,U(t-2)$

제 5 장 급수해법

5.1절

1. $x+2x^2+3x^3+\cdots=\sum_{k=0}^{\infty}(k+1)x^{k+1}$

2. $e+e(x-1)+\frac{e}{2!}(x-1)^2+\cdots=e\sum_{k=0}^{\infty}\frac{(x-1)^k}{k!}$

3. $\lim_{x\to 0}\frac{\sin x}{x}=\lim_{x\to 0}\frac{1}{x}\left(x-\frac{x^3}{3!}+\frac{x^5}{5!}-\cdots\right)=\lim_{x\to 0}\left(1-\frac{x^2}{3!}+\frac{x^4}{5!}-\cdots\right)=1$

5.2절

1. (1) $y=-\frac{x^3}{2}$, $y=x-\frac{x^2}{2}$ (2) $y=\frac{c}{1-cx}$ $\left(단,\ |x|<\frac{1}{|c|}\right)$

2. (1) $y=c_0+c_1x-\frac{c_0}{2!}x^2-\frac{c_1}{3!}x^3+\frac{c_0}{4!}x^4+\cdots$

   (2) $y=c_0+c_1x-c_0x^2-\frac{1}{6}c_1x^3-\frac{1}{120}c_1x^5-\cdots$

3. (1) $y=c_0\left(1-\frac{1}{6}x^3+\frac{1}{180}x^6-\cdots\right)+c_1\left(x-\frac{1}{12}x^4+\frac{1}{504}x^7-\cdots\right)$

   $+\left(\frac{1}{6}x^3-\frac{1}{120}x^5-\frac{1}{180}x^6-\cdots\right)$

   (2) $y=c_0\left(1-\frac{1}{2}x^2-\frac{1}{8}x^4-\frac{1}{16}x^6-\cdots\right)+c_1x$

   (3) $y=c_0\left(1-x^2-\frac{1}{3}x^4-\frac{1}{5}x^6-\cdots\right)+c_1x$

   (4) $y(x)=c_0+c_1x+\frac{1+c_0}{2}x^2+\frac{1}{2}x^3+\left(\frac{1}{3}-\frac{c_0}{24}\right)x^4+\frac{7}{40}x^5+\left(\frac{19}{240}+\frac{1}{240}c_0\right)x^6+\cdots$

6. $y=c_0\left\{1+\frac{3}{2}(x+1)^2+\frac{1}{6}(x+1)^3+\frac{1}{6}(x+1)^4+\cdots\right\}$

   $+c_1\left\{(x+1)+\frac{1}{2}(x+1)^2+\frac{1}{2}(x+1)^3+\cdots\right\}$

8. (1) $x=0$은 비정칙특이점, $x=1$은 정칙특이점

   (2) $x=0$은 정칙특이점

9. (1) $y_1(x)=x\left(1+\frac{1}{3}x+\frac{1}{30}x^2+\frac{1}{630}x^3+\cdots\right)$

   $y_2(x)=\sqrt{x}\left(1+x+\frac{1}{6}x^2+\frac{1}{90}x^3+\cdots\right)$

   (2) $y_1(x)=1-\frac{x}{2!}+\frac{x^2}{4!}-\frac{x^3}{6!}+\cdots+(-1)^n\frac{x^n}{(2n)!}+\cdots$

$$y_2(x)=x^{\frac{1}{2}}\left\{1-\frac{x}{3!}+\frac{x^2}{5!}-\cdots+(-1)^n\frac{x^n}{(2n+1)!}+\cdots\right\}$$

5.3절

1. $y=AF(1,\ 2,\ 4\,;x)+B(1-x)x^{-3}$
3. $x(x+1)y''+(3x+2)y'+y=0$

제 6 장 연립미분방정식

6.2절

1. (1) $x=(c_1+c_2t)e^{2t},\quad y=(c_1-c_2+c_3t)e^{2t}$

   (2) $x=\dfrac{3}{4}-2c_1e^{-3t}-c_2e^{-4t},\quad y=\dfrac{1}{4}+c_1e^{-3t}+c_2e^{-4t}$

   (3) $x=\sqrt{2}\,c_1\cos\sqrt{2}\,t-\sqrt{2}\,c_2\sin\sqrt{2}\,t-\sin t,\quad y=c_2\cos\sqrt{2}\,t+c_1\sin\sqrt{2}\,t$

2. (1) $(x+y+z)(x-y)^2=c_1,\quad (x+y+z)(y-z)^2=c_2$

   (2) $y=c_1z,\quad x^2+y^2+z^2=c_2z$

4. (1) $x(t)=c_1e^{2t}+c_2e^{-5t},\quad y(t)=\dfrac{2}{3}c_1e^{2t}+3c_2e^{-5t}$

   (2) $x(t)=c_1e^{2t}+c_2e^{-2t},\quad y(t)=c_1e^{2t}+5c_2e^{-2t}$

   (3) $x(t)=-c_1e^{t}-\dfrac{3}{2}c_2e^{2t}+\dfrac{5}{2},\quad y(t)=c_1e^{t}+c_2e^{2t}-3$

   (4) $x(t)=c_1e^{2t}+c_2e^{-2t}+c_3\sin 2t+c_4\cos 2t+\dfrac{1}{5}e^{t},$

   $y(t)=c_1e^{2t}+c_2e^{-2t}-c_3\sin 2t-c_4\cos 2t-\dfrac{1}{5}e^{t}$

5. (1) $x(t)=\cos 3t-\sin 3t,\quad y(t)=2\cos 3t+\dfrac{7}{3}\sin 3t$

   (2) $x(t)=2\cos 2t-\sin 3t+e^{-t}+2\cos 2t,\quad y(t)=2\cos 3t-4\sin t-e^{-t}+\sin 2t$

7. (1) $x(t)=c_1e^{2t}+3c_2e^{3t},\quad y(t)=c_1e^{2t}+2c_2e^{3t}$

   (2) $x(t)=c_1\cos t+c_2\sin t+t+1,\quad y(t)=c_1\sin t-c_2\cos t+t-1$

8. (1) $X=c_1\begin{pmatrix}-1\\0\\1\end{pmatrix}e^{-t}+c_2\begin{pmatrix}1\\4\\3\end{pmatrix}e^{3t}+c_3\begin{pmatrix}1\\-1\\3\end{pmatrix}e^{-3t}$

   (2) $X=c_1\begin{pmatrix}0\\2\\1\end{pmatrix}e^{t}+c_2\begin{pmatrix}\sin t\\\cos t\\\cos t\end{pmatrix}e^{t}+c_3\begin{pmatrix}\cos t\\-\sin t\\-\sin t\end{pmatrix}e^{t}$

참고문헌

1. 김남기 외 공역, 《공업수학 I》, 학술정보, 2003.
2. 김용인, 《기초응용수학》, 경문사, 2003.
3. 김진수 외 공역, 《공학수학 1》, 영지문화사, 2006.
4. 김철 외 공역, 《공업수학》, 청문각, 1995.
5. 안인경 · 최정환, 《미분방정식과 응용》, 경문사, 2001.
6. 이병무, 《응용수학입문》, 경문사, 2005.
7. 조난숙 · 민경진, 《미분방정식》, 경문사, 2008.
8. 최성규 외 3인, 《미분방정식 입문》, 경문사, 2010.
9. 황일 외 공역, 《공업수학 I》, 교보문고, 2003.
10. David Lomen and James Mark, *Differential equations*, Prentice-Hall International, Inc, 1988.
11. Dennis G. Zill, *A first course in Differential equations with applications*, Prindle, Weber & Schmidt, 1980.
12. Earld. Rainville and Phillip E. Bedient, *A short course in differential equations*, 6th ed., Macmillan Publishing co., Inc. 1981.
13. Richard Bronson, *Theory and problem of differential equations*, 2nd ed., McGraw-Hill, Inc. 1994.
14. Shepley L. Ross, *Introduction to ordinary differential equations*, 4th ed., John Wiley & Sons, Inc., New York, 1989.
15. V. I. Arnold, *Ordinary differential equations*, the Massachusetts Institute of Technology, 1973.

찾아보기

[ㄱ]
가우스 미분방정식 223
감마함수 192
결정근 212
결정방정식 212
계수 3
계수감소법 100
계수행렬 249
계승함수 192
고유값 247
고유벡터 247
곡선족 8
구분적 연속 151
기본해집합 97

[ㄷ]
다항미분연산자 95
단위계단함수 185
단위충격함수 189
델타함수 189
도약불연속 150
동력계 9, 238
동력학계 238
동차미분방정식 30
동차방정식 30
동차함수 30

[ㄹ]
라그랑주 미분방정식 76
라그랑주 방법 128
라플라스 변환 146
라플라스 역변환 161
론스키 행렬식 96
론스키안 96
르장드르 다항식 228
르장드르 미분방정식 226
리카티 미분방정식 64

[ㅁ]
매개변수변화법 61, 128
매클로린 급수 201
맥동 186
멱급수 198
미분방정식 2
미분작용소 94
미적분방정식 179
미정계수법 116, 117

[ㅂ]
방향장 8
베르누이 미분방정식 61
베셀 미분방정식 229
베셀함수 229
베타함수 194

벡터장 8
변수분리법 33
변수분리형 미분방정식 29
보조방정식 107
보조함수 103
보통점 204
복소 고유값 258
분포 190
비선형미분방정식 4
비선형연산자 95
비정규특이점 210
비정칙특이점 210
비제차선형미분방정식 94

[ㅅ]
상수계수 선형미분방정식 94
상수변화방법 128
선형미분방정식 33, 105
선형연산자 95
수렴구간 198
수렴영역 149
수렴좌표 149
수학적 모델 2
시험해 117
실해석함수 201

[ㅇ]
n계 선형미분방정식 4
n계 선형미분방정식의 일반형 94
여함수 103
역 라플라스 변환 161
역연산자법 114
역학 16
연립미분방정식 238
연립선형미분방정식 238
연산자법 173
완전미분 31
완전미분방정식 31
1계 연립미분방정식 238
1계 연립미분방정식의 정규형 239
1계 n차 미분방정식 72
1차결합 95
1차독립 98
1차종속 98
일반해 6

[ㅈ]
자명한 해 5
적분곡선 5
적분방정식 179
적분인수 52
전미분 31
전미분방정식 4
정규특이점 210
정상점 204
정칙특이점 210
제1종 베셀함수 231
제2종 베셀함수 232
제차선형미분방정식 94
조화운동방정식 109
중복도 110
중첩법칙 95
지수계수 150
지수위 함수 150
지수위수 150

[ㅊ]
차수 3
처음점 10
초기값 문제 10
초기조건 10
초기하급수 224
초기하함수 224
초함수 190

[ㅋ]
코시-오일러 미분방정식 136
클레로 미분방정식 77

[ㅌ]
테일러 급수 201
특성방정식 107, 248
특수해 6
특이점 204
특이해 6

[ㅍ]
편미분방정식 2
포텐셜 함수 31
프로베니우스 급수해 211

[ㅎ]
합성곱 168
해곡선 5
해벡터 249
해석적 201
해의 유일존재정리 11
해의 족 5
헤비사이드 함수 185

기초에서 응용까지
미분방정식의 이해

지은이 이병무
펴낸이 조경희
펴낸곳 경문사
펴낸날 2011년 9월 1일 1판 1쇄
2017년 3월 2일 1판 2쇄
등 록 1979년 11월 9일 제 313-179-23호
주 소 04057, 서울특별시 마포구 와우산로 174
전 화 (02) 332-2004 팩스 (02) 336-5193
이메일 kyungmoon@kyungmoon.com
facebook facebook.com/kyungmoonsa

값 20,000원

ISBN 978-89-6105-505-5